U0163602

普通高等教育电子科学与技术特色专业系列教材

半导体材料

（第四版）

张源涛　杨树人　徐　颖　编著

科学出版社

北　京

内 容 简 介

本书介绍了主要半导体材料硅、砷化镓等制备的基本原理和工艺,以及特性的控制等。全书共 13 章:第 1 章为硅和锗的化学制备,第 2 章为区熔提纯,第 3 章为晶体生长,第 4 章为硅、锗晶体中的杂质和缺陷,第 5 章为硅外延生长,第 6 章为Ⅲ-Ⅴ族化合物半导体,第 7 章为Ⅲ-Ⅴ族化合物半导体的外延生长,第 8 章为Ⅲ-Ⅴ族多元化合物半导体,第 9 章为Ⅱ-Ⅵ族化合物半导体,第 10 章为低维结构半导体材料,第 11 章为氧化物半导体材料,第 12 章为宽禁带半导体材料,第 13 章为其他半导体材料。

本书可作为电子科学与技术、微电子科学与工程、集成电路设计与集成系统等专业本科生的教材,也可作为相关专业研究生和从事半导体相关研究工作的科研人员的参考书。

图书在版编目(CIP)数据

半导体材料/张源涛,杨树人,徐颖编著. —4 版. —北京:科学出版社,2023.3

普通高等教育电子科学与技术特色专业系列教材

ISBN 978-7-03-075191-1

Ⅰ.①半… Ⅱ.①张… ②杨… ③徐… Ⅲ.①半导体材料-高等学校-教材 Ⅳ.①TN304

中国国家版本馆 CIP 数据核字(2023)第 046673 号

责任编辑:潘斯斯/责任校对:崔向琳
责任印制:赵 博/封面设计:迷底书装

科学出版社 出版

北京东黄城根北街 16 号
邮政编码:100717
http://www.sciencep.com

三河市骏杰印刷有限公司印刷

科学出版社发行 各地新华书店经销

*

1997 年 11 月第一版 开本:787×1092 1/16
2004 年 3 月第二版 印张:16 1/2
2013 年 2 月第三版 字数:400 000
2023 年 3 月第四版 2025 年 1 月第三十一次印刷

定价:59.00 元
(如有印装质量问题,我社负责调换)

前　言

半导体科学在现代科学技术中占有极为重要的地位。它广泛应用于国民经济、社会发展、国防建设和人民生活的各个领域,它的发展推动着人类社会的进步和物质文化生活水平的提高。半导体材料是半导体科学发展的基础。对元素 Ge 的研究为晶体管问世、半导体科学的诞生创造了条件。对 Si 和以 GaAs 为代表的化合物的深入研究使集成电路、半导体激光器、高速场效应晶体管的研制获得成功,大大丰富了半导体科学的内容。半导体科学的发展也离不开半导体产业需求的推动,微电子、光电子领域的需求驱动了 Si 等第一代半导体到 GaAs 等第二代半导体的迭代。进入二十一世纪以后,提高能源效率、降低能源消耗成为全球范围内半导体产业的关键问题,而现阶段我国半导体技术与世界先进水平的差距仍然较大,在一些关键高端领域受制于人。党的二十大报告指出:"坚持面向世界科技前沿、面向经济主战场、面向国家重大需求、面向人民生命健康,加快实现高水平科技自立自强。"因此,在与半导体学科相关的专业教学中,设置"半导体材料"课程,使学生掌握半导体材料的知识是十分必要的。

本书第三版出版至今已有十载,在此期间半导体材料蓬勃发展,日新月异。以 GaN、SiC 为代表的宽禁带半导体材料在照明、显示、通信、功率电子及国防等领域得到广泛应用,市场潜力巨大。同时,低维半导体材料、钙钛矿半导体材料等新材料也得到科研人员的关注。为了充分反映半导体材料发展的新动向,满足新时期读者的学习需求,我们结合自身的科研与教学经验对本书内容进行了补充和修订,主要包括第 2 章中新增了相图内容,新编了第 10 章和第 12 章,以期对希望了解半导体材料的读者起到帮助作用。本书还配有微课视频,读者可扫描二维码查看相关内容。

在杨树人教授支持下,本书第四版修订工作由张源涛教授主持完成,徐颖教授参与了修订工作。在修订过程中,吉林大学电子科学与工程学院的关涛、赵敬凯等研究生参与了文字和图表的编辑工作,付出了辛勤劳动,在此也向他们表示诚挚的谢意。

由于时间有限,书中难免存在不妥之处,恳请广大读者指正。

张源涛

2023 年 1 月于长春

目　　录

绪　　论

半导体科学是由许多分支学科组成的,包含着丰富的理论和技术知识。半导体工业的产品与现代人们的生活息息相关。半导体科学的发展,对电子技术、信息技术等高新技术的发展和人类社会的进步起着重要的作用,进而使半导体技术发展十分迅速。

半导体材料是半导体科学的分支之一,它是半导体科学发展的物质基础。它的发展与半导体器件密切相关,半导体器件的需求是材料发展的动力,而材料质量的提高和新材料的出现,优化了器件的特性并促进新器件的研制,因此,半导体材料在半导体科学中占有极为重要的地位。

人类对半导体材料的认识是从 18 世纪电现象被发现以后开始的。当时根据物质的导电性质,将它们分为良导体(电阻率 $\rho \leqslant 10^{-6}\Omega \cdot cm$),绝缘体($\rho \approx 10^{12} \sim$

$10^{22}\Omega \cdot cm$)和介于两者之间的半导体三大类。并对当时的半导体特性作了一些研究,发现半导体的主要特征是:①电阻率大体在 $10^{-3} \sim 10^{9}\Omega \cdot cm$;②电阻率的温度系数是负的;③通常具有很高的热电势;④具有整流效应;⑤对光具有敏感性,能产生光伏效应或光电导效应。1879 年发现霍耳(Hall)效应后,用它研究半导体材料,发现半导体材料有两种不同电荷类型的载流子,其数目比金属少但迁移率却较高。

到 20 世纪初,人们已应用半导体材料先后制成了氧化亚铜低功率整流器和硒整流器等。

尽管对半导体做了大量的研究工作,但由于在本质上缺乏理论上的认识,因此进展不大。直到 20 世纪 30 年代初,由于量子力学的发展,提出了能带概念。固体能带论揭示了半导体的本质,为其后材料和器件的发展打下了坚实的理论基础。

1948 年锗晶体管的诞生引起了电子工业的革命,打破了电子管一统天下的局面,从此人类从使用电子管的时代进入半导体时代。此后,由于制造器件的需要,半导体材料的制备技术获得很大的进步,如直拉单晶、区熔提纯、高纯硅的制备以及无位错硅单晶拉制等技术逐步完善和成熟,基本上解决了硅、锗器件的材料问题。

进入 20 世纪 60 年代,半导体工业的发展发生了一次飞跃,这是由于以硅氧化和外延生长为前导的硅平面器件工艺的形成,使硅集成电路的研制获得成功。今

天,大规模集成电路和超大规模集成电路已成为微电子技术的核心,为航天技术、高速计算技术等高科技的发展提供了条件,促进了整个社会的技术革命。

在研究硅、锗材料的同时,对其他半导体材料也进行了大量的研究。1952 年 Welker·H 发现周期表中Ⅲ族和Ⅴ族元素形成的化合物及其多元化合物也是半导体。这些化合物,如 GaAs 具有许多硅、锗不具备的优异特性,像电子迁移率高、禁带宽度大,并且是直接跃迁型能带结构和具有负阻效应等,适合制作微波和光电器件,因此引起人们的广泛注意。但由于这些化合物的制备远比硅、锗困难,直到 20 世纪 50 年代末才用水平布里奇曼法制备了 GaAs 单晶。1965 年氧化硼液封拉制 GaAs 单晶技术的发现,为工业化生长Ⅲ-Ⅴ族化合物打下了基础。20世纪 60 年代初,液相外延、气相外延生长技术成功地用于化合物半导体薄膜的生长,使半导体激光器等化合物半导体器件相继问世,化合物半导体的发展进入了高潮。

到了 20 世纪 70 年代,分子束外延生长(MBE)、金属有机气相外延生长(MOVPE)技术的

发展,可以把外延层的厚度控制在原子层数量级,制备出量子阱、超晶格和应变层复合材料。超晶格的出现可以说是半导体材料发展的新的里程碑。这类低维结构材料推动着量子阱激光器、高速二维电子器件和光电集成器件的发展。同时为根据半导体能带结构的差异而设计、生长新型的超晶格材料,为器件制作从"杂质工程"走向"能带工程"开拓了广阔的道路。

对于以 GaN 为首的Ⅲ-Ⅴ族氮化物,在经历了长期的研究之后,终于在 20 世纪 90 年代初获得到高质量 P 型 GaN 外延薄膜材料,制作了高亮度蓝色发光二极管并迅速产业化,为实现全彩显示奠定了基础,开辟了半导体在显示领域应用的新天地。蓝色激光器也达到实用化的水平。此外,GaN 及其多元化合物还是半导体照明的首选材料。半导体灯将有可能像 50 年前,晶体管取代电子管那样替代白炽灯,使照明工程进入一个新时代。GaN 基材料系在微电子领域的应用正在积极地研发之中。有人根据材料的重要性和开发成功的先后顺序,分别称 Si 为第一代半导体材料,GaAs 为第二代半导体材料,GaN 为第三代半导体材料,可见 GaN 的重要性。

半导体材料的研发是从无机材料开始的,但不久人们就很自然地想到了有机材料,因为有机材料种类比无机材料多得多,从中一定能找到具有半导体性质的材料。结果早在 20 世纪 60 年代初就发现一些有机材料和高分子聚合物属于半导体材料,利用它们可以制作多种半导体元器件,一般说来它们具有制作与使用方便、价格便宜等优点,但有的寿命成为妨碍其使用和发展的问题,比如用有机/聚合物半导体制作发光二极管就是如此,有机发光二极管发光波长可以从蓝色到红色,从而能制成全色显示屏和白色二极管。过去它们由于寿命低未能实用,这几年在这方面有所突破,使用寿命已达到一万小时以上,应用范围不断扩大。对有机半导体材料,器件和应用的研究方兴未艾,日新月异,具有美好的前景。

经过长期的研究,发现了众多的半导体材料。这些材料可从不同角度进行分类,如按材料的功能及使用,可分为光电材料、热电材料、微波材料、敏感材料……通常人们是按材料的组成和状态不同把材料分为无机半导体、有机半导体、元素半导体、化合物半导体等。

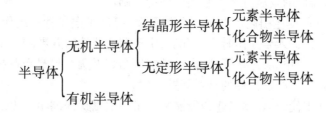

其中元素半导体种类最少,在表 1 中列出 12 种具有半导体性能元素的主要特性。由于易挥发、熔点太高、晶型稳定性差等原因,它们之中除硅、锗、硒之外,目前还没有作为半导体材料应用的价值。此外,还有一些放射性元素,如 Po^{209}、At^{210},也具有半导体特性,但它们的半衰期分别为 13.8d 和 8.3h,显然也不能作为半导体材料来使用。

其他种类的半导体材料在本书中将陆续加以介绍。

表 1　元素半导体材料的特性

元素半导体	熔点/℃	禁带宽度 E_g/eV	电子迁移率/(cm^2/V·s)	空穴迁移率/(cm^2/V·s)
Si	1412	1.119	1900	500
Ge	958	0.6643	3800	1820
B	2300	1.6		

元素半导体	熔点/℃	禁带宽度 E_g/eV	电子迁移率/$(cm^2/V \cdot s)$	空穴迁移率/$(cm^2/V \cdot s)$
C	4027	5.4	1800	1400
灰-Sn	230	0.08	2500	2.4×10^{-1}
P	44	2	220	3.5×10^{-2}
灰-As	817	1.2	65	6.0×10^{-2}
灰-Sb	431	0.1	3	
S	119	0.24		
Se	217	1.8		0.2
Te	450	0.3	900	570
I	113	1.3		

对于半导体材料的研究主要从以下几方面展开。

（1）超纯和单晶是结晶型半导体材料的两大特点。因此应研究材料的提纯技术和晶体生长原理、生长方法和生长过程，以指导选择最佳工艺条件，提高材料的质量。另外还应积极开展制备半导体材料的新方法和新工艺的研究，研究在高温、高压、低压、高真空、强辐照、强磁场、无重力场等条件下制备出性能更好的半导体材料的方法。

（2）材料的基本性能是由其组成与结构决定的，特别是半导体材料的性质受杂质和缺陷的影响很大。因此阐明材料的组成、结构、杂质、缺陷与材料性能之间的关系，对于改善材料的性能，寻找新的材料都有重要的意义。为此开展相平衡、相关系的研究，了解材料的状态与结构的关系，研究缺陷、杂质的形成与分布规律。在探讨这些问题时将应用固体能带论、化学键理论，深入探讨其微观状态和运动规律，揭示半导体材料特性的本质，以指导设计、探索、合成和制备新的具有预定性能的半导体材料。

（3）材料特性参数的测试也是研究半导体材料的重要方面。通过对材料物理化学性质、晶体结构、成分、缺陷……的分析测试，可以发现材料的新效应、新现象，找出材料的质量问题，指导我们改进材料质量。特别要大力开展薄层材料的组分、表面、界面、微区中杂质和缺陷的测定方法的研究，提高检测灵敏度和准确度。

（4）开展半导体材料的应用的研究，尤其是利用材料的特性去制作适合此特性的器件，扩大半导体的应用范围。另外，研究材料质量与器件性能的关系，开展材料加工、制作器件过程中性能变化的研究，以改进处理方法，提高器件的成品率及性能等。

本书主要介绍半导体材料的制备方法及性能控制的原理。半导体材料是一门应用技术学科，它的理论与实践紧密结合。因此在学习本课程时应注意与材料制备工艺相结合，以加深对基本原理的理解，并在今后的实践中使所学的理论发挥指导作用。

第1章　硅和锗的化学制备

1.1　硅和锗的物理化学性质

硅、锗都是元素周期表中第Ⅳ族元素,分别具有银白色和灰色金属光泽,其晶体硬而脆。二者熔体密度比固体密度大,故熔化后会发生体积收缩(锗收缩5.5%,而硅大约收缩10%),它们的主要物理性质如表1.1所示。

表1.1　硅、锗的主要物理性质

性质	符号	硅	锗	单位
原子序数	Z	14	32	
原子量	W	28.08	72.60	
原子密度		5.22×10^{22}	4.42×10^{22}	个/cm^3
晶体结构		金刚石型	金刚石型	
晶格常数	a	0.5431	0.5657	nm
密度	d	2.329	5.323	g/cm^3
熔点	T_m	1417	937	℃
沸点	T_b	2600	2700	℃
热导率	χ	1.57	0.60	W/(cm·℃)
比热	C_p	0.6950	0.3140	J/(g·℃)
线热胀系数	α	2.33×10^{-6}	5.75×10^{-6}	cm·℃$^{-1}$
熔化潜热	Q_f	39565	34750	J/mol
冷凝时膨胀	d_v	9.0	5.5	%
介电常数	ε	11.7	16.3	
禁带宽度(0K)	E_g	1.153	0.75	eV
（300K）		1.106	0.67	eV
电子迁移率	μ_n	1350	3900	cm^2/(V·s)
空穴迁移率	μ_p	480	1900	cm^2/(V·s)
电子扩散系数	D_n	34.6	100.0	cm^2/s
空穴扩散系数	D_p	12.3	48.7	cm^2/s
本征电阻率	ρ_i	2.3×10^5	46.0	Ω·cm
本征载流子密度	n_i	1.5×10^{10}	2.4×10^{13}	cm^{-3}
杨氏模量	E	1.9×10^7		N/cm^2

从硅、锗的物理性质中可以看出:硅的禁带宽度比锗大,电阻率也比锗大4个数量级,因此它可制作高压器件,并且工作温度也比锗器件高。但锗的迁移率比硅大,它可做低压大电流和高频器件。

在室温下硅、锗的化学性质都比较稳定,与空气、水和酸均无反应,但可与强酸、强碱作用。在高温下,硅与锗的化学活性大,可与氧、卤素、卤化氢、碳……很多物质作用,生成相应的化合物。

在自然界,硅主要以二氧化硅和硅酸盐的形式存在。SiO_2 是一种坚硬、脆性、难熔的无色固体。在 1600℃ 以上熔化成黏稠液体,冷却后呈玻璃态。它膨胀系数小,抗酸(除 HF 外),在半导体工业中常用它做各种器皿。GeO_2 有两种晶型,一种是正方晶系金红石型,熔点为 (1086 ± 5)℃;另一种为六方晶系石英型,熔点为 (1116 ± 4)℃,它们可在 1035℃ 下互相转化;另外,还有一种非晶态 GeO_2。

用氢、碳还原 SiO_2,可得到黑色树脂状的 SiO,它可溶于 HF 中。GeO_2 与还原剂作用可得到淡黄色无定型的 GeO,它在 700℃ 时具有显著的挥发性。

锗、硅与卤素或卤化氢作用可生成相应的卤化物,如

$$Si + 2Cl_2 \rightleftharpoons SiCl_4$$
$$Si + 3HCl \rightleftharpoons SiHCl_3 + H_2$$
$$Ge + 2Cl_2 \rightleftharpoons GeCl_4$$
$$GeO_2 + 4HCl \rightleftharpoons GeCl_4 + 2H_2O$$

也可以制取它们的低价卤化物,如

$$Si(Ge)X_4 + Si(Ge) \rightleftharpoons 2Si(Ge)X_2$$

这些卤化物具有强烈的水解性,在空气中吸水而冒烟,并随着分子中 Si(Ge)—H 键的增多其稳定性减弱。硅的一些重要卤化物、氢化物的物理化学性质如表 1.2 所示。

表 1.2　$SiCl_4$、$SiHCl_3$、SiH_4 主要物理化学特性

性质	$SiCl_4$	$SiHCl_3$	SiH_4
分子量	169.9	135.5	32.12
密度(液体)/(g/cm³)	1.49(57.6℃)	1.318(31.5℃)	0.68(−111.8℃)
密度(气体)/(g/dm³)	6.3(57.6℃)	5.5(31.5℃)	
熔点/℃	−70	−128	−185
沸点/℃	57.6	31.5	−111.8
黏度/[(×10⁻³)Pa·s]	0.33(57.6℃)	0.29(2.0℃)	
偶极矩/(C·m)	0	2.64×10^{-30}	0
标准生成热(298K)/(kJ/mol)	−644.34	−442.25	−61.92
蒸发热/(kJ/mol)	29.12(57.6℃)	26.61(31.5℃)	12.39(−111.8℃)
标准生成自由能(298K)/(kJ/mol)	−572.79	−404.09	−39.30
表面张力/(N·s)⁻¹	0.103(20℃)	0.132(31.5℃)	
发火点/℃		28	空气中自燃爆炸
物理状态(298K)	无色透明液体	无色透明液体	无色气体
化合物中硅含量/%	16.5	20.7	87.4

硅、锗在高温下可与 H_2O、O_2 发生如下反应：

$$Si + O_2 \xrightarrow{\sim 1100℃} SiO_2$$

$$Si + 2H_2O == SiO_2 + 2H_2$$

在硅平面工艺中，常用此反应制备 SiO_2 掩蔽膜。

硅、锗和碳同属一族，它们也可以生成烷烃化合物，其通式为 $Si(Ge)H_{2n+2}$。例如，用卤硅（锗）化合物与氢化锂铝作用：

$$4R_yMeX_{4-y} + (4-y)LiAlH_4 \xrightarrow{乙醚} 4R_yMeH_{4-y} + (4-y)(LiX + AlX_3)$$

其中，R 代表烷基；Me 代表硅（锗）；$0 < y < 4$。

另外，还可以用硅（锗）镁合金与无机酸或卤铵盐作用制硅（锗）烷：

$$Mg_2Si + 4HCl \xrightarrow{水溶液} SiH_4 + 2MgCl_2$$

$$Mg_2Si + 4NH_4Cl \xrightarrow{液 NH_3} SiH_4 + 4NH_3 + 2MgCl_2$$

硅烷的活性很高，在空气中能自燃，即使是固态硅烷与液氧混合，在 $-190℃$ 低温下也易发生爆炸：

$$SiH_4 + 2O_2 \xrightarrow{爆炸} SiO_2 + 2H_2O$$

SiH_4 还易与水、酸、碱反应：

$$SiH_4 + 4H_2O \longrightarrow Si(OH)_4 + 2H_2$$

$$SiH_4 + 2NaOH + H_2O == Na_2SiO_3 + 4H_2$$

SiH_4 还具有强的还原性，可以从许多重金属盐溶液中还原出金属来。也可以还原许多氧化物或氧化性酸根，如与 $KMnO_4$ 反应：

$$SiH_4 + 2KMnO_4 \longrightarrow 2MnO_2 \downarrow + K_2SiO_3 + H_2O + H_2 \uparrow$$

反应生成褐色 MnO_2 沉淀，用此反应可检查硅烷的存在。

硅烷还易与卤素反应，发生爆炸：

$$SiH_4 + 4Cl_2 == SiCl_4 + 4HCl$$

硅烷和锗烷，由于 4 个键都是 Si—H 键或 Ge—H 键，很不稳定，易热分解。可以用这一特性制取高纯硅（锗）：

$$SiH_4 == Si \downarrow + 2H_2$$

$$GeH_4 == Ge \downarrow + 2H_2$$

1.2 高纯硅的制备

硅在地壳中含量约占 27%，仅次于氧，是比较丰富的元素。硅的主要来源是石英砂，另外在许多的矿物中含有大量的硅酸盐，也是硅的来源之一。

通常把 95% ~99% 纯度的硅称为粗硅或工业硅。它是用石英砂与焦炭在碳电极的电弧炉中还原制得的，其反应为

$$SiO_2 + 3C \xrightarrow{1600 \sim 1800℃} SiC + 2CO$$

$$2SiC + SiO_2 == 3Si + 2CO$$

这样制得的工业硅纯度约为 97%，为满足半导体器件的要求，还必须经过化学提纯和物理

提纯。

化学提纯制备高纯硅的方法很多,其中 SiHCl₃ 氢还原法具有产量大、质量高、成本低等优点,是目前国内外制取高纯硅的主要方法。硅烷法可有效地除去杂质硼和其他金属杂质,无腐蚀性、不需要还原剂、分解温度低和收率高,所以是个有前途的方法。但是它有安全方面的问题,需要得到很好地解决。SiCl₄ 氢还原法,硅的收率低,因此,用此法制备多晶硅的已不多见,但在硅外延生长中有的使用 SiCl₄ 做硅源。

下面介绍 SiHCl₃ 氢还原法和硅烷法。

1.2.1　三氯氢硅氢还原法

三氯氢硅在室温下为无色透明、油状的液体,易挥发和水解,在空气中剧烈发烟并有强烈的刺激嗅味。由于 SiHCl₃ 中有一个 Si—H 键,所以它比 SiCl₄ 活泼易分解。它的沸点低,容易制备、提纯和还原。

1. 三氯氢硅的制备

工业上最常用的方法是用干燥的 HCl 气体与硅粉反应制备 SiHCl₃。其工艺流程如图 1.1 所示。

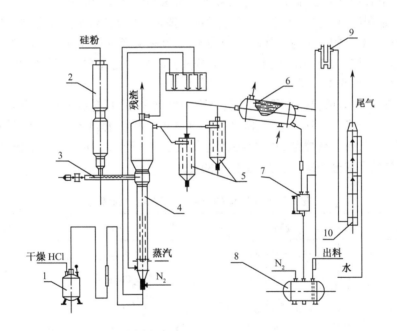

图 1.1　三氯氢硅合成工艺流程

1—氯化氢缓冲罐;2—硅粉干燥器;3—螺旋加料器;4—合成炉;5—旋风过滤除尘器;
6—列管冷凝器;7—计量器;8—粗三氯氢硅贮槽;9—液封器;10—废气淋洗塔

工业硅经过酸洗、粉碎,将符合粒度要求的硅粉送入干燥炉内,经热氮气流干燥后,将硅粉送入沸腾炉,并从炉底部通入适量的干燥 HCl,进行三氯氢硅的合成,其反应为

$$Si + 3HCl \xrightleftharpoons{280 \sim 300℃} SiHCl_2 + H_2 + 309.2kJ/mol$$

合成时,还伴随一系列副反应:

$$\text{SiHCl}_3 + \text{HCl} \rightleftharpoons \text{SiCl}_4 + \text{H}_2$$

$$2\text{SiHCl}_3 \rightleftharpoons \text{Si} + \text{SiCl}_4 + 2\text{HCl}$$

$$\text{Si} + 4\text{HCl} \rightleftharpoons \text{SiCl}_4 + 2\text{H}_2$$

$$4\text{SiHCl}_3 \rightleftharpoons \text{Si} + 3\text{SiCl}_4 + 2\text{H}_2$$

$$2\text{Si} + 7\text{HCl} \rightleftharpoons \text{SiHCl}_3 + \text{SiCl}_4 + 3\text{H}_2$$

$$\text{Si} + 2\text{HCl} \rightleftharpoons \text{SiH}_2\text{Cl}_2$$

从这一系列的副反应中可以看到,除了合成产生 SiHCl_3 外,还有可能产生一定量的 SiCl_4 和 SiH_2Cl_2。为增加 SiHCl_3 产率,就必须控制好工艺条件,使副产物尽可能地减少。为此在生产中要控制:①反应温度 280～300℃;②向反应炉中通一定量的 H_2,与 HCl 气的比应保持在 $\text{H}_2:\text{HCl}=1:3\sim1:5$ 之间;③硅粉与 HCl 在进入反应炉前要充分干燥,并且硅粉粒度控制在 0.18～0.12mm为宜;④合成时加入少量铜、银、镁合金作催化剂,可降低合成温度和提高 SiHCl_3 的产率。

2. 三氯氢硅的提纯

由工业硅合成的 SiHCl_3 中含有一定量的 SiCl_4 和多种杂质的氯化物,必须将它们除去。提纯的方法有络合物形成法、固体吸附法、部分水解法和经常使用的精馏法。

精馏提纯是利用混合液中各组分的沸点不同(挥发性的差异)来达到分离各组分的目的。它是在精馏塔中,上升的气相与下降的液相接触,通过热交换进行部分汽化和部分冷凝实现质量交换的过程,经过多次交换来达到几乎完全分离各组分的提纯方法。在 SiHCl_3 中可能存在各种氯化物的沸点如表1.3所示。

精馏是一种很有效的提纯手段,在一套标准的精馏设备中(包括两个挥发器、两个除低馏分塔、两个除高馏分塔),一次全过程,SiHCl_3 的纯度可从98%提纯到9个"9"到10个"9",而且可连续大量生产,所以精馏是 SiHCl_3 提纯的主要方法。图1.2中示出了精馏设备的前半部分,后半部分与前半部分相同,是进一步精馏的装置。

表1.3 粗制 SiHCl_3 中各种可能组分的沸点

组分	沸点/℃	组分	沸点/℃
SiH_4	-111.8	SnCl_4	113
SiH_3Cl	-30.4	CrO_2Cl_2	116.7
SiH_2Cl_2	8.3	VOCl_3	127
BCl_3	13	AsCl_3	130
SiCl_4	57.6	TiCl_4	136
PCl_3	76	PCl_5	160
CCl_4	77	AlCl_3	180(升华)
POCl_3	105.3	其他金属杂质氯化物	>200
SiHCl_3	31.5		

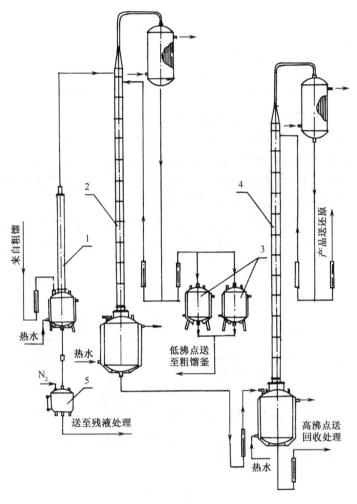

图 1.2 连续精馏系统图

1—蒸发器;2—精馏Ⅰ塔;3—低沸点槽;4—精馏Ⅱ塔;5—残液槽

3. 三氯氢硅氢还原

精馏所得的纯 $SiHCl_3$ 与高纯 H_2 按一定比例送入还原炉中,在 1100℃左右温度下,发生还原反应,制得高纯多晶硅:

$$SiHCl_3 + H_2 \xrightarrow{\quad 1100℃ \quad} Si + 3HCl$$

同时还伴有 $SiHCl_3$ 热分解和 $SiCl_4$ 还原反应:

$$4SiHCl_3 \Longleftrightarrow Si + 3SiCl_4 + 2H_2$$

$$SiCl_4 + 2H_2 \Longleftrightarrow Si + 4HCl$$

上述三类反应的 ΔG°、K_p 随温度变化值如表 1.4 所示。

表1.4 SiHCl₃、SiCl₄ 氢还原及 SiHCl₃ 热分解反应的 K_p,$\Delta G°$ 值

温度 反应式	900℃(1173K)		1000℃(1273K)		1100℃(1373K)		1200℃(1473K)	
	$\Delta G°$	K_p	$\Delta G°$	K_p	$\Delta G°$	K_p	$\Delta G°$	K_p
SiHCl₃ + H₂	2805	0.30	-17.11	1.07	-3129	3.15	-6082	8.00
SiHCl₃ 热分解	-6190	14.2	-6676	14.1	-7171	13.8	-7658	13.7
SiCl₄ + H₂	12720	4.27×10^{-3}	9255	2.57×10^{-3}	5709	1.23×10^{-1}	2147	0.48

由表1.4可知,三类反应的 $\Delta G°$ 值均随温度升高而减少,但是 SiHCl₃ 氢还原反应 $\Delta G°$ 值变化大,且 K_p 值随温度升高而增大;而 SiHCl₃ 热分解反应 $\Delta G°$ 值变化小,K_p 值随升温而减小。SiCl₄ 氢还原与 SiHCl₃ 氢还原相类似,由此可见提高还原温度对还原反应是有利的,同时升高温度还会使生成的硅粒粗大而光亮。但是反应温度也不可过高,温度过高不利于硅向载体上沉积,并使 BCl₃、PCl₃ 被大量还原,增大 B、P 的沾污。

还原时必须控制 H₂ 量,H₂ 量太大,会使 H₂ 得不到充分利用而浪费;H₂ 量太小,SiHCl₃ 还原不充分。通常,H₂:SiHCl₃ = (10~20):1(摩尔比)为宜。具体装置如图1.3所示。

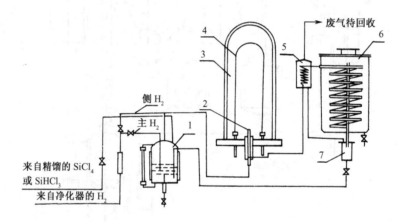

图1.3 氢还原工艺系统

1—挥发器;2—喷头;3—炉体;4—载体;5—热交换器(预冷器);6—尾气回收器;7—气液分离器

经过上述过程制得的高纯多晶硅的纯度通常用其残留的 B、P 含量表示(严格讲是高纯硅经过规范处理之后的 B、P 含量),称为基硼、基磷量。这是因为在提纯过程中 B、P 杂质较难除去;另一个方面是因为这两种杂质是影响硅电学性能的主要杂质。目前,我国高纯硅的基硼量 $\leqslant 5 \times 10^{-11}$;基磷量 $\leqslant 1 \times 10^{-10}$。

1.2.2 硅烷法

由于硅烷热分解法制取多晶硅具有很多优点,所以是一种很有前途的方法。其优点主要有:

(1)制取硅烷时,硼以复盐 B₂H₆·2NH₃ 的形式留在液相中,除硼的效果好。基硼量可在 2×10^{-14} 以下。

(2)硅烷无腐蚀性,分解后也无卤素及卤化氢产生,大大降低了来自设备的沾污。

(3)硅烷热分解温度低,不使用还原剂,分解的效率高,有利于提高纯度。

(4)硅烷的沸点很低(-111.8℃),在这样低的温度下,各种金属杂质的氢化物蒸气压都

很低,所以,用此法制得的高纯多晶硅的金属杂质含量很低。

（5）用硅烷外延生长时,自掺杂低,便于生长薄的外延层。

当然,硅烷法有需要低温和气密性好的设备及应注意安全等方面的问题。

1. 硅烷的制备

目前我国均采用硅化镁在液氨中与氯化铵反应来制取硅烷。此时液氨既是溶剂又是催化剂。硅烷发生装置如图1.4所示。

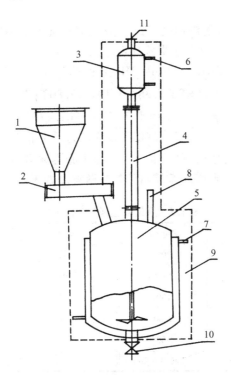

图 1.4　硅烷发生装置

1—Mg_2Si 与 NH_4Cl 混合料贮槽;2—螺旋下料器;3—氨回流冷凝器;4—液氨回流柱;

5—硅烷发生器;6—−75℃冷却剂出入口;7—−30℃冷却剂出入口;8—液氨加入管;

9—保温层;10—排渣阀;11—反应产物出口

硅化镁与氯化铵的反应如下:

$$Mg_2Si + 4NH_4Cl \xrightarrow[\text{液氨}]{-30℃} SiH_4 + 4NH_3 + 2MgCl_2 + 192.5kJ/mol$$

反应条件为:

（1）将 $Mg_2Si:NH_4Cl = 1:3$ 配比的料加入反应釜中。

（2）再按 $Mg_2Si:$ 液氨 $= 1:10$ 配比加进液氨。

（3）反应温度: −30 ～ −33℃。

反应生成的 SiH_4 通过液氨回流器进入纯化系统,SiH_4 带走的氨气在回流器中液化,返回到发生器中继续使用,硅烷中的杂质乙硼烷与氨络合生成固态络合物 $B_2H_6 \cdot 2NH_3$,在排渣时被排除。

2. 硅烷的提纯

硅烷可用低温精馏和吸附法进行提纯。但由于硅烷沸点太低,因此精馏要有深冷设备和良好的绝热装置。硅烷的提纯费用太高,所以目前多采用吸附法提纯。

由发生器出来的硅烷,先用 4Å 分子筛除去较多量的 NH_3、H_2O 及一部分 PH_3、AsH_3、C_2H_2、H_2S 等;接着用 5Å 分子筛吸附余下的 NH_3、H_2O、AsH_3、PH_3、H_2S、C_2H_2,同时还吸附 B_2H_6、Si_2H_6;再用 13X 分子筛除去烷烃、醇等有机大分子,最后用常温和低温两级活性炭进一步除去 B_2H_6、AsH_3、PH_3。

吸附后的硅烷可经过热分解炉提纯。因一些杂质的氢化物热稳定性差,在 360℃ 以下即能分解析出,而硅烷要到 600℃ 以上才明显分解,其反应为

$$SiH_4 \Longrightarrow Si + 2H_2 - 49.8kJ/mol$$

$$\Delta G^\circ = 8675.38 - 3.19T - 7.80TlgT$$

$$lgK_p = 0.70 + 1.71lgT - 1902.47T^{-1}$$

利用上面关系式计算,当 $\Delta G^\circ = 0$ 时,$T = 360K$,即从热力学上看在温度高于 87℃ 时 SiH_4 就有分解的趋势,但速度很慢,只有在 600℃ 以上,硅烷才能迅速分解,在 $1.013 \times 10^5 Pa$ 气压下,680℃ 时分解率可达 99.6%。硅烷中杂质氢化物热解温度如表 1.5 所示。

表 1.5 氢化物显著分解的温度

名称	状态	温度/℃	名称	状态	温度/℃
B_2H_6	气	300	SnH_4	气	150
$(AsH_3)_x$	固	110~160	PbH_4	气	25
$(GaH_3)_2$	液	130	AsH_3	气	300
$(InH_3)_x$	固	>80	SbH_3	气	200
SiH_4	气	>600	BiH_3	气	25
GeH_4	气	340~360			

3. 硅烷热分解

经提纯后的硅烷,在热分解炉(与 $SiHCl_3$ 氢还原炉类似)中发生热分解,沉积到载体上,通常载体的温度控制在 800℃ 下。

动力学研究指出:硅烷的热分解在分解量较少时是一级反应,其反应为

$$SiH_4 \overset{\triangle}{\Longrightarrow} SiH_2 + H_2$$

$$SiH_2 \overset{\triangle}{\Longrightarrow} Si + H_2$$

$$SiH_2 + H_2 \Longrightarrow SiH_4$$

设上面三个反应的反应速度常数分别为 K_1、K_2、K_3,故其分解速度为

$$-\frac{d[SiH_4]}{dt} = K_1[SiH_4] - K_3[SiH_2][H_2] \qquad (1.1)$$

经一段时间反应后,SiH_2 浓度达到稳定状态,即

$$-\frac{d[SiH_2]}{dt} = 0$$

则 SiH_2 浓度可由下式求出:

$$K_2[SiH_2] + K_3[SiH_2][H_2] = K_1[SiH_4]$$

$$[SiH_2] = \frac{K_1[SiH_4]}{K_2 + K_3[H_2]} \tag{1.2}$$

将式(1.2)代入式(1.1)中得

$$-\frac{d[SiH_4]}{dt} = K_1[SiH_4]\left(\frac{K_2}{K_2 + K_3[H_2]}\right)$$

括号内分子、分母均除以 K_2,得

$$-\frac{d[SiH_4]}{dt} = K_1[SiH_4]\frac{1}{1 + \frac{K_3}{K_2}[H_2]} \tag{1.3}$$

在分解的温度下,$K_2 \gg K_3$,且随着分解温度升高,K_2、K_3 相差越大。在高温、低氢浓度下,则有 $\frac{K_3}{K_2} \ll 1$,即 $\frac{K_3}{K_2}[H_2] \ll 1$。式(1.3)可简化为

$$-\frac{d[SiH_4]}{dt} = K_1[SiH_4]$$

即反应为一级反应。

如在低温、加大氢浓度情况下,有

$$\frac{K_3}{K_2}[H_2] \approx 1$$

则式(1.3)不能简化,反应就不是一级反应,反应速度要下降很多。

从上述分析得到以下结论。

(1) 热分解反应温度不能太低。

(2) 热分解产物之一氢气必须随时排除,以保证 $[H_2]$ 不大的条件。

(3) 只有在一级反应条件下,才能保证分解速度快,即硅烷的热分解效率高。

1.3 锗的富集与提纯

锗在地壳中含量约为 $2 \times 10^{-4}\%$,单从克拉克数看它比常见的金(含量为 $5 \times 10^{-7}\%$)、银(含量为 $1 \times 10^{-5}\%$)还要丰富,与锡、铅在地壳中的含量相近(锡的含量为 $1 \times 10^{-4}\%$,铅的含量为 $1 \times 10^{-4}\%$)。但它的分布极为分散,又不像金那样以单质状态存在,所以只是在近几十年,由于它有半导体性质,才被人类所重视,常被归类于稀有元素。

1.3.1 锗的资源与富集

1. 锗的资源

锗的资源总体上可分以下三大类。

(1) 在煤及烟灰中,分散的锗常被植物根部吸收,后在形成的煤中锗含量为 $10^{-3}\%$ ~ $10^{-2}\%$,在烟灰中可达 $10^{-2}\%$ ~ $10^{-1}\%$。

(2) 与金属硫化物共生,如在 ZnS、CuS 等矿物中常含有 $10^{-2}\%$ ~ $10^{-1}\%$ 的锗。

（3）锗矿石，如硫银锗矿（$4Ag_2S \cdot GeS$）含锗可达 6.93%，锗石（$7CuS \cdot FeS \cdot GeS_2$）含锗 6% ~ 10%，黑硫银锡矿（$4Ag_2S \cdot (Sn \cdot Ge)S_2$）含锗 1.82%，乌硫锑银铅矿（$28PbS \cdot 11Ag_2S \cdot 3GeS_2 \cdot 2Sb_2S_3$）等矿物均含有较丰富的锗，主要产于非洲及美国。

2. 锗的富集

锗的富集主要采用以下两种方法。

（1）火法：将某些含锗矿物在焙烧炉中加热，将部分砷、铅、锑、镉等挥发掉，锗以氧化物形式残留在矿渣中成为锗富矿（或称锗精矿）。

（2）水法：将矿物用硫酸浸出，以 ZnS 矿为原料，先用稀 H_2SO_4 溶解，制成 $ZnSO_4$ 溶液，调整 pH 使其在 pH = 2.3 ~ 2.5 之间，将 $ZnSO_4$ 沉淀滤掉，向残液中加入丹宁络合沉淀锗，再过滤、焙烧，最后得到含锗为 3% ~ 5% 的锗精矿。

由于锗的来源稀少，因此对提纯过程产生的或器件生产中的废料必须加以回收。通常是先将各种锗废料氯化成四氯化锗，再进一步利用。

1.3.2 高纯锗的制取

经过富集后的锗精矿含锗量一般在 10% 之内，还要经过制取 $GeCl_4$、精馏（或萃取）提纯，水解生成 GeO_2，氢还原成锗，进一步区熔提纯成高纯锗。

1. $GeCl_4$ 的制备

用盐酸与锗精矿（主要是 GeO_2）作用制得 $GeCl_4$：

$$GeO_2 + 4HCl \rightleftharpoons GeCl_4 + 2H_2O$$

这个过程是可逆的，反应时盐酸浓度必须大于 6mol/L，否则 $GeCl_4$ 水解。另外，由于蒸馏时有大量的 HCl 随同 $GeCl_4$ 一起蒸出，再加上其他杂质也消耗 HCl，因此蒸馏时加入的盐酸浓度要大些，一般在 10mol/L 以上。另外，还可加入硫酸来保持酸度。

在氯化时杂质砷会生成 $AsCl_3$，它的沸点（130℃）与 $GeCl_4$ 相近（83℃）而被蒸出。为了更有效地除砷，可在氯化时加入氧化剂，使 $AsCl_3$ 变成难挥发的砷酸留在蒸馏釜中。

$$AsCl_3 + Cl_2 + 4H_2O \rightleftharpoons H_3AsO_4 + 5HCl$$

在上述反应中加入 MnO_2，它与盐酸作用生成氯气，继续氯化三价砷，使其成为砷酸。

$$MnO_2 + 4HCl \rightleftharpoons MnCl_2 + 2H_2O + Cl_2$$

2. $GeCl_4$ 的提纯

氯化蒸馏得到的粗 $GeCl_4$ 中，含有 As、Si、Fe、Al 等的氯化物杂质，其中 $AsCl_3$ 最难除去。目前提纯 $GeCl_4$ 主要有两种方法，即萃取法与精馏法。

萃取提纯法，利用 $AsCl_3$ 与 $GeCl_4$ 在盐酸中的溶解度的差异，萃取分离。$GeCl_4$ 在较浓的盐酸中几乎不溶解，而 $AsCl_3$ 的溶解度达 200 ~ 300g/L（室温，120mol/L 的盐酸中）。$AsCl_3$ 在浓盐酸及 $GeCl_4$ 间分配平衡为

$$AsCl_{3GeCl_4} \rightleftharpoons AsCl_{3HCl}$$

$$K = \frac{C_A}{C_B} \tag{1.4}$$

式中，K 为分配系数；C_A 为 $AsCl_3$ 在盐酸中的浓度；C_B 为 $AsCl_3$ 在 $GeCl_4$ 中的浓度。萃取时物

料平衡关系为

$$V_A C_A + V_B C_B = V_B C_0 \qquad (1.5)$$

这里的 V_A、V_B 分别为萃取时盐酸与 $GeCl_4$ 的体积，C_0 为 $AsCl_3$ 在 $GeCl_4$ 中的初始浓度。如进行多次萃取，即 n 次萃取后，$AsCl_3$ 在 $GeCl_4$ 中浓度 C_n 可用下列关系式表示：

$$C_n = C_0 \left(\frac{1}{Kr+1} \right)^n \qquad (1.6)$$

式中，r 为体积比，即

$$r = \frac{V_A}{V_B} \qquad (1.7)$$

用萃取法不仅可以除砷，其他杂质（如 Al、B、Sb、Si、Sn、Ti 等）也可除去一大部分。经过萃取与精馏后的 $GeCl_4$ 纯度有很大提高，其中最难除去的砷含量可降至 2×10^{-9} 以下。

3. 四氯化锗水解

提纯后的 $GeCl_4$ 通过水解，制取 GeO_2，其反应式为

$$GeCl_4 + (2+n)H_2O \Longrightarrow GeO_2 \cdot nH_2O + 4HCl + Q$$

此反应是可逆的，主要取决于酸度，若酸度大于 6mol/L，反应将向左进行，又因为盐酸浓度在 5mol/L 时，GeO_2 的溶解度最小，所以水解时加水量要控制在 $GeCl_4 : H_2O = 1 : 6.5$（体积比）。此外，水解要用超纯水，用冰盐冷却容器以防止 $GeCl_4$ 受热挥发。过滤得到的 GeO_2 经洗涤后在石英器皿中 $150 \sim 200℃$ 下脱水，这样制得的 GeO_2 纯度可达 5 个"9"以上。

4. GeO_2 氢还原

上面制得的纯 GeO_2 用氢气还原制取高纯锗，其反应为

$$GeO_2 + 2H_2 \xrightarrow{650℃} Ge + 2H_2O$$

实际反应可能分两阶段进行，即

$$GeO_2 + H_2 \Longrightarrow GeO + H_2O$$
$$GeO + H_2 \Longrightarrow Ge + H_2O$$

了解上述分步反应之后，就必须注意防止中间产物 GeO 在 $700℃$ 以上因显著挥发而损失，所以还原温度一般控制在 $650℃$ 左右。GeO_2 完全被还原的标志是尾气中无水雾。完全还原成锗后，可逐渐将温度升至 $1000 \sim 1100℃$，把锗粉熔化铸成锗锭。

第 2 章 区 熔 提 纯

区熔提纯是 1952 年蒲凡（W·G·Pfann）提出的一种物理提纯方法。它是制备超纯半导体材料、高纯金属的重要方法。同时区熔理论也是研究杂质在晶体中分布规律的重要依据。相图则是研究区熔提纯的重要理论基础。本章首先介绍相图的相关知识，之后介绍区熔提纯的原理与实例。

2.1 相 图

在半导体材料制备和器件制造的工艺过程中，经常会遇到物质在不同相之间的平衡和相互转变的问题。因此研究材料的组成、物相平衡随外界条件变化的规律，对确定半导体材料制备和加工的最佳工艺条件、控制材料的性质具有重要意义。研究多相体系的状态如何随浓度、温度、压力等条件而变化最常用的方法是绘成状态图，这种图就叫做相图。通过相图，可以判断系统在一定热力学条件下所趋向的最终状态、正确选择配料方案、确定工艺制度、合理分析生产过程中的质量问题、研制新材料等。因此对于材料工作者来说，认识和掌握相图的知识和规律是非常重要的。本节首先阐述与相图有关的概念和相律，之后再介绍几种最常见的相图类型。

2.1.1 相图的相关概念

1. 相

在一个系统中，成分、结构相同，性能一致的均匀组成部分叫做相。在相与相之间有明显的界面，在界面上其宏观性质发生突变。在一个相中可以包含几种物质，如空气、盐水等；一种物质也可以有多个相，例如水有固相、液相和气相。在一个热力学体系内，当不同相之间相互接触时，若发生物质从一相迁至另一相的过程，则此过程称为相变过程。在相变过程中，当宏观物质的迁移停止时的状态被称为相平衡。

对于多相体系，各相间的相互转化、新相的形成和旧相的消失与温度、压力、组成有关。从相图上，可以直观看出多相体系中各种聚集状态和它们所处的条件。

2. 相律

在分析相图、研究相平衡问题时，相律是我们必须要遵循的基本规律。它可以用来确定系统处于平衡时可能存在的最多平衡相的数目，也可以用来判断测绘的相图是否正确。1876年，Gibbs 根据前人丰富的实验资料，应用严谨的热力学理论，总结出一条普遍的规律即相律，得到了平衡体系中独立组元数、相数和描述该体系的自由度数之间的关系。这里我们先简要介绍一下相律中出现的几个基本概念。

自由度数是指平衡系统中保持平衡相数不变的条件下独立可变因素（如温度、压力、浓度等）的数目，用字母"F"表示。组元是指系统中每一个能单独分离出来并能独立存在的化学均匀物质,独立组元数则是指决定一个相平衡系统成分所必需的最少组分数,用字母"C"表示。因此体系的组元数和独立组元数是不同的。如果体系中不发生化学反应,则独立组元数与组元数相等;如果构成体系的各物质间有化学反应发生,则独立组元数等于组元数减去独立的化学平衡关系式数。例如,在一个 $CaCO_3$ 加热分解的体系中,存在化学反应:

$$CaCO_3 \xrightarrow[\quad]{高温} CaO + CO_2 \uparrow$$

则此时体系的独立组元数为

$$3 - 1 = 2$$

我们再将体系平衡时的相数用"P"表示,则 Gibbs 相律的具体形式为

$$F = C - P + 2 \tag{2.1}$$

这里我们以图 2.1 所示水的单元系统相图为例对上述公式进行说明。在单元系统中,独立组元数 $C = 1$,代入式(2.1)得

$$F = 3 - P \tag{2.2}$$

由式(2.2)结合图 2.1 可知,在该系统中 $P = 1$ 时,自由度数最大,$F_{max} = 2$,即存在温度与压力两个自由度;当系统中冰、水、水蒸气三相平衡(图中三相点),即 $P = 3$ 时,自由度数最小,$F_{min} = 0$。

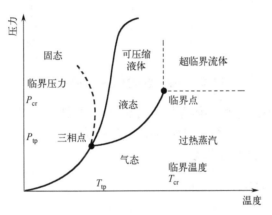

图 2.1　水的单元系统相图

2.1.2　典型的二元凝聚系相图

对于二元体系,$C = 2$,$F = 4 - P$,因此体系平衡时的最大相数是 4,最大的自由度数是 3。这三个独立变化的参数通常采用温度 T、压力 p 和一个组元的浓度 x,因此需要采用三个坐标构成的立体图才能完整地表示二元系统的状态。为了实际应用方便,通常将某一变量固定,得到立体图的截面图。凝聚态系统便常采用这种处理方式。凡是能够忽略气相影响,只考虑液相和固相的系统就叫做凝聚态系统。例如对于许多合金、氧化物固-液平衡凝聚体系,就经常采用定压下的 T-x 图来描述。这里我们重点介绍和分析几种常见的二元凝聚系相图。对于非凝聚体系,仍需采用 p-T-x 立体图或者立体图在 T-x、p-x、p-T 平面的投影图来描述,一些Ⅲ-Ⅴ、Ⅱ-Ⅵ族化合物体系,由于含有挥发性的成分,它们的相图就属于这种类型,我们将在之后的章节进行介绍。

对于不含气相的凝聚体系,压力对平衡影响较小,可忽略不计。因此二元凝聚体系的相律可写成:

$$F = 3 - P \tag{2.3}$$

1. 二元系相图的建立

建立相图的方法有实验测定和理论计算两种。这里介绍一种基本的实验测定方法:热分解法。以 Cu-Ni 体系为例,首先配置好不同组分的原料,之后测量各体系的冷却曲线,如图 2.2(a)所示。再根据冷却曲线把不同组分的结晶开始温度和结晶终了温度表示在以温度-浓度为坐标轴的图上,并把性质相同的点用曲线连接起来,就得到了 Cu-Ni 体系的相图,如图 2.2(b)所示。

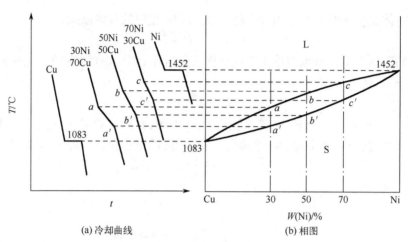

(a) 冷却曲线　　　　　　　(b) 相图

图 2.2　用热分解法建立的 Cu-Ni 体系

在图 2.2(b)中,组成不同的熔体开始析出晶体时的温度连线称为液相线,其上方区域为液相区。组成不同的熔体结晶时终了时的温度连线称为固相线,其下方为固相区。在液相线与固相线之间,体系为固、液共存状态。

2. 形成连续固溶体的二元系相图

1) 杠杆定律

当两种金属晶体结构相似、原子半径相近时,它们形成的合金无论在液态还是或固态,组元间都能以任意比例相互溶解,形成均匀的单相,这种体系叫做连续固溶体体系。图 2.3 为形成连续固溶体的二元系相图,Cu-Ni、Au-Ag、Ge-Si 等体系的相图都属于该类型。图中各曲线与区域的含义已在上文中介绍过,这里我们再结合该图介绍一种用于确定各相相对含量的重要规律——杠杆定律。

杠杆定律是质量守恒定律的一种表达形式。在二元系统中,用杠杆定律确定相的相对含量只适用于两相区。如图 2.3 所示,现在我们以图中处于固液共存区域的 o 点为例推导杠杆定律,称 o 点为系统点。设 o 点对应的合金成分为 C_0,固相重量为 W_S,液相的重量为 W_L,总重量为 W。通过 o 点作一水平的等温线,对应温度为 T_2,分别与固相线和液相线交于 a、c 两点,则 a、c 两点在横轴上的投影 C_S 和 C_L 即为固相和液相的成分。根据质量守恒定律,有

$$W = W_L + W_S \tag{2.4}$$

$$WC_0 = W_L C_L + W_S C_S \tag{2.5}$$

结合式(2.4)与式(2.5),得

$$W_L/W_S = (C_0 - C_S)/(C_L - C_0) \tag{2.6}$$

如果用图中 a、b、c 各点之间的长度来表示,则有以下结果:

$$W_L \cdot oc = W_S \cdot ao \qquad (2.7)$$

$$W_L/W = ao/ac \qquad (2.8)$$

$$W_S/W = oc/ac \qquad (2.9)$$

若把 o 点看作支点,a、c 两点看成重力端,则式(2.7)类似于力学上杠杆达到平衡时,两边的力矩(重量×臂长)相等。故式(2.7)通常称为杠杆定律。应用杠杆定律可以求出某系统点固液平衡时两相相对重量的大小。

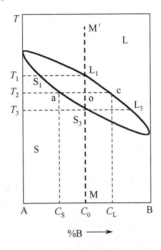

图 2.3 形成连续固溶体的二元系相图

2)冷却曲线与析晶路径

在结合相图研究合金从液相开始冷却的变化过程时,冷却曲线和析晶路径是两种非常重要的描述方式。在学习相图的过程中,准确掌握这两种表示方法是十分必要的。下面我们讨论图 2.4 中体系从 0 点至 3 点的整个冷却过程,并给出对应的冷却曲线和析晶路径。

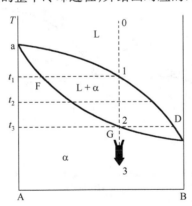

图 2.4 形成连续固溶体的二元系相图(包含某冷却过程)

体系从 0 点开始冷却,由 0 点至 1 点的过程中,体系中只有液相存在,由式(2.3)可知该过程体系的自由度 $F = 2$。当冷却到 1 点时开始析出晶体,出现两相平衡。进一步降温,熔体的组成沿液相线 1 至 D 变化,晶体的组成则沿固相线 F 至 G 变化,该过程中任一温度下固、液两相相对重量的大小可由杠杆定律求出。当温度下降到 t_3 时,熔体完全凝固,其固相的成分仍等于原合金的组成。由 1 点至 2 点的过程中,体系中固、液两相共存,自由度 $F = 1$。从 2 点继续冷却至 3 点的过程中,体系中只有固相存在,$F = 2$。根据上述讨论,我们给出该过程对应的冷却曲线和析晶路径分别如图 2.5 和图 2.6 所示。

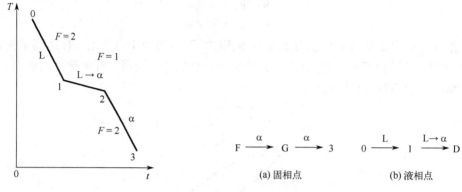

图 2.5　图 2.4 中冷却过程对应的冷却曲线　　　　图 2.6　图 2.4 中冷却过程对应的析晶路径

3. 形成部分互溶固溶体的二元系相图

部分互溶固溶体的特点是:两组元在液相时无限互溶,在固态时只能部分溶解,其典型的相图如图 2.7 所示。两组元的混合物使合金的熔点比各组元低,因此液相线从两端纯组元向中间凹下,两条液相线的交点所对应温度称为共晶温度。在共晶温度下,液相通过共晶凝固同时结晶出两个固相,两相混合物称为共晶组织或共晶体,如 Al-Si、Ni-Au 等。图中 A、B 两组元形成了 α 和 β 两种固溶体,α 为 B 在 A 中有限溶解的固溶体;β 为 A 在 B 中有限溶解的固溶体。HE、IE 为液相线,HCEDI 为固相线,CF 和 DG 分别是 B 在 A 中、A 在 B 中的饱和溶解度曲线。其中,CED 是 L + α + β 三相共存区。

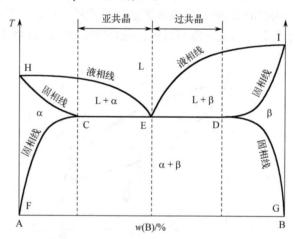

图 2.7　形成部分互溶固溶体的二元系相图

下面我们仍然选取一些组分来讨论体系的整个冷却过程。如图 2.8 所示,设有一合金由 0 点开始冷却,冷却至 1 点时,开始析出 α 固溶体。继续冷却,α 固溶体不断析出,熔体的组成沿液相线 1 至 D 变化,晶体的组成沿固相线 F 至 2 变化。当冷却到 2 点时,熔体消失并全部变成 α 固溶体。继续降温至 3 点,此时 α 固溶体中的 β 固溶体达到饱和,将由 α 固溶体析出 β 固溶体,为了区分由液相析出的 β 固溶体,我们可以将这部分 β 写作 $β_{II}$。继续冷却,α 和 β

固溶体的组成分别沿着饱和溶解度曲线 GJ 和 HK 变化。根据上述讨论,我们给出该过程对应的冷却曲线和析晶路径分别如图 2.9 和图 2.10 所示。

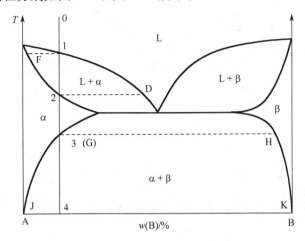

图 2.8　形成部分互溶固溶体的二元系相图(包含亚共晶区左侧某冷却过程)

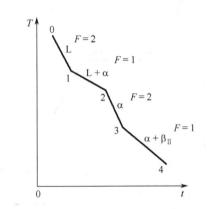

图 2.9　图 2.8 中冷却过程对应的冷却曲线

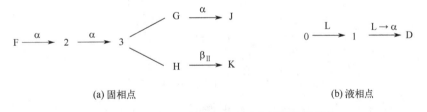

(a) 固相点　　　　　　　　　　　　　　　　　(b) 液相点

图 2.10　图 2.8 中冷却过程对应的析晶路径

如果合金从图 2.11 中 0 点对应的组分开始冷却,当到达 1 点时,开始析出 α 固溶体。继续冷却时,α 固溶体不断析出,其组成沿着固相线 D 至 G 变化,熔体组成则沿液相线 1 至 E 变化,到达共晶点 E 时同时析出 α 和 β 共晶混合物,其组成分别为 G 点和 H 点对应的组分。继续降温,α 和 β 固溶体的组成分别沿固相线 GJ 和 HK 变化。根据上述讨论,给出该过程对应的冷却曲线和析晶路径分别如图 2.12 和图 2.13 所示。把该组分区域的合金称为亚共晶合金。

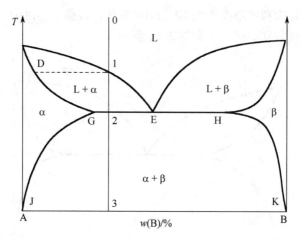

图 2.11　形成部分互溶固溶体的二元系相图(包含亚共晶区某冷却过程)

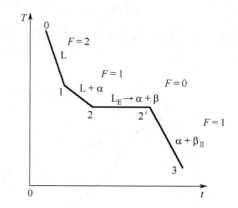

图 2.12　图 2.11 中冷却过程对应的冷却曲线

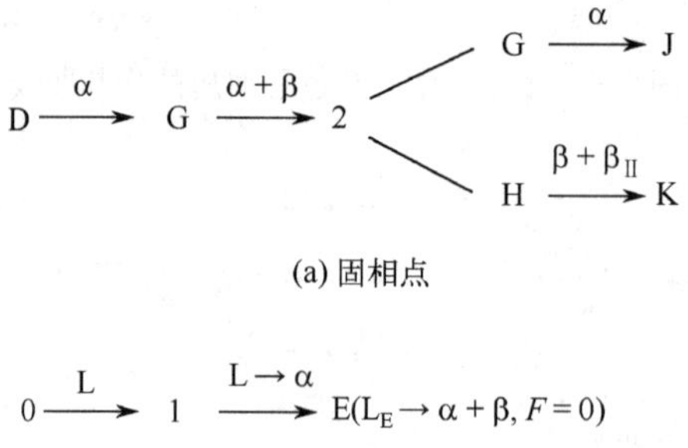

$$D \xrightarrow{\alpha} G \xrightarrow{\alpha + \beta} 2 \begin{cases} G \xrightarrow{\alpha} J \\ H \xrightarrow{\beta + \beta_{II}} K \end{cases}$$

(a) 固相点

$$0 \xrightarrow{L} 1 \xrightarrow{L \rightarrow \alpha} E(L_E \rightarrow \alpha + \beta, F = 0)$$

(b) 液相点

图 2.13　图 2.11 中冷却过程对应的析晶路径

当合金的组分位于相图右侧,例如过共晶合金的情况,其冷却过程的分析方法与上述内容是相似的。

对于合金的组成刚好属于图 2.14 所示的共晶合金的情况,该合金自液态缓慢冷却至 E 点时,液相同时为 A 和 B 元素所饱和,所以从液相中同时析出 α 和 β 两种固溶体,即发生共晶反应。该过程对应的冷却曲线和析晶路径如图 2.15 和图 2.16 所示。

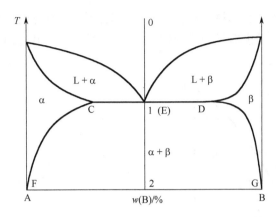

图 2.14　形成部分互溶固溶体的二元系相图(包含共晶区某冷却过程)

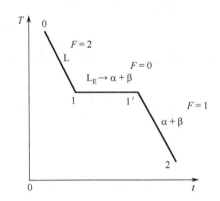

图 2.15　图 2.14 中冷却过程对应的冷却曲线

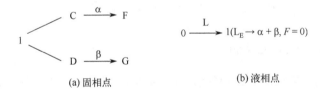

图 2.16　图 2.14 中冷却过程对应的析晶路径

4. 具有一个低共熔点的简单二元系相图

具有低共熔点体系的特点是:两个组元在液态时能以任意比例相互溶解形成均匀的单相溶液,但在固态时却完全不互相溶解,只能析出纯组元晶体或两者的机械混合物,其典型的相图如图 2.17 所示。图中 aE、bE 为液相线,在 E 点 A、B 同时由熔体析出,熔体全转变为固体,故称该点为低共熔点。GEH 为固相线,aG、bH 分别是纯 A 和纯 B 的固相线。aEb 线以上为液相区,aGE 围成的区域为 A 与熔体的两相共存区,bEH 围成的区域为 B 与熔体的两相共存区。

设有一合金从图 2.17 中的 M′点开始冷却,在冷却到 C 点以前为液相。到达 C 点后,开始由液相析出晶体 A,此时为 A 与熔体两相共存。当温度继续下降,液相中的组成沿着液相线 CE 移动。当温度降至例如 T_D 时,固、液两相的相对重量可由杠杆定律求出。当温度到达 T_E 时,固相 A、B 将同时析出并与液相共存,直至整个液相完全凝固后,温度才会继续降低。该过程对应的冷却曲线和析晶路径如图 2.18 和图 2.19 所示。若合金组成在 E 点右侧,其过程与上述类似,只是先析出的是 B 晶体。若合金组成恰好为 E 点对应的组分,则冷却到 E 点后将同时析出 A 和 B,直至液相全部凝固后,温度才继续下降,合金仍保持共晶结构不变。

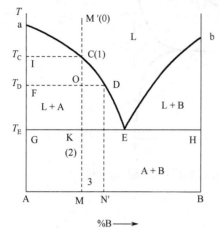

图 2.17　具有一个低共熔点的二元系相图

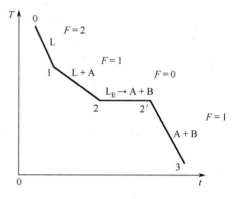

图 2.18　图 2.17 中冷却过程对应的冷却曲线

$$I \xrightarrow{A} G \xrightarrow{A+B} K \xrightarrow{A+B} M$$

(a) 固相点

$$0 \xrightarrow{L} 1 \xrightarrow{L \to A} E(L_E \to A+B, F=0)$$

(b) 液相点

图 2.19　图 2.17 中冷却过程对应的析晶路径

5. 生成一个化合物的二元系相图

当组成体系的组元之间结合力很强时,便会形成一种或多种化合物。化合物可分为稳定化合物与不稳定化合物。我们将分别加以讨论。

1）生成稳定的化合物

该类体系与正常的纯物质一样,具有固定的熔点;且熔化时产生的液相与化合物组成相同。其典型的相图如图 2.20 所示,我们可以发现这相当于两个具有低共熔点的简单相图的结合,在原子比 A : B = m : n 处形成一个稳定化合物。对应该化合物的组成处有一最高点,它就是该化合物的熔点。相图左侧可以看成是 A-A_mB_n 构成的相图,而右侧可以看成是由 A_mB_n-B 构成的相图。冷却曲线和析晶路径的分析方法与具有低共熔点的二元系相图类似。

2）生成不稳定的化合物

这种化合物的特点是加热到一定温度会发生分解,产物是一种液相和一种固相,且液相和固相的组成与化合物组成都不相同。图 2.21 为生成一个不稳定化合物的二元系相图,图中 P 点对应该化合物分解温度。设有一合金由 0 点开始冷却,其冷却曲线和析晶路径如图 2.22 和图 2.23 所示。其中,当冷却到达 2 点时,P 点液相量减少,固相组成中 B 晶体也减少,而 C 晶体(即化合物)开始析出。特别需要注意的是,在此过程中至 G 点 B 晶体被回吸完毕,完全转化成 C 晶体。

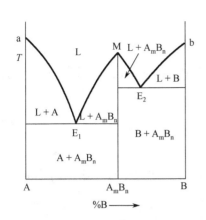

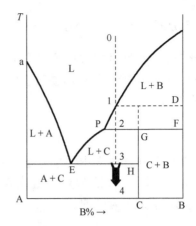

图 2.20　生成一个稳定化合物的二元系相图　　图 2.21　生成一个不稳定化合物的二元系相图

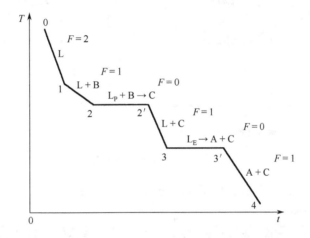

图 2.22　图 2.21 中冷却过程对应的冷却曲线

$$D \xrightarrow{B} F \xrightarrow{B+C} G \xrightarrow{C} H \xrightarrow{C+A} 3 \xrightarrow{C+A} 4$$

(a) 固相点

$$0 \xrightarrow{L} 1 \xrightarrow{L \to B} P(L_P + B \to C, F=0) \xrightarrow{L \to C} E(L_E \to A + C, F=0)$$

(b) 液相点

图 2.23　图 2.21 中冷却过程对应的析晶路径

2.2　分凝现象与分凝系数

　　人们很早就发现,将含有杂质的晶态物质熔化后再结晶时,杂质在结晶的固体和未结晶的液体中浓度是不同的,这种现象叫分凝现象(亦叫偏析现象)。区熔提纯就是利用分凝现象将物料局部熔化形成狭窄的熔区,并令其沿锭长从一端缓慢地移动到另一端,重复多次使杂质尽量被集中在尾部或头部,进而达到使中部材料被提纯的技术。

2.2.1 平衡分凝系数

杂质在固液两相间分配的差异,可以由二元合金相图(图2.24)看出,在温度为T_L,固液两相平衡时,固相A中杂质B(溶质)的浓度C_S和液相中的杂质浓度C_L通常是不同的,由此引入一个物理量

$$K_0 = \frac{C_S}{C_L} \tag{2.10}$$

式中,K_0为杂质B在材料A中的平衡分凝系数。

图2.24是一个二元相图靠近纯组分A一端的一部分。在这个很小区域内将液相线、固相线近似地看成直线是合理的。

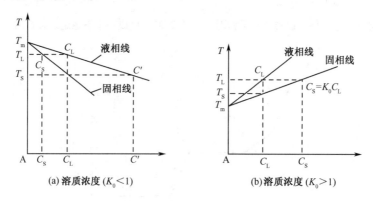

(a) 溶质浓度$(K_0<1)$　　　　　(b) 溶质浓度$(K_0>1)$

图2.24　平衡分凝系数

平衡分凝系数是在一定温度下,平衡状态时,杂质在固液两相中浓度的比值,以此描述该体系中杂质的分配关系。

由图2.24(a)可以看出,能使材料熔点下降的杂质,其$\Delta T < 0$(ΔT为体系平衡熔点T_L与纯组分A的熔点T_m之差)。这种情况的$K_0 < 1$,区熔提纯时杂质向尾部集中。

图2.24(b)的情况相反,使材料熔点上升的杂质其$K_0 > 1$,区熔提纯时这类杂质向头部集中。还有一类杂质,$K_0 \approx 1$,区熔时基本上不改变原有分布状态。

锗、硅中主要杂质的分凝系数K如表2.1所示。

表2.1　锗、硅中主要杂质的分凝系数K

杂质(溶质)元素	锗	硅	杂质(溶质)元素	锗	硅
B	~ 20	0.8 ~ 0.9	Cu	1.5×10^{-5}	4×10^{-4}
Al	0.073	0.002	Ag	4×10^{-7}	—
Ga	0.087	0.008	Au	1.3×10^{-3}	2.5×10^{-5}
In	0.001	4×10^{-4}	Ni	3×10^{-6}	2.5×10^{-5}
P	0.08	0.36	C	10^{-9}	8×10^{-6}
As	0.02	0.3	Ta	5×10^{-5}	10^{-7}
Sb	0.003	0.023	Fe	3×10^{-9}	8×10^{-6}
Bi	4×10^{-7}	7×10^{-4}	O		0.5
Sn	0.02	0.02	Mn		1×10^{-5}
Li	> 0.01	0.01	C		0.07 ± 0.01
Zn	4×10^{-4}	1×10^{-3}			

2.2.2 有效分凝系数

上面讨论的 K_0 是体系处于固、液两相平衡时得出的杂质分配关系。但在实际工作中,结晶不可能在十分缓慢近于平衡状态下进行,而是以一定速度来进行,这时对于 $K_0<1$ 的杂质,因为 $C_S<C_L$,所以结晶时将有部分杂质被结晶界面排斥出来而积累在熔体中。如果结晶速度大于杂质由界面扩散到熔体内的速度,杂质就会在界面附近的熔体薄层中堆积起来,形成浓度梯度而加快了杂质向熔体内部的扩散。最后可达到一个动态平衡,即在单位时间内,从界面排出的杂质量与因扩散、对流而离开界面向熔体内部流动的杂质量相等时,在界面薄层中的浓度梯度就不再改变,形成稳定的分布。这个杂质浓度较高的薄层称为杂质富集层(亦叫扩散层)。反之,对于 $K_0>1$ 的杂质,结晶时,固相界面会多吸收一些界面附近的熔体中的杂质,使界面处的熔体薄层中杂质呈缺少状态,这一薄层称为贫乏层。图 2.25 为固液界面处杂质分布曲线。

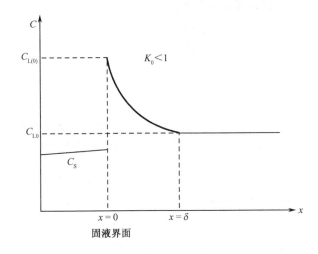

图 2.25 界面附近 $K_0<1$ 的杂质分布

为了描述界面处薄层中杂质浓度偏离对固相中杂质浓度的影响,通常把固相杂质浓度 C_S 与熔体内部的杂质浓度 C_{L0} 的比值定义为有效分凝系数 K_{eff}:

$$K_{eff} = \frac{C_S}{C_{L0}} \tag{2.11}$$

当界面不移动或移动速度 f 趋于零时,$C_{L0} \rightarrow C_L$,则 $K_{eff} \rightarrow K_0$。当结晶过程有一定速度时,$K_{eff} \neq K_0$,此时 $C_S = K_{eff} C_{L0}$。

2.2.3 BPS 公式

1953 年伯顿(Burton)、普里(Prim)、斯利奇特(Slichter)讨论并推导出有效分凝系数 K_{eff} 与平衡分凝系数 K_0 的关系式称为 BPS 关系式。他们认为,在熔体中根据流体力学状态不同可分为两种不同的运动形式:在固液交界面附近的扩散层熔体中,液流运动比较平静,称为平流区。在此区域杂质运动的主要形式是扩散,杂质分布不均匀,存在着浓度梯度。而在扩散层外的熔体中,由于热对流的影响,液流运动非常剧烈,称为湍流区,杂质分布认为是均匀的。在此基础上讨论了扩散层中杂质运动状况。

扩散层中杂质的一维连续方程为

$$D \frac{\partial^2 C}{\partial x^2} - v \frac{\partial C}{\partial x} = \frac{\partial C}{\partial t} \qquad (2.12)$$

式中, C 为杂质浓度, 它是 x 和 t 的函数; x 为动坐标, 坐标原点在固液界面上; D 为杂质在熔体中的扩散系数; v 为熔体在动坐标中的流速; t 为时间。式中第一项表示由于杂质在熔体中扩散引起的单位时间内杂质的改变量。第二项表示由于在动坐标中熔体流动引起的单位时间内杂质的改变量。故在单位时间内杂质浓度的总改变量等于两者之和。当扩散层中形成稳定的杂质浓度梯度时:

$$\frac{\partial C}{\partial t} = 0 \qquad (2.13)$$

又因为 v 是熔体在动坐标中的流速, 是相对固液界面而言, 如果将固液界面推进速度写为 f, 则熔体向界面移动速度 v 与界面移动速度 f 两者数值相等, 方向相反, 即

$$v = -f \qquad (2.14)$$

利用上述关系, 并将式(2.12)写成全微分形式

$$D \frac{d^2 C}{dx^2} + f \frac{dC}{dx} = 0 \qquad (2.15)$$

解式(2.15)得

$$\frac{dC}{dx} = A e^{-fx/D} \qquad (2.16)$$

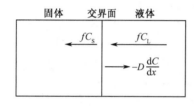

图 2.26　固液界面处的杂质流

利用边界条件: 在 $x=0$ 处, 流向界面的杂质流密度为 fC_L, 等于离开界面的杂质流密度(图2.26)。

$$f C_S + \left(-D \frac{dC}{dx} \right) = f C_L \qquad (2.17)$$

即

$$\frac{dC}{dx} \bigg|_{x=0} = \frac{f}{D}(C_S - C_L) \qquad (2.18)$$

将式(2.18)代入式(2.16)中得

$$A = \frac{f}{D}(C_S - C_L) \qquad (2.19)$$

则式(2.16)成为

$$\frac{dC}{dx} = \frac{f}{D}(C_S - C_L) e^{-\frac{fx}{D}} \qquad (2.20)$$

积分后得

$$C = (C_L - C_S) e^{-\frac{fx}{D}} + C' \qquad (2.21)$$

利用 $x=0, C=C_L$ 代入式(2.21)中得 $C'=C_S$, 则

$$C = (C_L - C_S) e^{-fx/D} + C_S \qquad (2.22)$$

式(2.22)在 $0 < x \leqslant \delta$ 范围内成立。在扩散层边界 $x=\delta$ 处(δ 为扩散层厚度, 因此 $x=\delta$ 处恰好是扩散层与熔体内部的边界)式(2.22)为

$$C_{L0} = (C_L - C_S) e^{-f\delta/D} + C_S \qquad (2.23)$$

根据 K_{eff} 的定义可写出

$$K_{\text{eff}} = \frac{C_{\text{S}}}{C_{\text{L0}}} = \frac{C_{\text{S}}}{(C_{\text{L}} - C_{\text{S}})\,\mathrm{e}^{-f\delta/D} + C_{\text{S}}}$$

分子、分母同除以 C_{L} 得

$$K_{\text{eff}} = \frac{K_0}{(1 - K_0)\,\mathrm{e}^{-f\delta/D} + K_0} \qquad (2.24)$$

式(2.24)即为 BPS 公式,该式给出了平衡分凝系数 K_0 与有效分凝系数 K_{eff} 的关系。K_{eff} 是 K_0、固液界面移动速度 f、扩散层厚度 δ 和扩散系数 D 的函数。当 $f \gg D/\delta$ 时,$K_{\text{eff}} \to 1$;当 $f \ll D/\delta$ 时,$K_{\text{eff}} \to K_0$。图 2.27 示出 K_{eff} 与 f 的关系。由图可看出 $f \approx D/\delta$ 时,K_{eff} 变化最大。因此,为使分凝效应显著,应取 $f < D/\delta$ 的凝固速度(通常 $f < 10^{-3}\,\mathrm{cm/s}$)。如果采用电磁搅拌熔体,会使扩散层中积累的杂质加速输运到整个熔体中去,δ 将变小,有助于 K_{eff} 趋向于 K_0。实践表明,对于 Ge 材料,当搅拌由弱变强时,δ 值由 $10^{-1}\,\mathrm{cm}$ 降到 10^{-3} cm。用高频感应加热熔化材料时,高频电磁场能对熔体增强搅拌作用,减薄扩散层,改善提纯效果。式(2.24)可改写为

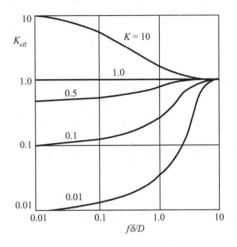

图 2.27　有效分凝系数与凝固速度的关系

$$\left.\begin{aligned}
\ln\left(\frac{1}{K_{\text{eff}}} - 1\right) &= \ln\left(\frac{1}{K_0} - 1\right) - \frac{f\delta}{D} \qquad (K_{\text{eff}} < 1) \\
\ln\left(1 - \frac{1}{K_{\text{eff}}}\right) &= \ln\left(1 - \frac{1}{K_0}\right) - \frac{f\delta}{D} \qquad (K_{\text{eff}} > 1)
\end{aligned}\right\} \qquad (2.25)$$

根据式(2.25),作 $\ln\left(\frac{1}{K_{\text{eff}}} - 1\right) \sim f$ 变化图,从直线的截距可求得 K_0,由斜率可算出 δ/D 值。

2.3　区　熔　原　理

2.3.1　正常凝固

将一材料锭条全部熔化后,使其从一端向另一端逐渐凝固,这样的凝固方式,叫正常凝固。由于存在着分凝现象,正常凝固后锭条中的杂质分布不再是均匀的,会出现以下三种情况。

(1) 对于 $K < 1$ 的杂质,其浓度越接近尾部越大,向尾部集中。

(2) 对于 $K > 1$ 的杂质,其浓度越接近头部越大,向头部集中。

(3) 对于 $K \approx 1$ 的杂质,基本保持原有的均匀分布的方式。

为讨论问题方便,先做以下三点假设。

(1) 杂质在固体中的扩散速度比其凝固速度慢得多,可以忽略杂质在固体中的扩散。

(2) 杂质在熔体中扩散速度比其凝固速度快得多,可以认为杂质在熔体中的分布是均匀的。

（3）杂质分凝系数是常数。

实际上，杂质在固体中扩散速度多数在 $10^{-11} \sim 10^{-13}$ cm/s 范围，而凝固速度在 $10^{-4} \sim 10^{-3}$ cm/s，两者相差 7 ~ 9 个数量级，所以第一点假设是可以成立的。如熔体中有一定搅拌条件，杂质在熔体中分布均匀也容易实现。又因为材料中杂质量原本很少，K_0 当常数使用是合理的。所以，上面三点假设是完全成立的。

下面讨论在正常凝固过程中的杂质运动及分布情况。为讨论问题方便，设材料锭的截面积为单位面积，长度为单位长度。已经凝固的一部分长度为 g，如再凝固 $\mathrm{d}g$（图 2.28），由于 $\mathrm{d}g$ 的凝固，使熔体内总杂质量 s 中又减少了 $\mathrm{d}s$，其量为

$$- \mathrm{d}s = C_{\mathrm{S}} \mathrm{d}g$$

或写为

$$C_{\mathrm{S}} = - \frac{\mathrm{d}s}{\mathrm{d}g} \tag{2.26}$$

又因 $C_{\mathrm{S}} = KC_{\mathrm{L}}$，$C_{\mathrm{L}} = \dfrac{s}{1-g}$，代入上式得

$$C_{\mathrm{S}} = \frac{Ks}{1-g} \tag{2.27}$$

由式（2.26）、式（2.27）中消去 C_{S} 得

$$- \frac{\mathrm{d}s}{\mathrm{d}g} = \frac{Ks}{1-g} \tag{2.28}$$

对式（2.28）积分得

$$s = s_0 (1-g)^K \tag{2.29}$$

式中，s_0 为全锭熔化时杂质总量，又因材料锭的原始体积为单位体积，所以

$$s_0 = C_0$$

将式（2.29）代入式（2.27）中，得

$$C_{\mathrm{S}} = \frac{Ks}{1-g} = \frac{Ks_0 (1-g)^K}{1-g} = \frac{KC_0 (1-g)^K}{(1-g)} = KC_0 (1-g)^{K-1} \tag{2.30}$$

式（2.30）即为正常凝固过程中，固相中杂质浓度 C_{S} 沿锭长的分布公式。

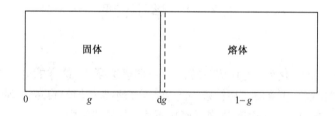

图 2.28　正常凝固示意图

利用式（2.30）可计算出不同 K 值的杂质经过正常凝固后的分布情况，如图 2.29 所示。

由图 2.29 中的曲线可以看出这些杂质分布的规律是：

（1）$K \approx 1$ 的杂质，分布曲线接近水平，即浓度沿锭长变化不大。

（2）$K < 0.1$、$K > 3$ 的杂质浓度随锭长变化较快，越是 K 偏离 1 的杂质，向锭的一端集中的趋势越明显，提纯效果越好。

值得注意的是，在式（2.30）中，在尾部因杂质浓度太大（$K < 1$），K 已不再是常数，即三点

假设中的第三点已不成立。如杂质浓度过大,还会形成合金状态,更不符合分凝规律,所以式(2.30)不再适用。

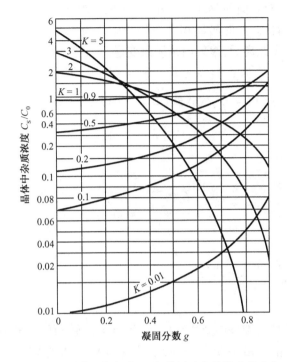

图 2.29　不同 K 的杂质,正常凝固后在晶体中的分布

2.3.2　一次区熔提纯

锭料经过一次正常凝固之后,形成了一定的杂质分布而不再均匀了。$K<1$ 的杂质集中在尾部;$K>1$ 的杂质集中在头部,只有中间一段纯度提高了。如把杂质浓度大的头尾切掉,可以得到纯度稍高的材料。但若想用此法继续提纯材料时,就会遇到每次都要切去头尾的问题,造成大量材料被切掉而浪费,而且效率也太低。为了克服这些缺点,提出了区熔提纯方法。

区熔提纯是只把材料锭的一小部分熔化形成熔区,并使熔区从锭条的一端移到另一端。因为每次熔化的仅是锭条的一小部分,例如,对 $K<1$ 的杂质,当熔区第二次在锭首时,由于杂质浓度较高的尾部没被熔化,所以小熔区中的杂质浓度 C_i 一定比原来锭的杂质浓度 C_0 要小,熔区移动后,新凝固出的固相中的杂质浓度 $C'_s = KC_i$,要比第一次提纯的 $C_{S_1} = KC_0$ 要小。这样当熔区一次次通过锭条时,材料就能逐渐被提纯。

下面讨论一次区熔过程中杂质的分布情况,如图 2.30 所示。

图 2.30　区熔提纯示意图

设:一个原始杂质浓度均匀为 C_0 的锭条,其截面积均匀并为单位面积。长度为 l 的熔区

以缓慢均匀速度通过锭条。s 为熔区已通过 x 距离后熔区内的杂质量；s_0 为 $x=0$ 处第一个熔区内杂质量。

当熔区已走过 x 距离后，向前移动一个小量 $\mathrm{d}x$ 时，则固相增加 $\mathrm{d}x$，在熔区的另一侧也有同样长度 $\mathrm{d}x$ 锭条熔入熔区。此时被固相带走的杂质量为 $C_S \mathrm{d}x$ 或 $KC_L \mathrm{d}x$，新熔入的杂质量为 $C_0 \mathrm{d}x$。所以，熔区移动 $\mathrm{d}x$ 距离后，熔区内杂质改变量为二者之差：

$$\mathrm{d}s = C_0 \mathrm{d}x - KC_L \mathrm{d}x = (C_0 - KC_L)\mathrm{d}x \tag{2.31}$$

由于截面为单位面积，因此 $C_L = \dfrac{s}{l}$，代入式(2.31)中得

$$\mathrm{d}s = \left(C_0 - \frac{Ks}{l}\right)\mathrm{d}x \tag{2.32}$$

整理并积分得

$$\frac{C_0 - \dfrac{Ks}{l}}{C_0 - \dfrac{Ks_0}{l}} = \mathrm{e}^{-\frac{Kx}{l}}$$

又因 $s_0 = C_0 l, s = C_L l = \dfrac{C_S}{K}l$，代入上式得

$$C_S = C_0\left[1 - (1-K)\mathrm{e}^{-\frac{Kx}{l}}\right] \tag{2.33}$$

式(2.33)为一次区熔后锭条中杂质浓度 C_S 随距离 x 变化的分布规律。图 2.31 为不同 K 值的杂质一次区熔后，浓度沿锭长分布曲线，它是令锭长 L 与熔区长度 l 比为 10 时应用式(2.33)计算出来的。

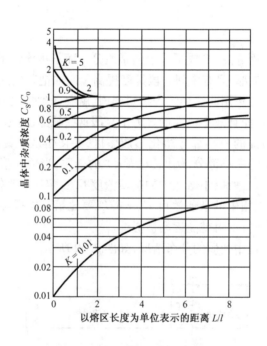

图 2.31　一次区熔提纯后，杂质沿晶体锭长的分布

图 2.32 为 $L/l = 10, K_0 = 0.01$ 的杂质经过正常凝固和一次区熔后杂质浓度分布的比较，从图可以看出：

（1）就一次提纯而言,正常凝固比一次区熔的提纯效果好。

（2）对于一次区熔提纯,从式(2.33)可以看出,熔区越宽提纯效果越好。

（3）式(2.33)对于最后一个熔区不适用,因为这时的情况属于正常凝固,不再服从区熔的规律。

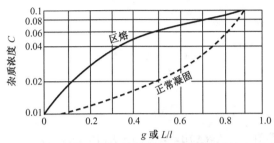

图 2.32　一次区熔提纯与正常凝固后的
杂质浓度分布的比较（$K_0 = 0.01$）

2.3.3　多次区熔与极限分布

半导体器件与某些特殊器件对材料的纯度要求很高,不但一般化学提纯不能满足要求,即使是区熔提纯也必须要进行多次,以把各种杂质尽可能地赶到锭条两头,使中间部分纯度达到要求的程度。这时有一个问题,对于一个有限长度的锭,用区熔的方法能否无限提纯?理论分析和实践的结果都证明是不可能的。这是因为经过多次区熔提纯后,杂质分布状态将达到一个相对稳定且不再改变的状态,把这种极限状态叫做极限分布或最终分布。

在熔区移动的过程中,熔区的前后有两个固液界面,分别称它们为凝固界面和熔化界面。在凝固界面,对于 $K < 1$ 的杂质,由于分凝作用,将部分被排斥到熔区,并向后携带。在熔化界面,由于锭料熔化又带入新的杂质,它们将从熔化界面向凝固界面运动。它们与分凝出来的杂质运动方向相反,称为杂质倒流,其结果是使整个熔区的杂质浓度增加。

在最初几次区熔过程中,由于尾部杂质浓度还不太大,熔化界面熔入的杂质量也比较小,杂质倒流的作用不明显,此时分凝占主导地位,杂质总的流向是从头部流向尾部,对材料起提纯作用。

经过多次区熔之后,随着区熔次数的增加,尾部杂质越来越多,杂质浓度沿锭长分布曲线越来越陡,杂质倒流越来越严重,以致最后杂质分布会达到这样一种状态:在锭的任何部位 x,在 $n+1$ 次区熔时,熔化界面熔入的高浓度杂质使整个熔区内杂质平均浓度增大到

$$C_L^{n+1}(x) = C_S^n(x)/K \tag{2.34}$$

此时 $n+1$ 次区熔的 $C_S^{n+1}(x)$ 为

$$C_S^{n+1}(x) = C_L^{n+1}(x)K \tag{2.35}$$

将式(2.34)代入式(2.35)中,得

$$C_S^{n+1}(x) = KC_S^n(x)/K$$

结果得出

$$C_S^{n+1}(x) = C_S^n(x) \tag{2.36}$$

式(2.36)说明 $n+1$ 次区熔与 n 次区熔固相中杂质浓度相等,达到极限分布。

在实际区熔时,对多次区熔提纯中的每次提纯效果并不一定要知道,而关心的是多次区熔

的最终结果,即极限分布情况。

达到极限分布后,在一个截面积为单位面积的锭条中,某熔区内的杂质浓度就等于熔化前该熔区范围内固体中杂质总数与熔区长度之商,有

$$C_L(x) = \frac{1}{l} \int_x^{x+l} C_S(x) \mathrm{d}x \tag{2.37}$$

因为 $C_S(x) = K C_L(x)$,所以

$$C_S(x) = \frac{K}{l} \int_x^{x+l} C_S(x) \mathrm{d}x \tag{2.38}$$

解式(2.38),得

$$C_S(x) = A \mathrm{e}^{Bx} \tag{2.39}$$

其中,常数 A、B 可由边界值 $\frac{1}{L} \int_0^l C_S(x) \mathrm{d}x = C_0$ 得到,其表达式为

$$K = \frac{Bl}{\mathrm{e}^{Bl} - 1} \tag{2.40}$$

$$A = \frac{C_0 BL}{\mathrm{e}^{BL} - 1} \tag{2.41}$$

式中,K 为分凝系数;l 为熔区长度;C_0 为初始杂质浓度;x 为距离;$C_S(x)$ 是极限分布时在 x 处固相中杂质浓度;L 是料锭长度。

如设锭长为 1,则式(2.41)变成为

$$A = \frac{C_0 B}{\mathrm{e}^B - 1} \tag{2.42}$$

若已知 K、C_0、l、x,由式(2.40)可定出常数 B,利用 B 和式(2.41),定出常数 A。最后将常数 A、B 代入式(2.39)中,便可求得 $C_S(x)$ 的具体值。

影响杂质浓度极限分布的主要因素是杂质的分凝系数和熔区长度。图 2.33、图 2.34 分别示出不同 K 值的杂质的极限分布和熔区大小对极限分布的影响。

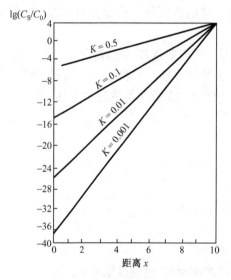

图 2.33　区熔提纯后杂质浓度极限分布图

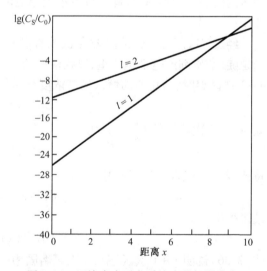

图 2.34　区熔多次后杂质浓度的极限分布

从图 2.33 和图 2.34 可以看出:对不同 K 值($K<1$)的杂质,K 值越小,极限分布时头部杂质浓度越小;除最后一次熔区外,熔区长度越小,极限分布时 C_S 越小。

2.3.4 影响区熔提纯的因素

在实际区熔提纯材料时,除了要考虑材料提纯的程度,同时还必须看它的经济效益,即生产效率、费用等。在能达到要求纯度的前提下,怎样节省时间与费用。还有一种做法是怎样才能把材料提纯到尽可能高的纯度。为此,应该了解哪些因素影响提纯效果,怎样处理好它们之间的矛盾关系。具体地讲,就是以什么原则选择熔区长度 l、熔区移动速度 f、区熔次数 n 等工艺参数。

1. 熔区长度

熔区长度对区熔效果的影响,可从以下两方面去考虑。

(1) 在一次区熔时由式(2.33),即

$$C_S = C_0 \left[1 - (1 - K) e^{-\frac{Kx}{l}} \right]$$

可以看出:$l \to$ 大,$C_S \to$ 小,提纯的效果好。由此考虑,熔区长度 l 越大越好。

(2) 在极限分布情况下,由式(2.40),即

$$K = \frac{Bl}{e^{Bl} - 1}$$

可以看出:当 K 一定时,$l \to$ 大,$B \to$ 小。从式(2.41),即

$$A = \frac{C_0 BL}{e^{BL} - 1}$$

可以看出:如 $B \to$ 小,$A \to$ 大。从式(2.39)可知:$A \to$ 大,$C_S \to$ 大。即 $l \to$ 大,提纯效果差。另外,也可直接从图 2.34 中看到熔区长度 l 越大,极限分布时 C_S 越大,同样可得出提纯效果差的结论。所以从极限分布角度来看,$l \to$ 小好。

上述矛盾的出现,表明每个公式只说明一种情况。

(1) 一次区熔杂质分布公式,它所描述的是区熔开始时的情况,这时杂质集中现象不太明显,杂质分布曲线不太陡,杂质倒流现象几乎可以忽略。此时,$K<1$ 的杂质被固相排出到熔区中,由于熔区长度 l 大,在大熔区中均匀后杂质浓度 C_L 变化不大,C_S 也不太增加,所以提纯效果好。

(2) 当体系处于接近极限分布状态时,熔区 l 大,会造成杂质倒流严重。因为此时杂质分布已经很陡,熔区长度 l 大,必然会造成大范围的杂质倒流使 C_L 大,C_S 也大。这是不利于提高纯度的。

通过上面分析,得到了在实际区熔时,最初几次应该用大熔区,后几次用小熔区的工艺条件。

2. 熔区移动速度

在讨论 BPS 公式时,已经指出有效分凝系数 K_{eff} 与熔区移动速度的关系

$$K_{eff} = \frac{K_0}{(1 - K_0) e^{-f\delta/D} + K_0}$$

在K_0为常数,δ、D变化不大的情况下,K_{eff}主要取决于f的大小。小的f值可使$K_{eff} \to K_0$,有利于杂质分凝与提纯,但区熔速度过慢会降低生产效率。反之,区熔速度f较大,虽然每次区熔用的时间少,但每次提纯效果由于K_{eff}增大而降低。因此,要想在最短的时间内,最有效地提纯材料,必须同时考虑区熔次数n和区熔速度f,并使n/f比值最小。它的意义就是用尽可能少的区熔次数和尽量快的区熔速度来区熔,达到预期的提纯效果。选择上述最优化条件是在确定提纯要求后来进行的。例如,希望提纯后的材料锭首的杂质浓度降低到原始浓度的十分之一,即$C_s(0)/C_0$为0.1,同时也知道主要杂质$K_0 = 0.1$。

（1）由相关参考书可以查到在锭首（$x = 0$ 处）相对杂质浓度C_s/C_0与区熔次数的关系图（图 2.35）。从图中查到达到 0.1 时所需要的K_{eff}和相应的n值。

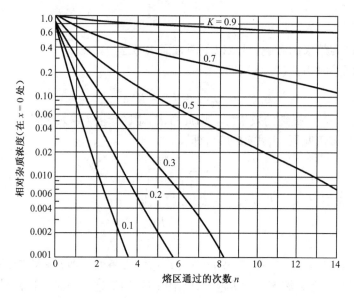

图 2.35　在 $x = 0$ 处 C_s/C_0 与 n 之间的关系（$L/l = 10$）

（2）已知主要杂质$K_0 = 0.1$,利用 BPS 公式和每组K_{eff},就可算出相应的$f\delta/D$的值。

（3）用每组的n、$f\delta/D$算出$\dfrac{n}{f\delta/D}$的值。

（4）将不同K_{eff}的n、$f\delta/D$、$\dfrac{n}{f\delta/D}$填入表中得到表 2.2。

（5）从表中可以看出$\dfrac{n}{f\delta/D}$最小值为 1.65,它的K_{eff}为 0.3,$f\delta/D$为 1.33,这时提纯效率最高。

表 2.2　当 $K_0 = 0.1$,要求锭首杂质浓度降低到起始浓度的 0.1 时
K_{eff}、n、$\dfrac{f\delta}{D}$、$\dfrac{n}{f\delta/D}$的计算值

K_{eff}	0.1	0.2	0.3	0.5	0.7
n	0.1	1.5	2.2	4.8	15.0
$\dfrac{f\delta}{D}$	0.1	0.82	1.33	2.20	3.05
$\dfrac{n}{f\delta/D}$	10.0	1.83	1.65	2.18	4.92

$K_{\text{eff}} = 0.3$ 与 $K_{\text{eff}} = 0.1$ 一组数据相比,后者的 $f\delta/D = 0.1$。虽然前者的分凝系数比后者大三倍,但它的速度却比后者高 13 倍,综合起来看,前者是可取的。

实际上,一般区熔时也可按 $f\delta/D \approx 1$ 的条件近似计算 f。如一区熔过程 $\delta = 10^{-2}$ cm,$D = 10^{-4}$ cm²/s,那么

$$f \approx \frac{D}{\delta} = \frac{10^{-4}\,\text{cm}^2/\text{s}}{10^{-2}\,\text{cm}} \approx 10^{-2}\,\text{cm/s}$$

3. 区熔次数的选择

在极限分布一节了解到无限增加区熔次数是不必要的。因为经过一定次数区熔之后,锭中的杂质浓度已接近极限分布,再区熔已无提纯效果(或者说效果已微乎其微),只能造成浪费。下面作一个近似估算,如利用一次区熔杂质分布公式,即

$$C_{\text{S}} = C_0 \left[1 - (1 - K)\,\text{e}^{-\frac{Kx}{l}} \right]$$

讨论锭首 $x = 0$ 处杂质浓度,上式可简化为

$$C_{\text{S}} = KC_0$$

即第一次区熔后 $C_{\text{S}_1}(0) = KC_0$。第二次区熔时是以 C_{S_1} 做原始浓度,则

$$C_{\text{S}_2}(0) = KC_{\text{S}_1}(0) = K^2 C_0$$

同理,第 n 次,$C_{\text{S}_n}(0) = K^n C_0$,利用图 2.33 找出不同 K 值时锭首($x = 0$)极限分布值,并用 $C_{\text{S}_n}(0) = K^n C_0$,求得相应的区熔次数 n 值,即

$$K = 0.001 \qquad C_{\text{S}_n}(0) = 10^{-38} C_0, \qquad n = 12.67$$
$$K = 0.01 \qquad C_{\text{S}_n}(0) = 10^{-26} C_0, \qquad n = 13.00$$
$$K = 0.1 \qquad C_{\text{S}_n}(0) = 10^{-14} C_0, \qquad n = 14.00$$

从上面估算的区熔次数可以看出,尽管上述三种情况 K 值相差两个数量级,但 n 值只相差约 1,最大的 n 也不过是 14。这表明不论 K 值大小,达到极限分布的区熔次数不是很多,并且相差也不大。因此有人给出一个半经验公式

$$n = (1 \sim 1.5)\frac{L}{l} \tag{2.43}$$

式中,n 为区熔次数;L 为锭长;l 为熔区长度。式(2.43)中,没有出现 K,这说明达到极限分布的区熔次数与 K 值关系不大,这与前面估算的结论是一致的。用经常使用的条件 $L/l = 10$ 按式(2.43)来计算,n 最大为 15。所以区熔次数以 20 次左右为宜。

4. 质量输运

区熔时,物质会从一端缓慢地移向另一端,这种现象叫做质量输运或质量迁移。质量输运的结果,会使水平区熔的材料锭纵向截面变成锥形,甚至引起材料外溢,造成浪费。

质量输运现象是由于物质熔化前后材料密度变化而引起的,物质输运的多少与输运的方向取决于熔化时密度变化的大小与符号,如熔化时物质的体积缩小(如锗、硅),那么物质输运的方向则与区熔方向一致;相反,如熔化时体积增大,则输运方向与区熔方向相反。

为了避免质量迁移现象产生,在水平区熔时,可将锭料容器倾斜一个角度 θ,用重力作用消除质量输运效应。其倾斜角 θ 为

$$\theta = \arctan\frac{2h_0(1 - \alpha)}{l} \tag{2.44}$$

式中，θ 为倾斜角度；h_0 为锭的原始高度；α 为材料固态密度 ρ_S 与其液相密度 ρ_L 的比值，即 $\alpha = \dfrac{\rho_S}{\rho_L}$；$l$ 为熔区长度。

2.4　锗的区熔提纯

经化学提纯的锗，其纯度一般不高于 5 个"9"，它们含有一定量的金属与非金属杂质，因此，还需要经过区熔提纯进一步提高纯度。从表 2.1 中可以看到，锗中杂质分凝系数都与 1 相差较大，其中只有硼的分凝系数大于 1，其他杂质的 K_0 值多在 $10^{-1} \sim 10^{-4}$ 之间甚至更小，这就使锗的区熔提纯成为可能。事实上，用区熔提纯法将锗的纯度提高到 9 个"9"以上是可行的，其装置如图 2.36 所示。

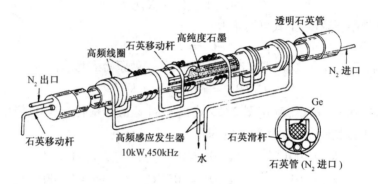

图 2.36　Ge 的区熔提纯装置示意图

图 2.36 中，锗锭放在一个清洁处理的高纯石墨舟中，舟放入石英管内，区熔时石英管内要充氢气（或氮气）等惰性气体保护或抽真空，防止锗在高温时被氧化。熔区可用高频感应线圈或电阻加热炉形成。熔区移动可用移动石墨舟或加热线圈来完成。图中是用多熔区加热法以提高工作效率，这时锭条同时经过几个加热器，则一个行程，对锭上任何一点都做 n 次区熔提纯，效率提高 n 倍。图 2.37 为锗区熔提纯的效果。

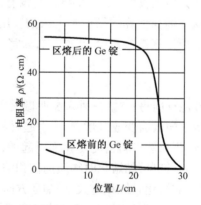

图 2.37　Ge 的区熔提纯结果

第3章　晶体生长

制造半导体器件的材料,绝大部分是单晶体,包括体单晶和薄膜单晶。因此,晶体生长问题对于半导体材料研制,是一个极为重要的课题。

晶体生长作为一个学科领域,历史很久。近百年来,特别在吉布斯(Gibbs)以后,晶体生长理论有了很大的发展。它主要包括:20 世纪 20 年代柯塞尔(Kossel)等人提出的完整晶体生长微观理论模型;40 年代弗兰克(Frank)发展了的缺陷晶体生长理论;50 年代后伯顿(Burton)等人在晶体生长及其界面的平衡结构理论以及杰克逊(Jackson)平衡界面理论等方面的研究,使晶体生长从生长技术研究进入了微观理论定性与半定量的研究阶段。近年来计算机技术的广泛应用,使晶体生长理论研究向微观定量计算大步前进。

晶体生长的方法很多,涉及范围也很广,半导体材料晶体生长只是其中一部分,但由于半导体科学的迅速发展,这一部分发展很快。

本章介绍晶体生长的新相形成和长大过程的热力学、动力学的有关问题,并结合硅、锗单晶生长,介绍从熔体中生长单晶的主要规律及生长技术。

3.1　晶体生长理论基础

热力学认为:晶体生长是一个动态过程,是从非平衡态向平衡态过渡的过程。当体系达到两相热力学平衡时,并不能生成新相,只有在旧相处于过饱和(过冷)状态时,才会出现新相。图 3.1 是一个单组分体系 p-T 图,图中分气(V)、液(L)、固(S)三个相区,在任何两相相区之

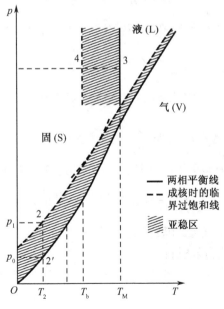

图 3.1　单组分体系 p-T 相图与晶体生长
的临界过饱和度关系

间均有相应的亚稳区(阴影区)。当热力学条件处于亚稳区才能有新相生成,并不断使相界面向旧相推移,即完成成核与晶体长大的过程。

晶体生长方式总体上可以分为以下三大类。

(1)固相生长:是通过固-固相转变完成的晶体生长过程,如:石墨 $\xrightarrow[\text{高温、高压}]{}$ 金刚石。又如近年出现的"图形外延",它是在激光照射下完成的微晶硅向单晶硅薄膜转变的固-固相转变的过程。

(2)液相生长:包括溶液中生长和熔体中生长两种。溶液生长历史很久,生长的晶体种类很多。在半导体材料制备中,GaAs 液相外延为典型的溶液生长过程。锗、硅与砷化镓等体单晶生长则是从熔体中生长晶体。

(3)气相生长:是由气相向晶体转变的气-固相转变的过程,气体凝华过程和半导体材料中化学气相沉积(CVD)法均属这类生长方式。

3.1.1 晶体形成的热力学条件

1. 气-固相转变过程

从图 3.1 中可以看到,当体系处于平衡状态 2′时,无新相出现,当它由一定过饱和达到 2 点时,晶体生长过程才能发生,即从非平衡态 2 向平衡态 2′过渡的过程。在完成这相转变过程中,每摩尔物质自由能改变量为

$$\Delta G = \int_{p_1}^{p_0} V \mathrm{d}p = \int_{p_1}^{p_0} \frac{RT}{p} \mathrm{d}p = RT\ln\frac{p_0}{p_1}$$

$$\Delta G = -RT\ln\frac{p_1}{p_0} \tag{3.1}$$

将 $\frac{p_1}{p_0} = \alpha$ 定义为饱和比,$\Lambda = \frac{p_1 - p_0}{p_0} = \alpha - 1$ 定义为过饱和度。

如果用 Δg 表示一个原子(分子)在此相转变过程中自由能变化,则

$$\Delta g = -\frac{RT}{N_0}\ln\frac{p_1}{p_0} \tag{3.2}$$

式中,N_0 为阿佛伽德罗常数。又因 $\frac{R}{N_0} = k$,k 为波尔兹曼常数,所以式(3.2)变为

$$\Delta g = -kT\ln\frac{p_1}{p_0} \quad \text{或} \quad \Delta g = -kT\ln\alpha$$

如果单个原子(或分子)体积为 V_m,则发生气-固相变时,单位体积的自由能变化为

$$\Delta g_V = -\frac{kT}{V_m}\ln\frac{p_1}{p_0} = -\frac{kT}{V_m}\ln\alpha \tag{3.3}$$

通过上面分析可以看出,对于气-固相转变过程,只有当 $p_1 > p_0$ 或 $\alpha > 1$,即有一定的过饱和度时,ΔG、Δg、Δg_V 为负值,才能自发进行。

2. 液-固相转变过程

(1)溶液中生长过程:设溶液近似于理想溶液,忽略蒸气压的影响,则在一定温度 T、压力 p 时,溶质 i 浓度为 C_1 时的化学势表达方式为

$$\mu_i^l(C_1) = \mu_i^0(T,p) + RT\ln C_1 \qquad (3.4)$$

式中，$\mu_i^0(T,p)$为纯溶质 i 在指定温度 T、压力 p 的条件下的化学势。如果饱和溶液浓度为C_0，则在同样条件下，其化学势为

$$\mu_i^l(C_0) = \mu_i^0(T,p) + RT\ln C_0 \qquad (3.5)$$

在固-液两相平衡时，固相的化学势μ_i^s应与其平衡的饱和溶液的化学势相等，因此有

$$\mu_i^s = \mu_i^l(C_0) = \mu_i^0(T,p) + RT\ln(C_0)$$

从过饱和溶液体系生长晶体时自由能变化为

$$\Delta G = \mu_i^s - \mu_i^l(C_1) = \mu_i^l(C_0) - \mu_i^l(C_1)$$

$$= RT\ln C_0 - RT\ln C_1 = -RT\ln\frac{C_1}{C_0} \qquad (3.6)$$

从式(3.6)可知，只要 $C_1 > C_0$，$\Delta G < 0$，上述过程就能自发进行。

(2) 熔体中生长过程：在凝固温度下，固-液两相平衡时，在相变过程中单位体积自由能的变化

$$\Delta g_V = \psi_S(T) - \psi_L(T) \qquad (3.7)$$

式中，$\psi_S(T)$、$\psi_L(T)$分别代表体系在凝固温度 T 下，固液两相单位体积的自由能。在熔点温度 T_M 时，固-液两相平衡时有如下关系：

$$\psi_S(T_M) = \psi_L(T_M) \qquad (3.8)$$

将式(3.7)与式(3.8)合并，则有

$$\Delta g_V = [\psi_S(T) - \psi_S(T_M)] - [\psi_L(T) - \psi_L(T_M)] \qquad (3.9)$$

用泰勒级数展开式(3.9)

$$\Delta g_V = \left[\frac{\partial\psi_S}{\partial T}(T - T_M) + \frac{1}{2}\frac{\partial^2\psi_S}{\partial T^2}(T - T_M)^2 + \cdots\right]$$

$$- \left[\frac{\partial\psi_L}{\partial T}(T - T_M) + \frac{1}{2}\frac{\partial^2\psi_L}{\partial T^2}(T - T_M^2) + \cdots\right]$$

式中，$T - T_M = \Delta T$ 为该体系的过冷度，当 ΔT 不太大时，可只取级数的一次项，即

$$\Delta g_V = \left(\frac{\partial\psi_S}{\partial T} - \frac{\partial\psi_L}{\partial T}\right)(T - T_M)$$

因为$\frac{\partial\psi}{\partial T} = -S$，所以

$$\Delta g_V = (S_L - S_S)\Delta T$$

$$\Delta g_V = \frac{\Delta H}{T_M}\Delta T \qquad (3.10)$$

式中，ΔH 为熔化潜热；S_L、S_S 分别为该物质液相和固相时单位体积的熵。从式(3.10)可知：熔体中生长晶体体系只要 $\Delta T < 0$，因 $\Delta H > 0$，$T_M > 0$，Δg_V 定为负值，则过程能自发进行，即要求熔体生长体系有一定的过冷度。

总括上述三种情况可知：在气-固相变过程时，$p_1 > p_0$；在溶液中生长晶体时，$C_1 > C_0$，即有一定的过饱和度；在熔体中生长晶体时，$\Delta T < 0$，即有一定过冷度时，其自由能变化 ΔG，Δg_V 为负，才能使过程自发进行。这就是三种晶体生长方式必须满足的热力学条件。

3.1.2 晶核的形成

在晶体生长的过程中,新相核的发生和长大称为成核过程。成核又可分为均匀成核与非均匀成核两大类。

均匀成核:在一定的过饱和度、过冷度的条件下,由体系中直接形成的晶核叫均匀成核或自发成核。

非均匀成核:在体系中存在外来质点(尘埃、固体颗粒、籽晶等),在外来质点上成核叫非均匀成核或非自发成核。

1. 均匀成核

1) 单个晶核的形成

在一个气-固相变过程中,气体分子是在不停地无规则运动着,它们的运动速度与能量虽然在一定的温度下有一定的分布状态,但毕竟是各不相同,并且由于能量的涨落,某些能量较低的分子,可能互相连接形成一些"小集团"。这样的小集团有两种发展趋势:一种可能继续长大成为稳定晶核;另一种可能是重新拆散为单个分子。通常把这样形成的小集团叫晶胚。假设小集团的形成是个二分子过程,设 α_1 表示一个气体分子,α_2 表示由两个气体分子联结而成的晶胚……α_i 表示由 i 个气体分子联结而成的晶胚,则它们的形成过程可以用一连串的反应表示为

$$\alpha_1 + \alpha_1 \rightleftharpoons \alpha_2$$
$$\alpha_1 + \alpha_2 \rightleftharpoons \alpha_3$$
$$\cdots\cdots$$
$$\alpha_1 + \alpha_{i-1} \rightleftharpoons \alpha_i$$

此时二分子过程是一个可逆过程,这里把小集团之间相碰撞和几个分子同时相碰撞的情况忽略了,因为它们出现的几率很小。当体系处于过饱和状态时,此时能量变化可分两部分:

① 气相转变为晶胚,体积自由能 ΔG_v 要减少。

② 由于新相生成形成固-气界面,需要一定的表面能 ΔG_S。

前者使体系自由能降低,而后者要使体系自由能增加。设 Δg_v 为形成单位体积晶胚的自由能改变量,σ 为单位表面积的表面能,则在一定条件下,形成一个半径为 r 的球形晶胚时,体系自由能总的变化量为 ΔG,则

$$\Delta G = \Delta G_S + \Delta G_V$$

$$\Delta G = 4\pi r^2 \sigma + \frac{4}{3}\pi r^3 \Delta g_v \qquad (3.11)$$

式(3.11)中各变量间关系,可由图 3.2 所示的 ΔG-r 关系曲线表示出来。从式(3.11)可知,ΔG_S 使体系自由能增加,它的增加与 r^2 成正比。ΔG_V 使体系自由能减少,它的减少与 r^3 成正比。二者之和为体系自由能总的变化量 ΔG。由于 ΔG_S 与 r^2 成正比,而 ΔG_V 与 r^3 成正比,相比之下 ΔG_V 比 ΔG_S 变化快,又因为 ΔG_S 开始时

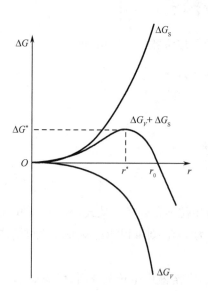

图 3.2　ΔG 随晶胚半径 r 的变化关系

较大,所以二者之和 ΔG 出现了开始时增大,达到极大值 ΔG^* 后下降的现象。与 ΔG^* 相对应的晶胚半径 r^* 称为临界半径;与 $\Delta G = 0$ 相对应的晶胚半径 r_0 称为稳定半径。由图 3.2 可见,随半径 r 的变化,有以下几种情况。

(1) 凡是 $r < r^*$ 的晶胚,消失的几率大于长大的几率。这是因为表面能占主导地位,使 r 减小,有利于减少表面能,从而使体系自由能降低。

(2) 当 $r = r^*$ 时晶胚长大和消失几率相等。

(3) 对于 $r > r^*$ 的晶胚,长大的几率大于消失的几率,这时体积自由能增大到占主导地位阶段。r 增大能使体系自由能降低。但 $\Delta G > 0$,晶胚不稳定。

(4) 当晶胚半径 $r > r_0$ 时,$\Delta G < 0$,晶胚就能稳定长大成晶核。

按半径 r 大小,可把晶胚分为:$r^* < r < r_0$ 的晶胚称为亚稳晶核;$r > r_0$ 的晶胚称为稳定晶核;$r = r^*$ 的晶胚称为临界晶胚(核)。

临界晶胚处于晶胚到晶核的临界状态,它的特点是长大与消失的几率刚好相等。其体系自由能 ΔG^*,在 $\Delta G\text{-}r$ 曲线的极大值处,因此有

$$\frac{\mathrm{d}\Delta G^*}{\mathrm{d}r} = 0$$

对式(3.11)微分,得

$$8\pi r^* \sigma + 4\pi r^{*2} \Delta g_V = 0$$

$$r^* = \frac{-2\sigma}{\Delta g_V} \tag{3.12}$$

将式(3.12)代入式(3.11),求得

$$\Delta G^* = 4\pi \left(-\frac{2\sigma}{\Delta g_V} \right)^2 \sigma + \frac{4}{3}\pi \left(-\frac{2\sigma}{\Delta g_V} \right)^3 \Delta g_V$$

$$= \frac{16\pi\sigma^3}{3\Delta g_V^2} = \frac{4}{3}\pi r^{*2} \sigma \tag{3.13}$$

从式(3.13)可见,临界状态下其体系自由能刚好是其表面能的 1/3,其余 2/3 被其体积自由能降低相抵消。在临界状态下成核必须提供这 1/3 的表面能,这部分能量应由外界提供,称这部分能量为形核功。

由式(3.12)和式(3.13)可知 r^*、ΔG^* 的大小与 Δg_V 成反比,而 Δg_V 大小又由体系的过饱和度或过冷度决定。当体系的过饱和度、过冷度大,相应的 Δg_V 就大,进而造成 r^*、ΔG^* 小。例如在生长单晶时希望 r^* 尽可能大,Δg_V 尽可能小,则要求过饱和度、过冷度尽量小,反之有些晶体生长需要得到微晶(如感光材料中卤化银晶体、敏感元件中使用的材料微粉),则要求过饱和度大一些,容易生成小晶粒。

2) 多个晶核生长

通常把相变体系中,在单位体积单位时间内形成的晶核数叫做成核率。把新相在单位时间内线性增长值叫成长率。

在热力学平衡状态下,设由 i 个分子组成的晶胚数为 n_i,则

$$n_i = n\exp\left(-\frac{\Delta G_i}{kT} \right) \tag{3.14}$$

如在单位体积内,达到临界尺寸的晶胚数为 n_i^*,则

$$n_i^* = n\exp\left(-\frac{\Delta G_i^*}{kT}\right) \tag{3.15}$$

式(3.14)和式(3.15)中 n 为体系单位体积内的单分子数。对于临界晶核,如果再增加一个分子,它将会越过热力学势垒,使长大的几率大于消失的几率而成为亚稳晶核。如果在过饱和体系中,所有与临界晶核相碰撞的分子都不反射,那么成核率 I 应等于在单位时间内气相分子(如是气-固相转变)与临界晶核的碰撞次数

$$I = Z_C S n_i^* \tag{3.16}$$

式中,Z_C 为单位时间内一个分子与临界晶胚单位面积表面相碰的次数;S 为一个临界晶胚的表面积。由统计力学可知:

$$Z_C = \frac{p}{\sqrt{2\pi mkT}} \tag{3.17}$$

p 为相变体系气相压强,m 为单个分子的质量,所以成核率 I 可写成

$$I = \frac{p}{\sqrt{2\pi mkT}} S n\exp\left(-\frac{\Delta G_i^*}{kT}\right) \tag{3.18}$$

式(3.18)中的 p,杰克逊认为是有效碰撞分压 p_e,即只有能量达到一定值以上的分子,碰撞后才能不反射而生成晶核,p_e 则为这部分高能量的分子的分压。笼统地讲碰撞后都不反射是不够准确的。

其他凝聚体系的成核率,亦有此性质,所以把这种成核理论叫做经典成核理论。

2. 非均匀成核

在晶体生长体系中,如存在着固体相(如尘埃、不溶物、籽晶)结晶时,晶核将易于依附在这些质点上而形成。这样的核化在整个体系中就不再是均匀的了,所以称为非均匀成核。

图 3.3 为非均匀成核示意图,图中 α 相为旧相,β 相为新相,s 相为固体相。设 $\sigma_{\beta s}$ 为 β 相与 s 相界面的比表面能,$\sigma_{\alpha s}$ 为 α 相与 s 相界面的比表面能,$\sigma_{\alpha\beta}$ 是 α 相与 β 相界面的比表面能。

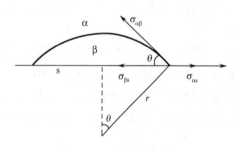

图 3.3 在固相表面上的成核

非均匀成核是由于在旧相 α 中存在着固体相 s,那么在它的表面上是否有利于新相 β 晶核的形成,将取决于新的界面 $\sigma_{\beta s}$ 代替旧界面 $\sigma_{\alpha s}$ 时所需能量 w_s。

$$w_s = \sigma_{\beta s} - \sigma_{\alpha s}$$

w_s 与 $\sigma_{\alpha\beta}$ 比较,如 $w_s < \sigma_{\alpha\beta}$,说明在 s 相上成核比在 α 相中均匀成核所需能量小,有利于 β 相在固体相上成核。具体可如图 3.3 所示,图中 r 为 β 相晶核曲率半径,θ 为晶核与固相平面的接触角。那么 β 相晶核形成引起体系的自由能变化,包括体积自由能和表面能两部分,即

$$\Delta G = \Delta G_V + \Delta G_S \tag{3.19}$$

体积自由能变化为

$$\Delta G_V = V\Delta g_V$$

其中,球冠(晶核)的体积为

$$V = \int_\theta^0 \pi(r\sin\theta)^2 \cdot rd(\cos\theta) = \frac{\pi r^3}{3}(2 - 3\cos\theta + \cos^3\theta)$$

所以,体积自由能的变化为

$$\Delta G_V = \frac{\pi r^3}{3}(2 - 3\cos\theta + \cos^3\theta)\Delta g_V \tag{3.20}$$

球冠的表面自由能 ΔG_S 由 α-β 相之间表面能 ΔG_{S_1} 和 β-s 相之间的表面能 ΔG_{S_2} 两部分组成,其中

$$\Delta G_{S_1} = \sigma_{\alpha\beta} \int_\theta^0 2\pi(r\sin\theta)rd\theta = 2\pi r^2(1 - \cos\theta)\sigma_{\alpha\beta}$$

$$\Delta G_{S_2} = \pi(r\sin\theta)^2(\sigma_{\beta s} - \sigma_{\alpha s})$$

则

$$\begin{aligned}\Delta G_S &= \Delta G_{S_1} + \Delta G_{S_2} \\ &= 2\pi r^2(1 - \cos\theta)\sigma_{\alpha\beta} + \pi(r\sin\theta)^2(\sigma_{\beta s} - \sigma_{\alpha s})\end{aligned} \tag{3.21}$$

在晶核稳定时,各个界面之间张力达到平衡,在三相交点上必然达到静力学平衡,所以

$$\sigma_{\alpha s} = \sigma_{\beta s} + \sigma_{\alpha\beta}\cos\theta$$

$$\sigma_{\beta s} - \sigma_{\alpha s} = -\sigma_{\alpha\beta}\cos\theta \tag{3.22}$$

将式(3.22)代入式(3.21)中,并将其结果与式(3.20)一起代入式(3.19)中,整理得

$$\Delta G_{非均} = \left(4\pi r^2\sigma_{\alpha\beta} + \frac{4}{3}\pi r^3\Delta g_V\right)f(\theta) \tag{3.23}$$

式中,$f(\theta)$ 为

$$f(\theta) = \frac{1}{4}(2 + \cos\theta)(1 - \cos\theta)^2$$

当体系状态不变时,θ 为常数,所以 $f(\theta)$ 也为常数。并可以用 $\frac{\mathrm{d}\Delta G}{\mathrm{d}r} = 0$ 的关系求出非均匀成核的临界曲率半径为

$$r^* = -\frac{2\sigma_{\alpha\beta}}{\Delta g_V} \tag{3.24}$$

比较式(3.24)和式(3.12)可以看出,当体系状态一定时,在自由空间的均匀成核与在固相上非均匀成核,其临界半径相同。将式(3.24)代入式(3.23)中求得

$$\Delta G_{非均}^* = \frac{16\pi\sigma_{\alpha\beta}^3}{3\Delta g_V^2}f(\theta) \tag{3.25}$$

或写成另一种形式

$$\Delta G_{非均}^* = \Delta G_{均}^* f(\theta) \tag{3.26}$$

式(3.26)说明,$\Delta G_{非均}^*$ 是 $\Delta G_{均}^*$ 与 $f(\theta)$ 函数的乘积。而 $f(\theta)$ 数值在 0~1 之间,图 3.4 给出 θ(接触角)大小与 $f(\theta)$ 值的关系曲线,可以看出,当固相与 β 相的性质相近(如原子排列方式,分子极性大小等),两相间湿润性好,接触角就小,$f(\theta)$ 也小,$\Delta G_{非均}^*$ 也小,就容易成核。如从熔体中拉单晶或同质外延时,籽晶或衬底与生长物质为同一物质,所以 $\theta = 0$,$f(\theta) = 0$,$\Delta G_{非均} = 0$,这种情况说明不需要三维成核,流体可直接转变成晶体。另一个极端是 $\theta = 180°$,$f(\theta) = 1$ 时 $\Delta G_{非均}^* = \Delta G_{均}^*$,说明杂质对成核没有贡献,与在 α 相中均匀成核一样。总的来说,非均匀成核要容易得多,例如当 $\theta = 30°$ 这样的接触角已经不小,而它的 $f(\theta) \approx 0.013$,$\Delta G_{非均}^* = 0.013\Delta G_{均}^*$,非均匀成核所需能量只是均匀成核能量的百分之一左右。

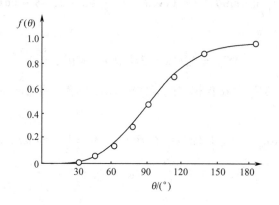

图 3.4 $f(\theta)$ 与接触角 θ 的关系

由上面经典理论估算的临界晶核,在通常的过饱和度情况下,大约包括 100 个原子。如过饱和度增大,临界晶核中原子数目会减少,这个理论就不一定适用了。

3.1.3　晶核长大的动力学模型

微课

晶核长大过程,是旧相原子或分子不断地进入晶体格点并成为晶体相的过程。在此过程中,原子以什么方式进入格点(即生长机制如何),主要取决于晶核表面状态,亦即晶体相与母相的界面状态。划分界面类型,有很多标准:界面是突变的还是渐变的;光滑的还是粗糙的;是完整的还是非完整的等。但一般来说,从微观结构来看,可分为完整突变光滑面、非完整突变光滑面、粗糙突变面和扩散面 4 种类型。不同的界面结构,生长机制也不同。几十年来,对不同界面结构提出了许多生长模型,其中主要有以下几种。

1. 完整突变光滑面生长模型

这个模型是柯塞尔(W. Kossel)于 1927 年提出来,后来又被一些人加以发展的模型。柯塞尔晶体生长机制是以光滑面生长为前提的。它论述了在晶体表面上生长一层原子尚未完全生长完时,下一个原子应生长在表面晶格什么位置以及这一层原子生长完时,下一层原子应在晶体表面什么位置开始生长的机制。下面以简单立方晶体结构的原子晶体为例进行讨论。

柯塞尔模型的要点是:一个中性原子在晶格上的稳定性是由其受周围原子的作用力大小决定的,晶体表面上不同格点位置所受的吸引力是不相同的。图 3.5 给出了 5 种主要晶格格点位置以及所受作用力情况。在表 3.1 中具体给出这 5 种格点位置和所受作用力。由表可以看出:原子在三面角(扭折处)1 的位置上,受到的吸引力最强,因为它的最近邻原子和次近邻原子数最多。原子在 1 的位置放出能量最多,所以在这里最稳定。次之是吸附在台阶侧面的位置 2,即二面角处,接下的顺序是 3、4、5 的位置。在晶体生长时,达到晶体表面的原子在扩散过程中,将优先在 1 处生长,使没有长完全的晶行一直长完为止。在没有三面角的位置的情况下,再生长时就在 2 的位置上,一旦有原子长在 2 处,就又出现新的三面角,即 1 的位置,又继续向前延伸到该行长完为止,重复上述 1—2—1 生长过程直到整个晶面全部长平,新的一层只好从 3 开始。

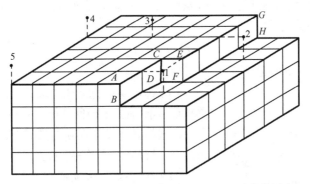

图 3.5　简单立方晶体不同位置吸附原子所受的作用力

表 3.1　晶体表面原子所受的作用力

位置	名称	最近邻原子数	次近邻原子数
1	扭折处原子	3	6
2	吸附在台阶上的原子	2	6
3	吸附在表面上的原子	1	4
4	吸附在棱边上的原子	1	3
5	吸附在晶角处的原子	1	2

根据经典理论,在生长新的一层晶体时,必须多个原子结合成半径超过临界半径的晶核,才能生成稳定的二维晶核。一旦二维晶核生成,便产生新的台阶,再按上述生长方式使新层迅速长大。

设一个二维晶核半径为 r,高度为 h,在形成前后自由能的变化为

$$\Delta G = 2\pi r h \sigma + \pi r^2 h \Delta g_V \tag{3.27}$$

用 $\dfrac{\mathrm{d}\Delta G}{\mathrm{d}r} = 0$ 求得其临界半径

$$r^* = -\frac{\sigma}{\Delta g_V} \tag{3.28}$$

将式(3.28)代入式(3.27),得临界晶核的形核功

$$\Delta G^* = -\frac{\pi h \sigma^2}{\Delta g_V} \tag{3.29}$$

将式(3.29)和式(3.13)比较,可以看出二维晶核的形核功较小,因此当体系的过饱和度(过冷度)能满足二维晶核形核功时,晶体就迅速长大。这时不能出现三维晶核。

下面再介绍一下二维晶核生长时的两种方式:单二维晶核生长(简称单核生长)和多二维晶核生长(简称多核生长)的问题。

若流体相原子或分子在生长界面上碰撞频率为 ν_0,可近似地得到二维成核率

$$I = \nu_0 \exp\left(-\frac{\Delta G^*}{kT}\right) \tag{3.30}$$

若晶面面积为 S,在该面上单位时间内成核数(成核频率)为 IS,连续两次成核的时间间隔(成核周期)为 t_n,则

$$t_n = \frac{1}{IS} \tag{3.31}$$

二维核一旦形成,台阶就在晶面上运动,当台阶扫过整个晶面 S,晶体就生长一层。一个二维核扫过晶面所需时间为 t_s,则

$$t_s \approx \sqrt{S}/V_\infty \tag{3.32}$$

式中,V_∞ 为单根直线台阶的运动速率。

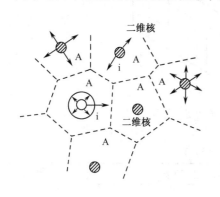

图 3.6 多核生长

（1）若 $t_n \gg t_s$,这表明二维晶核形成后,在第二颗二维晶核形成前,有足够时间使第一晶核的台阶扫过晶面,于是下一次成核必将发生在新的晶面上,就使每层生长过程只有一个二维晶核,这样的生长方式称为单二维生长。

（2）若 $t_n \ll t_s$,表明晶核台阶扫过晶面所需的时间很长,远远超过连续两次成核的时间间隔,因而同一层晶面的生长必将应用多个二维核。这样的生长方式称为多二维核生长,如图 3.6 所示。

要说明的一点是:同一晶面在生长过程中虽然同时出现多个二维晶核,但各二维晶核的晶向是一致的,因为它是由衬底或籽晶的晶向决定的。所以在相邻的二维晶核台阶相遇而合并时,并不留下任何痕迹。事实也证明这种观点是正确的,如 20 世纪 70 年代初兴起的硅完美晶体生长技术,在硅外延生长时,曾采用的高低温循环生长,即低温成核高温生长就是基于多二维晶核生长模型而形成的工艺,从而提高了外延层的完整性。

2. 非完整突变光滑面模型(Frank 模型)

如果按完整突变光滑面模型计算,晶体在气相或溶液中生长时,过饱和度要达到 25% 以上才能生长,而且生长不一定连续(当 $t_n \gg t_s$ 时)。但实际上,某些生长体系过饱和度仅为 2% 时,晶体就能顺利生长。为解决这个理论与实际上的矛盾,弗兰克(F. C. Frank)于 1949 年提出了螺旋位错生长模型。该模型的要点是:在生长晶面上,螺旋位错露头点可作为晶体生长的台阶源(自然二维晶核),当生长基元(原子或分子)扩散到台阶处,台阶便向前推进,晶体就生长了(图 3.7)。这种螺旋位错形成的台阶具有以下的特点。

（1）永不消失的台阶,像海浪一样向前推进。

（2）不需要二维成核过程。

（3）生长连续,过饱和度低。

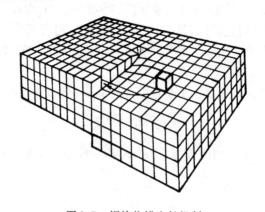

图 3.7 螺旋位错生长机制

在生长过程中,因为螺旋位错露头点是固定的,台阶只能绕它做旋转运动,而台阶各点距露头点距离不同,所以不可能使同一台阶上的每一点都能以同样的线速度推进,靠近中心处,只要填加少数原子就能生长一周,在台阶外端要加上许多原子才能生长一周。结果使原来的一个直线台阶逐渐长成螺旋状,图3.8(a)~(e)具体描述了在一个螺旋位错上晶体生长的过程。

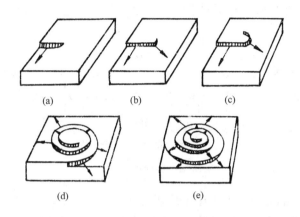

图 3.8　螺旋状台阶的发展

按上述分析可知,螺旋位错台阶中心生长的角速度大,边缘上速度慢。那么台阶中心能否无限制地快速生长,使晶体长成像锥子一样呢? 答案是不可能的,因为晶体生长所要求的过饱和度与生长台阶的曲率有关。曲率大的地方要求有较大的过饱和度,在同样的过饱和度的情况下,曲率大的地方生长速率相对小一些。因此,台阶中心由于曲率大,生长速率逐渐地慢下来。最后台阶上各点生长的角速度大体相同,就形成一个较为稳定的螺位错的螺旋状台阶,并能维持不变。

弗兰克模型具体研究了螺旋位错生长机制,从生长动力学观点看,它的意义不只限于有螺旋位错生长过程,实质上它代表了在生长过程中有自然台阶不需要二维成核的一大类晶体的生长情况。

3. 杰克逊界面平衡结构理论

1)粗糙面与光滑面

在晶体生长体系中,通常存在两个相,一个相是晶体相,另一个相是流体相(包括蒸气、溶液或熔体)。晶体生长过程就是流体相转变为晶体相的相变过程。并且把相变过程中释放或吸收的潜热,如蒸发热、熔化热或溶解热,统称为相变潜热。

在晶体相与流体相界面上的原子也分两种情况:一种是已经转变成晶体原子,它们只能在晶格点附近振动,如对时间取平均值,位移等于零,其位置是固定的;另一种是流体相原子,它们的位置随时间而变化。如有一晶面为密排面,该面上共有 N 个生长位置,而且每个位置上都填充上一个生长单元,其中 N_A 个属于晶体相,余下的 $N - N_A$ 个属于流体相,并且它们完全随机分布着。那么属于晶体的生长单元的成分为 $x = \dfrac{N_A}{N}$,属于流体相的单元为 $\dfrac{N - N_A}{N}$ 或为 $1 - x$。通常称 $x \approx 50\%$ 的界面为粗糙界面,而 $x \approx 0\%$ 或 100% 的界面为光滑面。

2）杰克逊界面平衡结构理论

晶体生长机制,在很大程度上取决于晶体界面结构,而界面结构如何,除了晶体种类外还取决于生长时的热力学条件。这个问题杰克逊(K. A. Jackson)从1958年以来做了大量研究工作,用热力学关系研究了存在的各种界面和它们之间相互转换以及具体是光滑面还是粗糙面的条件。所以杰克逊界面平衡结构理论不是哪一种界面的生长模型,几乎概括了各种界面。

下面用单层界面模型来讨论晶体性质、热力学条件与生长界面结构的关系,如图3.9所示。

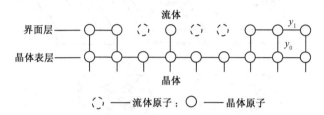

图3.9 单层界面模型

设在简单立方结构晶体表面上单原子层界面中,含有 N 个位置,开始时全为流体原子占有。在恒温、恒压下,当有 N_A 个流体原子转变为晶体原子,其体系吉布斯自由能变化为

$$\Delta G = \Delta U + p\Delta V - T\Delta S \tag{3.33}$$

式中,p 为压强;T 为温度;ΔU、ΔV、ΔS 分别为界面上有 N_A 个流体原子转变为晶体原子过程中引起的内能、体积和熵的变化。其中内能变化来自两个方面:一方面是 N_A 个流体原子转变成晶体原子时键能的变化 ΔU_0;另一方面是 N_A 个原子变成晶体后相互作用能 ΔU_1。

设每一个原子在晶体内部总键数为 ν。在界面层的水平总键数为 y_1,垂直键数为 y_0,则有 $\nu = 2y_0 + y_1$。为讨论方便,认为体系内流体-流体、流体-晶体原子间相互作用力很小,可以忽略不计。并在界面层内原子随机分布,无原子偏聚效应。

当流体原子转变为晶体内部原子时,内能降低为 L_0,它是由于形成 ν 个键引起的,若一对原子间的一个键的键合能为 2φ,则平均到每一个原子的键合能则为 φ,那么 $L_0 = \varphi\nu$,即

$$\varphi = \frac{L_0}{\nu} \tag{3.34}$$

当界面层一个原子发生流体-晶体相变时,它形成 y_0 个垂直键,故该原子具有的键合能为 $y_0\dfrac{L_0}{\nu}$。但是在该原子转变成晶体原子之前,与晶体表面层内相邻原子之间是没有相互作用的(其间没有键)。因而,当该原子转变为晶体原子后,不仅该原子具有 $y_0\dfrac{L_0}{\nu}$ 的键合能,同时在晶体界面层内与之成键的原子也同样具有 $y_0\dfrac{L_0}{\nu}$ 的键合能。所以一个流体原子转变成晶体原子因垂直键的形成而引起的内能降低为 $2y_0\dfrac{L_0}{\nu}$,现在界面上有 N_A 个原子转变为晶体原子,它们引起内能降低为 ΔU_0,则

$$\Delta U_0 = -2y_0\left(\frac{L_0}{\nu}\right)N_A \tag{3.35}$$

在界面中一个晶体原子的近邻数(水平键的最大值)为 y_1,由于有的流体相原子并未转化

为晶体,所以实际存在的近邻数为 $y_1 \dfrac{N_A}{N}$,则该原子发生流体-晶体相变时,因水平键引起的内能变化为 $y_1 \dfrac{N_A}{N} \dfrac{L_0}{\nu}$,当 N_A 个原子发生相变引起内能变化 ΔU_1,则

$$\Delta U_1 = -y_1 \left(\frac{L_0}{\nu}\right)\left(\frac{N_A}{N}\right) N_A \tag{3.36}$$

因为内能降低是垂直键与水平键两项键合能之和,所以内能总的降低为

$$\Delta U = \Delta U_0 + \Delta U_1 \tag{3.37}$$

将式(3.35)和式(3.36)代入式(3.37),得

$$\Delta U = -2L_0 \left(\frac{y_0}{\nu}\right) N_A - L_0 \left(\frac{y_1}{\nu}\right)\left(\frac{N_A}{N}\right) N_A \tag{3.38}$$

对于 N_A 个流体原子转变为晶体原子过程中的熵变 ΔS 也来自两方面:一方面是 N_A 个无序的流体原子转变成有序的晶体原子所引起的熵减少部分 ΔS_0;另一方面是在界面层内由于增加了 N_A 个晶体原子,使界面内混乱度加大而引起的熵增加部分 ΔS_1。总的熵变

$$\Delta S = \Delta S_0 + \Delta S_1 \tag{3.39}$$

若一个流体原子转变为晶体内部原子所释放的相变潜热为 $\widetilde{H}_m$,则由热力学定律可知

$$\widetilde{H}_m = U + pV$$

如相变时平衡温度为 T_E,一个流体原子转变为晶体内部原子引起的熵变为 $\dfrac{\widetilde{H}_m}{T_E}$,则 N_A 个原子总的熵减少

$$\Delta S_0 = -\frac{\widetilde{H}_m}{T_E} N_A \tag{3.40}$$

另外,N_A 个晶体原子任意分布在 N 个位置上,造成混乱度增加,熵增加部分为

$$\Delta S_1 = k\ln \frac{N!}{N_A!(N-N_A)!}$$

利用斯特林(Stirling)近似,将上式展开简化为

$$\Delta S_1 = kN\ln\left(\frac{N}{N-N_A}\right) + kN_A\ln\left(\frac{N-N_A}{N_A}\right) \tag{3.41}$$

将式(3.40)和式(3.41)代入式(3.39),得

$$\Delta S = -\frac{\widetilde{H}_m}{T_E} N_A + \left[kN\ln\left(\frac{N}{N-N_A}\right) + kN_A\ln\left(\frac{N-N_A}{N_A}\right)\right] \tag{3.42}$$

假如体系为气-固相转变,那么 N_A 个原子的晶体相体积与其气相体积相比可以忽略不计,并且将气体近似地看成理想气体,则

$$p\Delta V = N_A kT \tag{3.43}$$

将式(3.38)、式(3.42)和式(3.43)代入式(3.33)中,整理得

$$\frac{\Delta G}{NkT_E} = -\frac{L_0}{kT_E}\frac{N_A}{N}\left[\frac{N_A}{N}\frac{y_1}{\nu} + \frac{2y_0}{\nu}\right] + \frac{T}{T_E}\frac{N_A}{N}\left[\frac{L_0}{kT_E} + \frac{T}{T_E} - 1\right]$$

$$\quad - \frac{T}{T_E}\ln\left(\frac{N}{N-N_A}\right) - \frac{T}{T_E}\frac{N_A}{N}\ln\left(\frac{N-N_A}{N_A}\right) \tag{3.44}$$

在气相生长温度与气-固相平衡温度 T_E 相近时,可使用 $T \approx T_E$ 条件,并应用 $\nu = 2y_0 + y$ 的关系消掉 y_0,可得

$$\frac{\Delta G}{NkT_E} = \left(\frac{L_0}{kT_E}\frac{y_1}{\nu}\right)\left(\frac{N_A}{N}\right)\left(\frac{N-N_A}{N}\right) - \ln\left(\frac{N}{N-N_A}\right)$$

$$- \left(\frac{N_A}{N}\right)\ln\left(\frac{N-N_A}{N_A}\right) \tag{3.45}$$

因界面上晶体原子成分 $x = \frac{N_A}{N}$，并令

$$\alpha = \frac{L_0}{kT_E}\frac{y_1}{\nu}$$

则式(3.45)可简化为

$$\frac{\Delta G}{NkT} = \alpha x(1-x) + x\ln x + (1-x)\ln(1-x) \tag{3.46}$$

式(3.46)中的 α 是一个重要参量，称为界面相变熵或杰克逊因子，它是两个因子的乘积。第一因子是 $\frac{L_0}{kT_E}$，它取决于体系的热力学性质，其中 L_0 为单个原子相变时内能的改变，并可近似地看做相变潜热，那么 $\frac{L_0}{T_E}$ 为单个原子的相变熵。第二个因子是 $\frac{y_1}{\nu}$，它取决于晶体结构和界面的取向，ν 为晶体内部一个原子的近邻原子数，它与晶体结构有关。y_1 为原子在界面内水平方向的近邻原子数，它取决于界面的取向，因此把 $\frac{y_1}{\nu}$ 叫做取向因子，它反映出晶体的各向异性。

式(3.46)实际上给出了界面相对吉布斯自由能 ΔG 与晶体原子在界面上成分 x 以及杰克逊因子 α 三者的关系。如 α 一定，则可画出 $\frac{\Delta G}{NkT_E}$-x 关系曲线，并根据曲线的极小值找出其平衡界面是光滑面还是粗糙面。对于不同体系，不同热力学条件 α 大小也不同，因此曲线的形状也自然不同。图3.10给出了几种 α 值的 $\frac{\Delta G}{NkT_E}$-x 关系曲线。其中 $\alpha = 1.0$ 的曲线，$\frac{\Delta G}{NkT_E}$ 极小值出现在 $x = 50\%$ 处，说明这种界面的平衡结构是粗糙面；又如 $\alpha = 5$ 的曲线，$\frac{\Delta G}{NkT_E}$ 极小值出现在 $x \approx 0$ 或 $x \approx 100\%$ 处，所以该界面的平衡结构是光滑面。

由图3.10还可以看出，根据 α 值可将材料分成两大类：一类是 $\alpha > 2$ 的材料，在平衡时 $x \approx 0$ 或 $x \approx 1$，是光滑面，生长时界面上不存在自发台阶，经过二维成核的层状生长是限制其生长速率的重要因素，生长的晶体多呈美丽的多面体，并易出现"小平面"。属于这一类物质多为氧化物，它们的熔化熵 $\frac{L_0}{kT_E}$ 一般比较大，虽然 $\frac{y_1}{\nu}$ 小于1，但二者之积 α 还是大于2的。

另一类如金属，它们的熔化熵较小，再乘上一个小于1的取向因子，结果更小，属于 $\alpha < 2$ 的材料，平衡时 $x = 50\%$ 为粗糙面。生长时到处都有台阶，生长速度快，在这一类物质的晶体生长时，几乎不存在各向异性的问题。

还有一类介于氧化物与金属之间的物质，即半导体材料。如 Si 的熔化熵为3.56，Ge 的熔化熵为3.15。这时取向因子 $\frac{y_1}{\nu}$ 将起决定性作用。如对于密排面(111)面，其取向因子 $\frac{y_1}{\nu} = \frac{3}{4}$ 最大，所以 α 分别为2.67、2.36均大于2，可为光滑面。所以 Si、Ge 的光滑面(小平面)均为(111)面。而其他晶面的 $\frac{y_1}{\nu}$ 较小，α 值小于2，不存在光滑面。

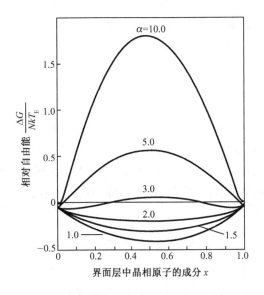

图 3.10 界面的相对吉布斯自由能与 x 的关系

式(3.46)对于熔体生长体系,因凝固时其体积变化很小,一般体积变化为3%~5%,所以 ΔV 近似为零,又因 $T \approx T_E$,所以该式仍然成立。

同一种材料由于生长方式不同,其相变潜热不同,将影响界面结构。如熔体生长时相变潜热为熔化热;溶液生长时相变潜热为熔化热+溶解热;气相生长时相变潜热为汽化热+熔化热。所以,一般情况是:气相生长相变潜热≥溶液生长相变潜热>熔体生长相变潜热。因此使用同一种材料用气相生长体系生长晶体得到光滑面的可能性大,而用熔体生长法若得到光滑面相对困难些,见表3.2。

表 3.2　一些物质的熔化熵

材料	L_0/kT_E	材料	L_0/kT_E
铜(Cu)	1.14	铅(Pb)	0.935
锌(Zn)	1.26	银(Ag)	1.14
锡(Sn)	1.64	铝(Al)	1.36
锗(Ge)	3.15	镓(Ga)	2.18
水(H₂O)	2.63	铟(In)	2.57
铌酸锂(LiNbO₃)	5.44	硅(Si)	3.56
蓝宝石(Al₂O₃)	6.09	水杨酸苯酯(Salol)	7

另外,温度对界面结构也有很大影响,如某种简单立方晶体,其(100)和(111)面粗糙化温度 T_C 分别为1300K和240K,则该晶面在此温度以上界面粗糙化,使原来的光滑面转变为粗糙面。所以上述这种晶体在室温下(100)面为光滑面,温度升到1300K以上变为粗糙面。而(111)面即使在室温下也是粗糙面,只有在240K以下才是光滑面。

下面用杰克逊平衡界面结构理论概括一下晶体生长动力学机制与生长界面结构的关系:

$$
界面结构 \begin{cases} 光滑面 \begin{cases} 完整晶体——二维成核,侧向扩展,层状生长 \\ \alpha > 2 \quad 非完整晶体——自然台阶层状生长 \end{cases} \\ 粗糙面——连续生长 \\ \alpha < 2 \end{cases}
$$

3.1.4 晶体的外形

晶体的外形与它的生长条件和性质有关。对于半导体单晶,它们一般都是由特定的棱或晶面组成的多面体。由于在晶体长大的过程中,晶面经历了淘汰过程,有些晶面会扩展,有些晶面会消失,从而决定了晶体的外形。那么晶体最终应由什么样的晶面包围呢?

1901 年乌尔夫(Wulff)提出:一定体积的晶体,其平衡形状应是总表面能为最小的形状,即

$$\sum_{i=1}^{n} \sigma_i s_i \ = \ 最小 \tag{3.47}$$

式中,s_i 为第 i 个晶面的面积;σ_i 为第 i 个晶面的单位面积的表面自由能。

晶体生长是一种非平衡过程,它的形态对于生长因素是十分敏感的,它强烈依赖动力学因素,其中最主要的是各个晶面的法向生长速度的比值。一般说来,法向生长速度慢的晶面,在生长过程中会变大变宽,最后得以保留。而法向生长速度快的晶面,越长越窄小,最后被其他晶面淹没而消失。在图 3.11 中,有四个 a 晶面其法向生长速度慢,另有两个 b 晶面其法向生长速度快,生长过程中 b 晶面不断缩小,最后消失,只留下 a 晶面显露在表面上。从晶体学的角度看,这种法向生长速度小的晶面,都是密勒指数低的原子密排面,当然其表面能也低。

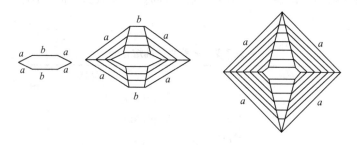

图 3.11　晶面的淘汰过程

对于半导体锗、硅来说,它们都是金刚石结构。{111}面簇的原子面密度最大,其表面能和法向生长速度最小,因此若在无外界约束的自由生长体系中生长的锗、硅单晶应是由{111}面簇所包围的正八面体。从气相生长〈111〉晶向的硅单晶棒,其外形为六面体,这种截面为正六边形的外形正是八面体在(111)面上的投影。如从熔体中用直拉法生长的锗和硅的单晶,由于是在强制系统中生长的,单晶的外形介于棱柱与圆柱之间,即在圆柱形的晶体上残留了八面体的痕迹,那就是晶棱。

在〈111〉方向生长的硅单晶,表面有三条晶棱,它是正八面体与〈111〉方向成 19°28′的 $(\bar{1}11)$、$(1\bar{1}1)$、$(11\bar{1})$ 三个面在晶体表面露头留下的痕迹。在〈100〉方向生长的硅单晶,表面有四条分布均匀的棱线,它们是正八面体中(111)、$(\bar{1}11)$、$(\overline{1}\overline{1}1)$、$(1\bar{1}1)$ 四个晶面与晶体表面相交留下的痕迹,如图 3.12 所示。按〈110〉方向生长的硅单晶,将有四个{111}面与生长方向平

行,它们与单晶表面相交面积很大,所以单晶侧面有四条较宽的晶棱。另外两个法线与生长方向成 35°16′ 的 {111} 面,则表现为两条细棱,因此 ⟨110⟩ 晶向的硅单晶,具有六条分布不均匀的晶棱。

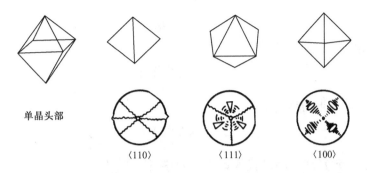

图 3.12　直拉硅单晶的晶棱位置与正八面体在不同晶向上的投影

3.2　熔体的晶体生长

从熔体中生长体单晶,是目前半导体材料制备单晶的主要方法。例如 Ge、Si、GaAs、InP 等单晶,都是从熔体中生长的。这种方法要求生长材料在熔点附近性能稳定,不发生分解、升华和相变。

熔体生长是典型的液-固相转变过程。在此相变过程中,生长的原子或分子要完成从无序随机排列转变为有序排列,从无对称性转变为有对称性的阵列结构,同时伴随相转变还要释放出相变潜热。这种相变不是一个整体效应,而是由固-液界面不断推进而逐渐完成的一个类似正常凝固的过程。

在晶体生长过程中,为保证晶体生长顺利进行,必须考虑解决热量输运和质量输运的问题。通常在气相和溶液中生长晶体时,质量输运起重要作用。在熔体中生长主要是热量的输运问题,它直接影响晶体生长参数、生长界面形态和晶体的完整性等。

3.2.1　晶体生长界面热输运方程

图 3.13 为在直拉单晶炉中生长晶体的热传递示意图。热传递包括以下几种方式:

Q_H:加热器传给坩埚的热;

Q_{RC}:坩埚向外辐射的热(特别是在底部);

Q_L:熔体向固-液界面传导的热;

Q_{RL}:熔体向外散热;

Q_F:相转变时放出的相变潜热;

Q_{RS}:晶体表面散热;

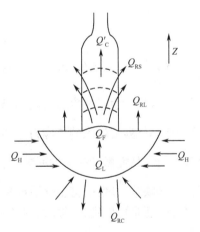

图 3.13　直拉法生长晶体的热传递
- - -等温线　→热流方向

Q_C:从固-液界面传走的热。它是从晶体表面散发热 Q_{RS} 和从籽晶传导散失热 Q'_C 之和。

在上述八种热传递途径中,比较重要的是直接通过固-液界面的几种热流,即 Q_L、Q_F、Q_C 三种。在晶体稳定生长时,它的必要条件是在生长的固-液界面上保持热平衡,即在单位时间内

$$Q_L + Q_F = Q_C \tag{3.48}$$

设生长晶体的截面积为 A,生长速度为 f,相变潜热为 $\widetilde{H}(\mathrm{J/g})$,晶体密度为 d,那么结晶放出的相变潜热 Q_F 为

$$Q_F = fAd\widetilde{H} \tag{3.49}$$

从熔体传到界面的热量 Q_L 为

$$Q_L = K_L \left(\frac{\mathrm{d}T}{\mathrm{d}Z}\right)_L A \tag{3.50}$$

从固-液界面向晶体传走的热量 Q_C 为

$$Q_C = K_S \left(\frac{\mathrm{d}T}{\mathrm{d}Z}\right)_S A \tag{3.51}$$

将式(3.49)、式(3.50)、式(3.51)代入式(3.48)中,得

$$AK_L \left(\frac{\mathrm{d}T}{\mathrm{d}Z}\right)_L + fAd\widetilde{H} = AK_S \left(\frac{\mathrm{d}T}{\mathrm{d}Z}\right)_S \tag{3.52}$$

式中,K_L、K_S 分别为熔体和晶体的热传导系数;$\left(\frac{\mathrm{d}T}{\mathrm{d}Z}\right)_L$、$\left(\frac{\mathrm{d}T}{\mathrm{d}Z}\right)_S$ 分别为熔体和晶体在固-液界面处的温度梯度。

式(3.52)称为界面热流连续方程,它是熔体生长晶体的基本方程,可以用来分析许多实际问题。

下面介绍两个界面热流连续方程应用的实例。

1. 晶体生长速度的估算

式(3.52)可变成生长速度 f 的函数关系式

$$f = \frac{K_S \left(\frac{\mathrm{d}T}{\mathrm{d}Z}\right)_S - K_L \left(\frac{\mathrm{d}T}{\mathrm{d}Z}\right)_L}{d\widetilde{H}} \tag{3.53}$$

当生长体系固定后,式(3.53)中的 K_S、K_L、d、$\widetilde{H}$ 可均为定值,结果上式成为 $f \sim \left(\frac{\mathrm{d}T}{\mathrm{d}Z}\right)_S$、$\left(\frac{\mathrm{d}T}{\mathrm{d}Z}\right)_L$ 的关系式。若想使生长速度尽可能大,则要求 $\left(\frac{\mathrm{d}T}{\mathrm{d}Z}\right)_S$ 越大越好,$\left(\frac{\mathrm{d}T}{\mathrm{d}Z}\right)_L$ 越小越好。但是 $\left(\frac{\mathrm{d}T}{\mathrm{d}Z}\right)_S$ 过大可能使晶体残留较大的热应力,同时也不利于晶体在降温过程中晶格整理,减少了位错滑移攀移的机会,从而影响晶体的完整性;另外,$\left(\frac{\mathrm{d}T}{\mathrm{d}Z}\right)_L$ 也不可以太小,因为那样会使固-液界面不平坦,晶体缺陷密度大,甚至会造成枝蔓状生长,严重时可转为多晶。可见二者都有一定限度。尽管如此,还是可以用式(3.53)估算一个体系的最大生长速度,这是个极限值,即在理论上的 $\left(\frac{\mathrm{d}T}{\mathrm{d}Z}\right)_L = 0$ 时,可得

$$f_{max} = \frac{K_S}{d\widetilde{H}} \left(\frac{\mathrm{d}T}{\mathrm{d}Z}\right)_S \tag{3.54}$$

如测定出 $\left(\frac{\mathrm{d}T}{\mathrm{d}Z}\right)_S$,就可以近一步算出 f_{max} 值。按式(3.54)鲁恩扬(Runyan)于1965年对一个硅单晶生长系统进行了估算,$f_{max} = 2.96\,\mathrm{cm/min}$。实际测得的 $f_{max} = 2.53\,\mathrm{cm/min}$,可见理论值与实验值大体上是相符的。

2. 生长速度与晶体外形的关系

在单晶生长时,一般籽晶的截面积都较小,如果生长了一段时间后,晶体有了一定长度,那么从籽晶传导走的热量 Q'_C 可以忽略不计,这时晶体的热耗散仅是晶体表面的辐射耗散,根据斯蒂芬-波尔兹曼定律,单位时间内通过单位高度表面向外辐射的热量 $Q_C = Q_{RS}$,

$$Q_C = 2\pi r \varepsilon \sigma T^4 = B_1 r$$

式中,ε 为热发射率;σ 为斯蒂芬-波尔兹曼常数;T 为体系(晶体表面)温度,则式(3.52)可写为

$$fHd\pi r^2 + K_L\left(\frac{dT}{dZ}\right)_L \pi r^2 = B_1 r$$

$$f = \frac{B_1}{\pi d\tilde{H}r} - \frac{K_L\left(\frac{dT}{dZ}\right)_L}{d\tilde{H}} \tag{3.55}$$

设式(3.55)中

$$\frac{B_1}{\pi d\tilde{H}} = B_2 \qquad \frac{K_L\left(\frac{dT}{dZ}\right)_L}{d\tilde{H}} = B_3$$

则式(3.55)变为

$$f = \frac{B_2}{r} - B_3 \tag{3.56}$$

如潜热项 B_2 比熔体的热传导项 B_3 大,即 $B_2 \gg B_3$ 条件成立,则

$$f \propto \frac{1}{r} \tag{3.57}$$

从式(3.57)可知晶体生长速度与生长的晶体半径成反比。在实际生产中,常用改变拉晶速度与加热功率来控制晶体半径。

3.2.2 晶体的温度分布

在拉制单晶时,晶体各部分温度是不同的,由于有温差存在,会使晶体中有一定的热应力,这对晶体的完整性有很大的影响。对于这个问题的讨论,目前已有多种模型。但由于问题本身比较复杂,在研究时,都做了许多简化。这里介绍的数学模型是布赖斯(Brice)于1968年提出来的,也做了很多简化。

如图3.14所示,晶体的半径为 r_a,长度为 l,热传导系数 K,密度 ρ,比热 C 均为常数。并做了如下几点简化:① 忽略了籽晶导热;② 无放肩部分;③ 晶体各向同性;④ 单晶炉热场为圆柱对称,并与晶体旋转轴同轴。

在上面模型基础上,将直角坐标换为圆柱坐标,坐标原点在固-液界面中心 O 点上,并令相对温度 $\theta(r, \varphi, z) = T(r, \varphi, z) - T_0$。$T_0$ 为环境温度,T 为体系温度。又因晶体中热场是圆柱对称与圆周角 φ 无关,所以 θ 只是半径 r 和高度 z 的函数,则有热传导方程

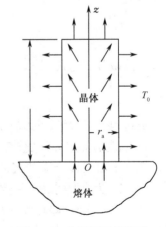

图3.14 布赖斯数学模型,箭头为热流密度矢量

$$\frac{\partial^2 \theta}{\partial r^2} + \frac{1}{r} \frac{\partial \theta}{\partial r} + \frac{\partial^2 \theta}{\partial z^2} = 0 \tag{3.58}$$

其边界条件为

（1）在固-液界面上，界面温度为熔点 T_m，即 $z = 0, T = T_m$，则

$$\theta = T_m - T_0 = \theta_m \tag{3.59}$$

（2）当 $r = r_a$ 时，传导到晶体表面的热量通过对流和辐射向环境耗散：

$$-K \frac{\partial \theta}{\partial r} = \varepsilon_C \theta + \varepsilon_R \theta = \varepsilon \theta \tag{3.60}$$

式中，ε_C 和 ε_R 为单位晶面面积通过对流和辐射引起的热损耗率；ε 为热交换系数，并且 $\varepsilon = \varepsilon_C + \varepsilon_R$。

（3）当 $z = l$ 时，在晶体顶部也有类似的热耗散关系，即

$$-K \frac{\partial \theta}{\partial z} = \varepsilon_C \theta + \varepsilon_R \theta = \varepsilon \theta \tag{3.61}$$

令 $h = \dfrac{\varepsilon}{K}$，即热交换系数与热传导系数的比值很小时，满足边界条件式（3.59）、式（3.60）、式（3.61）的微分方程式（3.58）的近似解为

$$\theta \approx \theta_m \frac{(1 - hr^2/2r_a)}{\left(1 - \frac{1}{2}hr_a\right)} \exp\left[-\left(\frac{2h}{r_a}\right)^{1/2} z\right] \tag{3.62}$$

晶体中温度梯度沿轴向 z 和沿径向 r 的分量为

$$\frac{\partial \theta}{\partial z} \approx -\theta_m \left(\frac{2h}{r_a}\right)^{1/2} \frac{(1 - hr^2/2r_a)}{\left(1 - \frac{1}{2}hr_a\right)} \exp\left[-\left(\frac{2h}{r_a}\right)^{1/2} z\right] \tag{3.63a}$$

或表示为

$$\frac{\partial \theta}{\partial z} \approx -\left(\frac{2h}{r_a}\right)^{1/2} \theta \tag{3.63b}$$

$$\frac{\partial \theta}{\partial r} \approx -\theta_m \frac{2hr}{r_a \left(1 - \frac{1}{2}hr_a\right)} \exp\left[-\left(\frac{2h}{r_a}\right)^{1/2} z\right] \tag{3.64a}$$

或表示为

$$\frac{\partial \theta}{\partial r} \approx -\frac{2hr}{r_a(1 - hr^2/2r_a)} \theta_m \tag{3.64b}$$

以及二阶微分表达式

$$\frac{\partial^2 \theta}{\partial z^2} \approx \theta_m \frac{2h}{r_a} \exp\left[-\left(\frac{2h}{r_a}\right)^{1/2} z\right] \tag{3.65}$$

通过四个近似解，可以看出以下规律性特点：

① 温度分布以晶体旋转轴 z 为对称轴，当 r、z 一定时，温度也相同，因此对于一定的 z，即在一个水平面上，以 r 为半径的圆周上各点的温度都相同。

② 当 r 为常数时，$\theta \approx$ 常数 $\exp(-$ 常数 $z)$，即晶体中温度随 z 增大而按指数关系降低。

③ 当 $h > 0$ 时，即环境冷却晶体，温度随 r 的增大而降低，此时晶体中等温线是凹向熔体的；当 $h < 0$，即环境给晶体热量时，温度随 r 增大而升高，此时晶体中等温线是凸向熔体的。

④ 当 z 为常数时,如 $h > 0$,温度梯度的轴向分量为

$$\frac{\partial \theta}{\partial z} \sim (常数)(1 - hr^2/2r_a)$$

即 $\frac{\partial \theta}{\partial z}$ 随 r 增加而减小;$h < 0$ 时,$\frac{\partial \theta}{\partial z}$ 将随 r 增加而增大。

上述关于晶体中热场分布的分析虽然在推导过程中做了很多近似处理,但迄今为止尚没有更精确的结果。并且用上述结论与用直拉法生长锗单晶实验结果对比,是十分相近的。

它的问题是没有考虑搅拌、熔体中温度分布、坩埚壁温度对热传导的影响等。

3.2.3 熔体中的热传递

根据流体力学分析,在直拉法生长单晶的熔体中同时存在两种类型的液流,一种是在重力场中由于温差造成的自然对流,另一种是由于晶体和坩埚旋转造成的强迫对流。它们对熔体中热分布、固-液界面形状、杂质分布的均匀性等都有很大影响。

1. 自然对流

流体自然对流的驱动力是温差 ΔT 或浓度差 ΔC 造成的密度差 $\Delta \rho$。所以,自然对流定义为:在重力场中,以流体密度(ρ)的差异产生的浮力为驱动力,浮力克服了黏滞力而形成的对流称为自然对流。自然对流受容器的形状、重力场方向以及热源的位置等因素的影响。对于一个外侧加热的坩埚产生的自然对流花样如图 3.15 所示。其特征是:坩埚壁附近的熔体受热,密度 ρ 变小而上升,到上表面冷却后 ρ 变大而从中心下降,从顶部向下看形成辐条状循环对流。

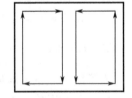

图 3.15 坩埚中自然对流

图 3.16 所示的为一水平舟中自然对流情况。由于其纵向和横向均有一定的温度梯度,舟表面温度高,横向左端温度高,这种情况形成的自然对流花样特征为:① 在表面从左向右流动,在右端(冷端)被冷却下降,在舟的底部又从冷端向左流动,并被逐渐加热,形成一个大循环。② 由于上下存在温差,在水平舟的中间还存在着一系列的小循环。

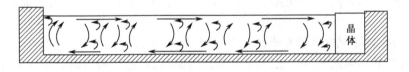

图 3.16 水平舟中的自然对流

自然对流的状态,可用流体力学中的无量纲数——瑞利数 Ra 来描述。

$$Ra = \frac{\alpha g l^4}{\nu k} \frac{\mathrm{d}T}{\mathrm{d}z} \tag{3.66}$$

式中,α 为熔体热膨胀系数;g 为重力加速度;l 为容器的几何尺寸参数(坩埚深度);ν 为熔体的黏滞系数;k 为热导率;$\frac{\mathrm{d}T}{\mathrm{d}z}$ 为纵向温度梯度。

通过式(3.66)可以看到,在上述几种因素中可分成两大类:① 若 α、g 和 $\frac{\mathrm{d}T}{\mathrm{d}z}$ 越大,Ra 也越大,自然对流就强烈,被称为不稳定因素。② 相反,ν、k 越大,Ra 越小,自然对流越缓慢,称为

稳定因素。Ra 就是代表不稳定因素浮力和具有稳定倾向的黏滞力的比值。

当 Ra 一点点增大时,自然对流趋势逐渐加强,当它加强到浮力和黏滞力相抵消时,熔体的稳定性处于被破坏的临界状态,此时 $Ra = Ra^c$,Ra^c 称为临界瑞利数。当浮力进一步增大到 $Ra > Ra^c$,则有①开始 Ra 比 Ra^c 大不太多时,熔体产生稳定对流或称平流。② Ra 比 Ra^c 大到于一定值后,熔体将由平流状态进一步被加强到湍流,于是熔体温度出现振荡。

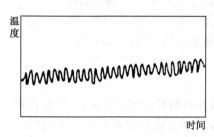

图 3.17　Ga 熔体中的温度振荡

20 世纪 60 年代初,曾观测到熔体生长系统温度的周期性波动——温度振荡(图3.17)。对于不同体系其温度振荡情况也不同,一般振幅从几度到几十度,周期为 1 秒到几分钟。例如直拉法生长硅单晶体系,其熔体为 8 ~ 50kg,熔体的高度和直径比:h/d 值从 0.6 ~ 0.1(d 几乎不变,h 不断减小),此时 $Ra \approx 10^7$ 数量级,而其 Ra^c 只有 2×10^3 左右(1708),可见 $Ra \gg Ra^c$,必然产生湍流和温度振荡,这种振荡直接影响杂质在生长界面上的微分凝,在晶体中产生细微的杂质条纹,影响杂质分布的均匀性。

为消除自然对流温度振荡的不良影响,目前采用以下几种方法。

(1)减小纵向温度梯度 $\dfrac{\mathrm{d}T}{\mathrm{d}z}$。

(2)正确选择容器的纵横比,有人在熔体中加上一挡板,以减小 h/d 比。

(3)用强迫对流和加磁场来控制自然对流。

(4)在失重状态下生长单晶。

2. 强迫对流

为了加快热量和溶质的输运,改善均匀性,常常人为地对熔体进行搅拌。在直拉单晶中是通过晶体和坩埚旋转来完成的,这种用人为的办法造成的熔体的流动,叫做强迫对流。

在实际的晶体生长体系中,液流往往是自然对流和强迫对流共同作用的结果。为了了解其规律性,卡拉瑟斯(J. R. Carruthers)等人于 1968 年利用不同条件做了模拟实验,研究了不同黏度、不同加热方式、不同容器的强迫对流,其结果如图3.18所示。图中的对流花样的主要特点如下。

(1)热对流,如坩埚内自然对流,沿坩埚壁上升,在表面中心下降。

(2)晶体旋转引起的强迫对流,晶体旋转产生离心力,迫使液流离开中心向外流,坩埚底部流体沿晶体旋转中心形成中心流旋转而上。

(3)坩埚旋转引起的强迫对流,液流与热对流相似,只是液流呈螺旋状,并有被停滞层分开的内外分层现象,内部为主流区叫做泰勒柱或泰勒-普洛德曼液胞。当晶转与埚转相反时,泰勒柱又分为上胞与下胞。上胞为晶控区,下胞为埚控区。

(4)当晶体旋转 ω_s 与埚转 ω_c 同向时,看哪个转速占优势。当晶体旋转转速 $\omega_s >$ 埚转速 ω_c 时,主要表现出晶转特点,即中心旋转而上,在上表面分开;当 $\omega_s < \omega_c$ 时,从外部旋转而上,中心旋转而下。

(5)停滞层对内外层有分隔作用,使内外层交换受阻。

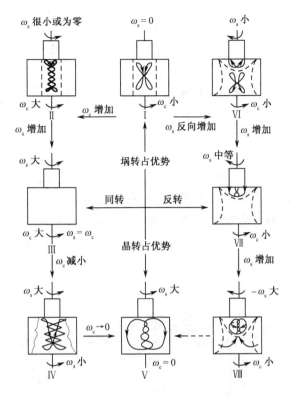

图 3.18 泰勒柱与晶体、坩埚转速的相对方向及大小的关系

3.3 硅、锗单晶生长

微课

生长硅、锗单晶的方法很多,目前锗单晶主要用直拉法。硅单晶则常用直拉法与悬浮区熔法,这两种方法生长的硅单晶的优缺点列于表 3.3 中。这里主要介绍这两种方法的特点及工艺过程;最后对片状硅、锗单晶的生长方法,做一些介绍。

表 3.3　生长硅单晶的两种方法的比较

<table>
<tr><td colspan="2">项目</td><td>直拉法</td><td>区熔法</td></tr>
<tr><td colspan="2">工艺</td><td>有坩埚,一般为电阻加热</td><td>无坩埚,用高频加热</td></tr>
<tr><td rowspan="9">单晶性质</td><td>直径</td><td>已能生产 $\phi 200mm$ 以下单晶</td><td>已生产 $\phi 150mm$ 以下单晶</td></tr>
<tr><td rowspan="4">纯度</td><td>氧、碳含量较高,纯度受坩埚污染的影响</td><td>纯度较高</td></tr>
<tr><td>〔O〕$10^{17} \sim 2 \times 10^{18}$ 原子/cm³</td><td>〔O〕$10^{14} \sim 5 \times 10^{15}$ 原子/cm³</td></tr>
<tr><td>〔C〕$10^{16} \sim 10^{17}$ 原子/cm³</td><td>〔C〕$10^{15} \sim 2 \times 10^{16}$ 原子/cm³</td></tr>
<tr><td>〔B〕$10^{15} \sim 10^{16}$ 原子/cm³</td><td>〔B〕10^{12} 原子/cm³</td></tr>
<tr><td>少数载流子寿命</td><td>低</td><td>高</td></tr>
<tr><td>电阻率</td><td>适于生产中低阻单晶,$100\Omega \cdot cm$ 以上者难控制,径向、轴向电阻率分布不大均匀</td><td>能生产
$200 \sim 300\Omega \cdot cm$(n 型)
$10^3 \sim 10^4 \Omega \cdot cm$(p 型)
掺杂工艺比直拉法复杂</td></tr>
</table>

项目		直拉法	区熔法
单晶性质	位错密度	可生产无位错、低位错单晶	细籽晶法可生长无位错单晶,粗籽晶法位错较大
	用途	做晶体管、二极管、集成电路等	做耐高压整流器、可控硅、探测器,也可做晶体管、集成电路

3.3.1 直拉法

直拉法又称乔赫拉尔斯基(Czochralski)法,简称 CZ 法。它是生长半导体单晶的主要方法。该法是在直拉单晶炉(图 3.19)内,向盛有熔硅(锗)坩埚中,引入籽晶作为非均匀晶核,然后控制热场,将籽晶旋转并缓慢向上提拉,单晶便在籽晶下按籽晶的方向长大,下面对此法加以介绍。

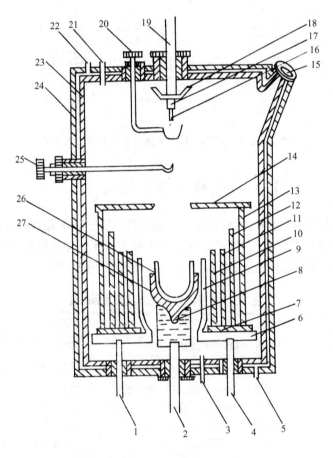

图 3.19 直拉单晶炉示意图

1,4—电极;2—坩埚杆;3,21—抽真空、充气接头;5,22—冷却水接口;6—电极座;7—保温层底座;
8—坩埚托接管;9—加热器;10,11,12,13—保温层;14—保温盖;15—观察窗;16—籽晶;17—籽晶夹头;
18—接渣盘;19—籽晶杆;20—籽晶保护罩;23,24—双层炉膛;25—掺杂勺;26—石英坩埚;27—坩埚托

1. 直拉单晶炉及其热系统

直拉单晶炉的结构如图3.19所示,炉室用双层不锈钢制造,层中通水冷却,炉门上有一或两个用双层钢化玻璃做的观察窗。炉膛上下分别设有安放籽晶的籽晶杆和放坩埚的坩埚杆,它们可以旋转和上下运动,速度可以按要求调节。在炉膛侧面设有可以拉动的掺杂勺和籽晶保护罩。炉膛底部有两个通电用电极,并与石墨电极相接。此外,炉膛还有抽真空或充气用的接口。

一台好的单晶炉除了有平稳的机械传动系统、方便的供水系统、供电加热及自动控制系统、抽真空与充气系统几部分外,关键是要有一合理的热场。它应保证熔体的任何部分不产生新的晶核,从而使单晶能顺利长大。一个合理的热场,必须使熔体的任何部分都高于其熔点。具体地讲,熔体纵向温度梯度$\left(\dfrac{\mathrm{d}T}{\mathrm{d}z}\right)_{\mathrm{L}}>0$,径向温度梯度$\left(\dfrac{\mathrm{d}T}{\mathrm{d}r}\right)_{\mathrm{L}}>0$,而其他部分熔体均处于过热状态,不能产生相转变。另外,对晶体中温度梯度的要求是$\left(\dfrac{\mathrm{d}T}{\mathrm{d}z}\right)_{\mathrm{S}}<0$,且大小相当,既能使晶体生长时放出的相变潜热顺利地从界面传递走,又不要因温度梯度(绝对值)过大而影响晶体的完整性。

2. 直拉法单晶生长工艺

直拉法单晶生长工艺流程如图3.20所示。在工艺流程中,最为关键的是"单晶生长"或称拉晶过程,它又分为润晶、缩颈、放肩、等径生长、拉光等步骤。

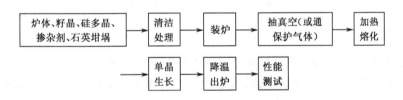

图3.20 直拉法工艺流程

当熔体温度稳定在稍高于熔点,将籽晶放在上面烘烤几分钟后将籽晶与熔体熔接,这一步叫润晶或下种;为了消除位错要将籽晶(晶体)拉细一段叫缩颈;之后要把晶体放粗到要求的直径叫放肩;有了正常粗细后就保持此直径生长,称之为等径生长;最后将熔体全部拉光,如图3.21所示。

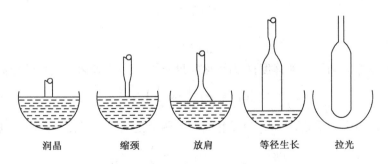

图3.21 直拉单晶生长过程示意图

在晶体生长过程中,为了保持单晶等径生长,控制的参数主要是拉速和加热功率。提高拉速、加热功率则晶体变细;反之降低拉速和加热功率则使晶体加粗。现在已实现晶体直径自动控制(automatic diameter control,ADC)技术。

为了降低成本,提高生产效率,开发了连续直接生产硅单晶技术。这项技术有两个方面:重新加料生长和连续加料生长。重新加料生长如图 3.22 所示,不将熔硅拉光,取出单晶,加料,化料,进行第二次拉晶。一个坩埚可拉多次,连续加料生长有两种方法:连续固态加料法和连接液态加料法,在拉晶过程中向熔硅里加多晶硅(固态加料法)或加熔硅(液态加料法)。

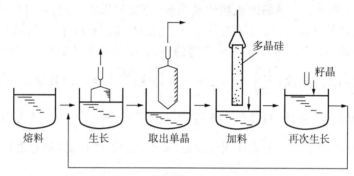

图 3.22　重新加料 CZ 技术示意

直接法拉制硅单晶技术目前已经成熟,它的标志是生产规模大,已经生产直径 $\phi = 300\mathrm{mm}$ 的硅单晶,其晶片已用于 IC 生产,产品质量稳定,并且实现了自动化生产,不但减轻了生产劳动强度,而且能更好地保证单晶质量。直径 $\phi = 400\mathrm{mm}(16\mathrm{in})$ 重达 400kg 无位错硅单晶和更大直径 $\phi = 450\mathrm{mm}(18\mathrm{in})$ 重达 442kg 的硅单晶都已拉制成功。

3.3.2　区熔法

区熔法生长单晶可分为水平区熔和悬浮区熔法两种。水平区熔法适用于锗、锑化铟等与容器反应不太严重的体系;对于硅,则用悬浮区熔法(float zone method,FZ 法)制备硅单晶。

1. 悬浮区熔法中力的平衡

悬浮区熔法生长硅单晶时,必须能得到一个稳定的熔区。硅正具备相应的特性:熔硅的表面张力大($\sigma = 0.720$(Ar 气氛)~860(H_2 气氛)N/m)、熔体密度小($\rho = 2.33\mathrm{g/cm}^3$),与锗比较($\sigma_{\mathrm{Ge}} = 0.6\mathrm{N/m},\rho = 5.32\mathrm{g/cm}^3$),它能更容易得到稳定的悬浮熔区。

若得到一个稳定的悬浮熔区,必要的条件是在熔体各处保持静力平衡,即

$$p_{内} = p_{表} + p_{外} \tag{3.67}$$

其中

$$p_{内} = \rho g(L - z)$$

式中,ρ 为熔体密度;g 为重力加速度;L 为熔区长度;z 为参考点到熔区底部的距离。

$$p_{表} = \sigma\left(\frac{1}{R_1} + \frac{1}{R_2}\right)$$

式中,σ 为熔体表面张力系数;R_1、R_2 为任意曲面上两个正交曲率半径。因而,式(3.67)变成

$$\rho g(L - z) = \sigma\left(\frac{1}{R_1} + \frac{1}{R_2}\right) + p_{外} \tag{3.68}$$

通常 $p_{外}$ 与 $p_{内}$、$p_{表}$ 比较要小得多,可忽略不计。这样熔区是否稳定将主要取决于表面张力和

熔区内静压力的平衡关系。

熔区的稳定性常用最大熔区来表示,对此很多人做过理论分析,如海汪(Heywang)等在熔区半径 r 与长度相似的前提下,得到

$$L_{max} = A \sqrt{\frac{\sigma}{\rho g}} \tag{3.69}$$

式中,A 为常数,对于硅体系 $A \approx 2.8$。从式(3.69)可见,σ 大,ρ 小时,L_{max} 大。

在实际硅区熔单晶系统常使用高频加热,还有一项电磁场的作用力叫磁悬浮力,它与表面张力一样,对熔区起托浮作用。结果使熔区的稳定性增大很多,因此 L_{max} 远远大于海汪的计算值。

另外,硅悬浮区熔时,也有质量输运问题,其输运方向与熔区移动方向一致。但由于重力使物质向下迁移,因此硅区熔时,熔区自下而上移动,再在工艺上配合适当措施,就可以防止质量输运,而得到等径的硅单晶。

2. 区熔单晶炉及区熔工艺

如图3.23所示,区熔单晶炉主要包括:双层水冷炉室、长方形钢化玻璃观察窗、抽真空接

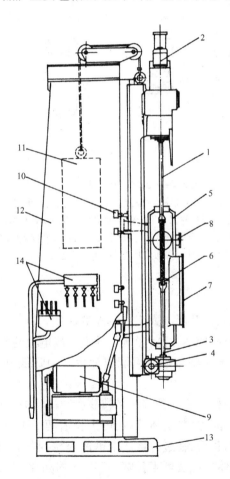

图3.23　真空内热式区熔炉

1—上轴;2—上轴传动装置;3—下轴;4—下轴传动装置;5—炉筒;6—高频线圈;7—视孔;8—抽真空接头;9—传动装置;10—限位开关;11—重锤;12—炉体;13—底座;14—冷却水系统

口、上轴(夹多晶棒)、下轴(安放籽晶)、高频加热线圈等。当然除炉室外,还有供电、供水、充气或抽真空系统与高频感应发生器等。

在区熔法制备硅单晶中,往往是将区熔提纯与制备单晶结合在一起,能生长出质量较好的中高阻硅单晶。区熔法制单晶与直拉法很相似,甚至拉制的单晶也很相像,其主要工艺流程如图3.24所示。但是硅区熔单晶也有其特有的问题,如高频加热线圈的分布、形状;加热功率、高频频率,以及拉制单晶过程中需要特殊注意的一些问题,如硅棒预热、熔接、鼓棱等问题;又如为保证一定的单晶直径,上、下轴的配合等,都是在直拉法制备单晶中所没遇到的问题。

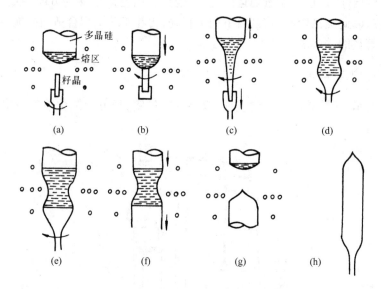

图3.24 区熔鼓棱单晶生长示意图

(a)将硅棒熔成半球;(b)下压硅棒熔接籽晶;(c)缩颈:籽晶硅棒同步下行轻拉上轴使熔区呈漏斗状;(d)放肩:籽晶硅棒同步下行但上轴拉伸次数减少造成饱满而不崩塌的熔区;(e)收肩合棱:熔区饱满稍下压上轴;(f)等径生长:硅棒晶体同步运行通过适当拉压上轴来控制晶体直径;(g)收尾:轻拉上轴使熔区逐步拉断最后凝成尖形;(h)区熔鼓棱单晶外形

3.3.3 片状锗、硅单晶

为解决能源问题,目前大力开展了太阳能电池的研制,其中硅太阳能电池研究得较成熟,应用也较广泛。但硅单晶材料成本太高,影响了硅太阳能电池的推广和发展,目前虽然出现非晶态硅的太阳能电池,但生长片状单晶有可能成为生产中降低成本,提高材料利用率的有效方法。

片状单晶制法主要有四种。第一种方法是枝蔓法和蹼状法。枝蔓法是在过冷的熔体中生长树枝状晶体,选取枝蔓籽晶与过冷熔体接触,可生长成两个平行的、具有孪晶结构的双晶薄片。蹼状法是以两枝枝蔓为骨架,在过冷熔体中迅速提拉,利用熔硅较大的表面张力,带出一个液膜,凝固后可得蹼状晶体。此法可生长宽3~4cm的晶片,生长速度可达10cm/min,用此晶片做的太阳能电池效率在10%~14%。第二种方法是斯杰哈诺夫法,用与熔硅不浸润的材料做模具,利用熔硅自身的重力挤压从模具间隙竖直向下拉出晶片。第三种方法是形状可控薄膜晶体生长(edge-defined film crystal growth, EFG)法。第四种是横向拉晶法。

EFG 法的装置如图 3.25 所示,它使用一个可被熔硅浸润的模具,熔硅通过狭缝毛细管作用上升到模具顶形成液膜,再用籽晶引出成片状晶体。此法已拉出宽 10cm 以上,厚度只有 0.07cm,长 5m 以上的晶片,并且一次可以同时拉几片至十几片。此法生长速度也很快,可达 5cm/min 以上,此法生长的硅晶片做成的太阳能电池效率最高达 12.3% 左右。EFG 法是一个很有前途的方法。

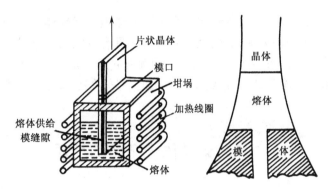

图 3.25　EFG 法生长示意图

横向拉晶法是利用坩埚内的熔硅表面张力形成一个凸起的弯月面,用片状籽晶在水平方向与熔硅熔接,利用氩或氦等惰性气体强制冷却造成与籽晶相接的熔体表面的过冷层用来进行生长。生长时放出的相变潜热则通过片状晶体耗散。此法的生长速度更快,生长单晶片时可达到 40cm/min 以上,生长多晶片能高达 85cm/min 以上。目前用此法已生长出宽 5cm、厚 0.04cm,长约 2m 的硅带,用此材料制作的太阳能电池效率可达 11%。横拉法经过改进后不但晶片厚度由原来 2~5mm,减薄到 0.4mm,而且提高了晶片质量和生长的重复性,是生长硅太阳能电池材料的好方法。其生长装置如图 3.26 所示。

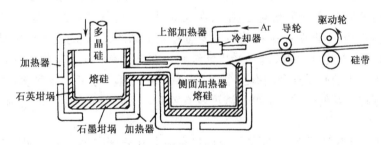

图 3.26　横向拉晶法生长片状晶体

上述四种方法都是在过冷度较大的状态下生长的,所以有以下优点:① 晶体生长速度快。② 由于快速生长,杂质来不及分凝,所以无分凝效应,杂质分布均匀。③ 利用相应模具和籽晶,可生长形状较复杂的管状、棒状晶体。

除上述四种方法以外,为了降低成本近年来又出现了一些生长太阳能电池材料的方法,如硅浇铸法等均能提供有一定转换效率(均在 10% 以上)太阳能电池材料。

第4章　硅、锗晶体中的杂质和缺陷

半导体材料中的杂质和缺陷对其性质具有重要的影响。半导体硅、锗器件的制作不仅要求硅、锗材料是具有一定晶向的单晶,而且还要求单晶具有一定的电学参数和晶体的完整性。单晶的电学参数通常是采用掺杂的方法,即在单晶生长过程中加入一定量的杂质,并控制它们在晶体中的分布来解决。本章结合硅、锗单晶生长的实际,介绍掺杂技术,然后介绍硅、锗单晶中缺陷的问题。

4.1　硅、锗晶体中杂质的性质

4.1.1　杂质能级

杂质对硅、锗电学性质的影响与杂质的类型和它们的能级在禁带中的位置等有关。

硅、锗中的杂质大致可分为两类:一类是周期表中Ⅲ族或Ⅴ族杂质,它们的电离能低,对材料的电导率影响大,起受主或施主的作用。另一类杂质是周期表中除Ⅲ族和Ⅴ族以外的杂质,特别是Ⅰ副族和过渡金属元素,它们的电离能大,对材料的导电性质影响较小,主要起复合中心或陷阱的作用。

杂质在硅、锗中的能级与它的原子构造,在晶格中所占的位置有关。如Ⅲ族和Ⅴ族杂质在锗中占替代式晶格位置,在它们与邻近的锗原子形成四个共价键时,缺少或剩余一个价电子。如它们电离,可接受或提供一个电子,即提供一个受主或施主能级。Ⅱ族的 Zn 或 Cd 杂质原子进入锗中也居替代位置,因其价电子为 2,在成键时它们可从邻近的锗原子接受两个电子,即提供两个受主能级,这两个能级在禁带中的位置是不同的,较低的受主能级是在中性的 Zn 或 Cd 原子上放上一个电子,而较高的受主能级则是在已具有一个负电荷的 Zn 或 Cd 离子上再放上一个电子。Ⅰ副族元素金则有三个受主能级和一个施主能级。这种多重能级的作用与温度及材料中存在的其他杂质的类型和浓度等有关系。下面以金在锗中的行为为例说明这种多重能级特性。

金是周期表中ⅠB族元素,其原子最外层只有一个电子,当它掺入锗中处于替代锗原子的位置时,需要接受三个电子后才能与邻近四个锗原子组成共价键。接受第一、二、三个电子所需的能量分别为 $E_v + 0.15eV$、$E_c - 0.20eV$ 和 $E_c - 0.04eV$。另外,金原子外层有一个电子,也可以受激到导带成为自由电子,产生一个施主能级 $E_v + 0.05eV$。

金的各能级电子分布状态与材料中存在的其他杂质的种类和数量及温度有关。

(1) 当锗中掺有 N 型浅施主杂质(如砷)时,金的受主能级起补偿作用。此时又有几种情况:

① 当 $0 < N_{As} < N_{Au}$(N_{As},N_{Au} 分别代表砷浓度和金浓度)时,砷能级电子全部落入金的第一受主能级上但还不能填满它。如温度上升时,价带中的电子受热激发填充此受主能级,材料呈现 P 型。

② $N_{Au} < N_{As} < 2N_{Au}$,砷能级上的电子填满金的第一受主能级后并开始部分填充金的第二

受主能级。升温时,由于第二受主能级激发到导带的能量比价带电子激发去填充第二受主能级的能量小,所以热激发会使第二受主能级中部分填充的电子激发到导带中去,材料呈现 N 型。

③ $2N_{Au} < N_{As} < 3N_{Au}$,砷能级电子填充满金的第一、二两个受主能级后还填充部分第三受主能级。升温时,第三受主能级上部分填充的电子将激发到导带中,材料呈现 N 型。

④ $N_{As} > 3N_{Au}$,所有金的三个受主能级都填充了电子。剩余的砷浅施主能级上的电子被激发到导带中去,材料亦呈现 N 型。

(2) 当锗中有 P 型浅受主杂质(如镓)时,金的施主能级起补偿作用。这时有两种情况:

① 当 $0 < N_{Ga} < N_{Au}$,由于金的施主能级给出电子填充镓的受主能级,全部填满后还有一部分电子在金的施主能级上,在低温时,价带中一部分电子激发填充到金因补偿镓而空出的能级中,使材料呈 P 型。高温时价带中激发的电子除了填充金的施主能级外,还填充金的第一受主能级,所以材料仍然为 P 型。

② $N_{Ga} > N_{Au}$,金原子施主能级上的电子全部落入镓的能级上,补偿后,余下的镓能级上的空穴激发到价带上,材料仍显 P 型。

金在硅中有两个能级,一个是 $E_c - 0.54eV$(受主),另一个是 $E_v + 0.35eV$(施主),它们所起的补偿作用与金在锗中一样,也是与已有的其他杂质的类型和浓度、温度有关。

对于过渡元素 Mn、Fe、Co、Ni 原子,其外层只有两个 4s 电子,它们的行为与双重受主相似。次外层没填满的 d 壳层则不起作用。

Ⅳ族 C、Si、Sn 原子在锗中处在替代位置,它们既不起施主又不起受主作用,称为电中性杂质。

锂在锗中占间隙位置,它可给出一个电子而呈现施主性质。氢在锗中也占间隙位置,氧也有一部分是间隙的,但一般不电离不影响材料的电性质。

Ⅲ、Ⅳ、Ⅴ族杂质原子在硅中的作用与在锗中相似,但某些杂质的性质则与在锗中的不同。例如,铜和金显示出一个受主能级和一个施主能级。锰和铁是施主而不像在锗中那样是一个受主,并且扩散系数大,这可能是由于它们处于间隙位置的缘故。氧在硅中浓度可达到很高,它在室温下呈电中性,但加热时会与硅形成一系列络合物,放出电子起施主作用,这在后面还要详细介绍。

4.1.2 杂质对材料性能的影响

在世界上没有绝对纯的物质,纯只是相对的。因此在实际制备的半导体材料中,常共存着多种杂质,材料最终显现的电学性质则是它们共同作用的结果。

1. 杂质对材料导电类型的影响

当材料中共存施主和受主杂质时,它们将相互发生补偿,材料的导电类型取决于占优势的杂质。例如,在锗、硅材料中,当Ⅲ族杂质元素在数量上占优势时,材料呈现 P 型,反之当Ⅴ族元素占优势时则呈现 N 型。如材料中 N 型杂质和 P 型杂质的数量接近,它们相互补偿,结果材料将呈现弱 N 型或弱 P 型。

值得提出的是,一些离子半导体材料,如大多数Ⅱ-Ⅵ族化合物,晶体中的缺陷能级对半导体的导电类型可起支配作用,这将在第九章中加以介绍。

2. 杂质对材料电阻率的影响

半导体材料的电阻率一方面与载流子密度有关,另一方面又与载流子的迁移率有关。同样的掺杂浓度,载流子的迁移率越大,材料的电阻率越低。如果半导体中存在多种杂质,在通常情况下,可以认为基本上属于杂质饱和电离范围,其电阻率与杂质浓度的关系可近似表示为

$$\rho = \frac{1}{(N_A - N_D)e\mu_p} \tag{4.1}$$

$$\rho = \frac{1}{(N_D - N_A)e\mu_n} \tag{4.2}$$

式中,N_A、N_D 分别表示材料中受主和施主的浓度;e 为每个电子、空穴所带的电量;μ_p、μ_n 分别表示空穴、电子的迁移率。上两式表明,在有杂质补偿的情况下,电阻率主要由有效杂质浓度 $(N_A - N_D)$ 或 $(N_D - N_A)$ 决定。但是总的杂质浓度 $N_I = N_A + N_D$ 也会对材料的电阻率产生影响,因为当杂质浓度很大时,杂质对载流子的散射作用会大大降低其迁移率。例如,在硅中Ⅲ、Ⅴ族杂质,当 $N > 10^{16}\,\mathrm{cm}^{-3}$ 时,对室温迁移率就有显著的影响,这时需要用实验方法(Hall 法)来测定材料的电阻率与载流子浓度。图 4.1 示出了在室温(300K)下硅、锗的电阻率值随施主或受主浓度的变化关系。在半导体材料和器件生产中,常用这些曲线进行电阻率与杂质浓度(ρ-N)换算。

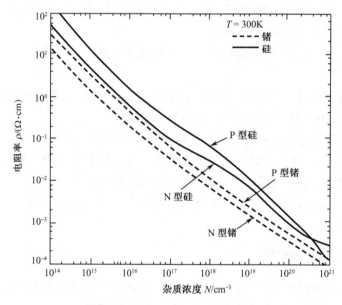

图 4.1 室温(300K)下,硅、锗单晶电阻率与杂质浓度的关系

3. 杂质对非平衡载流子寿命的影响

半导体材料中的杂质和缺陷,对非平衡载流子寿命有重要的影响,特别是重金属杂质,它们具有多重能级而且还是深能级,这些能级在禁带中好像台阶一样,对电子和空穴的复合起"中间站"的作用,成为复合中心。它捕获导带中的电子和价带中的空穴使两者复合,这就大大缩短了非平衡载流子的寿命。例如,硅中的金,它有 $E_c - 0.54\mathrm{eV}$(受主)和 $E_v + 0.35\mathrm{eV}$(施主)两个能级。当硅中掺入 N 型杂质(如磷)时,在室温下,这类浅施主杂质会将金受主能级全

部填充,生成 Au⁻ 离子。Au⁻ 对价带的空穴具有很强的吸引作用,它会使价带中空穴激发到此能级上与电子复合(实质是金受主能级俘获的电子落到价带与空穴复合)。由于在 N 型硅中费米能级 E_F 在导带附近,当 Au⁻ 发生复合时又出现空位,将立即会被导带上的电子所填充,于是又生成 Au⁻,它继续与价带中的空穴复合。

同样,在 P 型硅中,金施主能级 $E_v + 0.35eV$ 上的电子与浅受主杂质发生补偿,生成 Au⁺,由于 E_F 在价带顶附近,Au⁺ 将强烈地吸引导带中的电子下落而重新填充,从而产生复合作用。

实验表明,这两个复合中心俘获电子、空穴的能力是不同的。对于 P 型硅,少子为电子,寿命与 $E_v + 0.35eV$(施主能级)上俘获电子的能力有关,其电子俘获系数 $r_- = 6.3 \times 10^{-8} cm^3/s$,而 N 型硅与 $E_c - 0.54eV$ 受主能级俘获空穴的能力有关,其俘获系数 $r_+ = 1.15 \times 10^{-7} cm^3/s$。显然 $r_+ > r_-$,即受主能级俘获空穴能力比施主能级俘获电子能力大一些。所以在掺金量相同时 N 型硅比 P 型硅寿命下降得更快些。

以上以硅中金为例,就多能级杂质对寿命的影响作了较详细的描述。对其他杂质也可以作同样的分析。

4.2　硅、锗晶体的掺杂

半导体材料的电学参数是用掺杂的方法来控制的。本节结合拉制硅、锗单晶的实际,介绍掺杂量计算的基本原理和控制杂质均匀分布的方法。

在拉晶过程中掺杂,是将杂质与纯材料一起在坩埚里熔化或是向已熔化的材料中加入杂质,然后拉单晶。影响单晶内杂质数量及分布的主要因素是:① 原料中的杂质种类和含量,② 杂质的分凝效应,③ 杂质的蒸发效应,④ 生长过程中坩埚或系统内杂质的沾污,⑤ 加入的杂质量。这些因素的大小随材料和拉晶工艺而变动,应针对问题做具体分析。

4.2.1　直拉硅单晶中杂质的掺入

1. 掺杂量的计算

1) 只考虑杂质分凝时的掺杂

直拉法生长晶体过程,实际上是一个正常凝固过程。如果材料很纯,材料的电阻率 ρ 与杂质浓度 C_S 有如下关系:

$$\rho = \frac{1}{C_S e \mu} \tag{4.3}$$

式中,μ 为电子(或空穴)迁移率。

正常凝固的杂质分布为

$$C_S = K C_0 (1 - g)^{-(1-K)} \tag{4.4}$$

把式(4.3)和式(4.4)结合,可得到在拉出单晶的某一位置 g 处的电阻率与原来熔体中杂质浓度 C_0 的关系

$$\rho = \frac{1}{e \mu K C_0 (1 - g)^{-(1-K)}} \tag{4.5}$$

如果要拉 w 克锗,则所需加入的杂质量 m 为

$$m = C_0 \frac{wA}{dN_0} = \frac{1}{\rho e \mu K (1 - g)^{-(1-K)}} \frac{wA}{dN_0} \tag{4.6}$$

式中,d 为锗的密度;N_0 为阿佛伽德罗数;A 是杂质的摩尔质量;K 为杂质的分凝系数。由式(4.4)可知,电阻率是沿晶锭生长方向变化的,在计算时取 $g = \frac{1}{2}$。但是,为了计算方便,对于 $K < 1$ 的杂质,常提高所要求电阻率范围,而在计算中取 $g = 0$。

例 1 欲拉制 $g = \frac{1}{2}$ 处,$\rho = 1\,\Omega \cdot cm$ 的 N 型锗单晶 50g,所用的锗为本征纯度的,问需掺入杂质砷多少?

已知:$K_{As} = 0.04$,$A_{As} = 74.9\,\mathrm{gmol}^{-1}$,$\mu = 4000\,\mathrm{cm}^2/(V \cdot s)$

$N_0 = 6.02 \times 10^{23}\,\mathrm{mol}^{-1}$

应用式(4.5)和式(4.6)可求出 C_0 和 m:

$$C_0 \approx 2 \times 10^{16}\,\mathrm{cm}^{-3}$$

$$m \approx 0.025\,\mathrm{mg}$$

计算结果表明,掺杂的量很小,这样少的杂质用天平称量时将会产生较大的误差,因此除拉制重掺杂单晶外,一般都是把杂质和锗(硅)先做成合金,称为母合金,然后再掺入,这样就可以准确地控制掺杂量。常用的母合金有 P-Si、B-Si、Ge-Sb、Ge-Ga 等合金。

例 2 有锗 $W(g)$,拉制 g 处电阻率为 ρ 的单晶,应加入杂质浓度为 C_m 的母合金量为多少?

根据杂质在母合金中的总数与在锗熔体中总数不变,得

$$\frac{M_{合金}}{d_{合金}} C_m = \frac{W_{锗} + M_{合金}}{d_{锗}} C_0 \tag{4.7}$$

因为 $d_{合金} \approx d_{锗}$,$W_{锗} + M_{合金} \approx W_{锗}$($M_{合金}$ 很小),所以

$$M_{合金} = \frac{C_0 W_{锗}}{C_m} = \frac{1}{Ke\mu\rho(1-g)^{-(1-K)}} \frac{W_{锗}}{C_m} \tag{4.8}$$

母合金可以是单晶(或多晶),通常在单晶炉内掺杂拉制,测量单晶电阻率后,将电阻率曲线较平直部分依次切成 0.35~0.40mm 厚的片,再测其电阻率,清洗后编组包装顺次使用。母合金中杂质的含量用母合金浓度(cm^{-3})来表示,其大小可通过试拉单晶头部电阻率求出。其公式为

试拉单晶重 × 单晶头部浓度 = 掺杂母合金量 × 母合金浓度 × K

单晶头部浓度由 ρ-N 曲线查得,K 为杂质的分凝系数。

例 3 硅多晶 300g,掺 P-Si 母合金 0.2g,拉制单晶头部电阻率为 $1.0\,\Omega \cdot cm$(相应掺杂浓度为 $5.2 \times 10^{15}\,\mathrm{cm}^{-3}$),则母合金浓度为

$$(300 + 0.2) \times 5.2 \times 10^{15} = 0.2 \times 0.35 \times C_m$$

$$C_m = 300.2 \times 5.2 \times 10^{15} / 0.07 = 2.2 \times 10^{19}\,\mathrm{cm}^{-3}$$

应该指出的是,上面的计算是认为迁移率为常数,这只有在电阻率较高,杂质对载流子的散射比晶格散射小得多的情况下才成立。如拉重掺单晶,杂质的散射增大,这时应考虑迁移率随电阻率的变化。

2)考虑坩埚污染及蒸发的掺杂

(1)坩埚污染。

拉硅单晶时,熔硅能与石英坩埚反应,使石英坩埚的杂质逐渐溶于硅中,把石英坩埚所含

的杂质带进熔硅中。在 dt 时间内由坩埚的沾污而导致熔体内杂质数量的增加为[①]

$$\left(\frac{dC_L}{dt}\right)_{沾污} = \frac{RA_c}{V} \qquad (4.9)$$

式中，A_c 为熔硅与坩埚的接触面积；R 为坩埚的沾污率；V 为溶硅体积。

为了计算方便，把拉晶过程分为两个阶段：第一阶段是材料熔化到开始拉晶之前；第二阶段是拉晶过程。

在第一阶段中，因晶体尚未生长，没有分凝的影响。如忽略杂质的蒸发，则由坩埚引入的杂质可用积分式（4.9）求得

$$C_L = \frac{RA_c}{V}t_i + C_0 \qquad (4.10)$$

因此，在单晶头部处引入的杂质浓度为

$$(C_S)_{=0} = K\left(\frac{RA_c}{V}t_i + C_0\right) \qquad (4.11)$$

式中，t_i 为熔化时间；K 为杂质分凝系数。

由式（4.11）可见，熔体中的杂质浓度随熔化时间 t_i 线性增加。对于同样坩埚，石英纯度越低，R 越大，C_L 随时间增加的速度也越快。

（2）同时考虑杂质蒸发和坩埚污染。

和前面讨论一样，把拉晶过程分为拉晶前的化料和拉晶两个阶段，并假定熔体表面积 A_c 不变，拉出的晶体截面为 A_S，且坩埚为圆筒形，这时熔体体积

$$V(x) = LA_S(1 - x)$$

式中，L 是最后拉出的单晶长度；x 为已拉出单晶占单晶长度 L 的分数。

在第一阶段，根据式（4.9）可知，坩埚沾污引起熔体中杂质变化为

$$\left(\frac{dC_L}{dt}\right)_{沾污} = \frac{RA_c}{V} \qquad (4.12)$$

因此时 $x = 0$，$V = LA_S$。把此阶段的 A_c 改用 A_c^0 来标志，式（4.12）改写成

$$\left(\frac{dC_L}{dt}\right)_{沾污} = \frac{RA_c^0}{LA_S} \qquad (4.13)$$

引起熔体中杂质变化的第二个因素杂质蒸发为

$$\left(\frac{dC_L}{dt}\right)_{蒸发} = -\frac{EA}{V(x)}C_L$$

当 $x = 0$，$V = LA_S$，故

$$\left(\frac{dC_L}{dt}\right)_{蒸发} = -\frac{EA}{LA_S}C_L \qquad (4.14)$$

式中，E 为蒸发常数；负号表示蒸发使熔体中杂质浓度减少。两个因素加起来，则熔体中杂质浓度的改变为

---

① 有实验表明，来自坩埚沾污的杂质数量并不正比于熔硅与坩埚的接触面积 A_c，而是正比于坩埚与熔硅表面的接触周界 l_e，即

$$\left(\frac{dC_L}{dt}\right)_{沾污} = \frac{R'l_e}{V}$$

R' 为单位时间内从单位接触周界进入熔体的杂质量。

$$\frac{dC_L}{dt} = \left(\frac{dC_L}{dt}\right)_{沾污} + \left(\frac{dC_L}{dt}\right)_{蒸发} = \frac{RA_c^0}{LA_S} - \frac{EA}{LA_S}C_L \tag{4.15}$$

当 $t = 0, C_L = C_0$,则式(4.15)的解为

$$C_L = C_0\exp\left(-\frac{EA}{LA_S}t\right) + \frac{RA_c^0}{EA}\left[1 - \exp\left(-\frac{EA}{LA_S}t\right)\right] \tag{4.16}$$

如果从多晶料开始熔化到开始拉晶的时间为 t_i,则拉晶开始时,熔体中的杂质浓度为

$$C_L(t_i) = C_0\exp\left(-\frac{EA}{LA_S}t_i\right) + \frac{RA_c^0}{EA}\left[1 - \exp\left(-\frac{EA}{LA_S}t_i\right)\right] \tag{4.17}$$

第二阶段为拉晶过程。在这个过程中,影响晶体中杂质分布有三个因素,即杂质分凝、杂质蒸发和坩埚沾污。如拉出的晶体为 xL 长时,根据式(4.11),可把式(4.12)写成

$$(1 - x)\left(\frac{dC_L}{dx}\right)_{沾污} = \frac{RA_c(x)}{fA_S} \tag{4.18}$$

式中,f 为拉速,由于晶体生长过程中熔体不断减少,故熔体与石英坩埚的接触面积 A_c 不再是常数,而是 x 的函数。

杂质蒸发的贡献为

$$(1 - x)\left(\frac{dC_L}{dx}\right)_{蒸发} = \frac{-EA}{fA_S}C_L \tag{4.19}$$

杂质分凝的贡献为

$$(1 - x)\left(\frac{dC_L}{dx}\right)_{分凝} = (1 - K)C_L \tag{4.20}$$

当沾污、蒸发、分凝同时存在时,描述熔体中杂质浓度改变的表达式为

$$(1 - x)\left(\frac{dC_L}{dx}\right) = (1 - x)\left(\frac{dC_L}{dx}\right)_{沾污}$$
$$+ (1 - x)\left(\frac{dC_L}{dx}\right)_{蒸发} + (1 - x)\left(\frac{dC_L}{dx}\right)_{分凝}$$
$$= \left(1 - K - \frac{EA}{fA_S}\right)C_L + \frac{RA_c(x)}{fA_S} \tag{4.21}$$

解此方程,求出 C_L,再利用 $C_S = KC_L$,可以得到杂质沿晶体的分布情况。

2. 实际生产中的近似估算

上面从理论上对拉晶过程中各种因素影响杂质量做了分析。但在实际生产中由于多晶硅、坩埚来源不同,各批料的质量波动较大,由拉晶系统引入的沾污亦不相同,误差很大。因此,常用一些经验估算方法。下面介绍在真空下拉制 N 型中、高阻硅单晶掺杂量的估算法。

(1)空白试验,对一批新的多晶原料和坩埚,不掺杂拉单晶,测量其导电类型和头部电阻率 ρ,并由 ρ -N 图找出对应的杂质浓度 C_S。此 C_S 是多晶硅料、坩埚和系统等引入的沾污共同影响的数值。

(2)求出原料和坩埚沾污在熔体中产生的杂质浓度

$$C_{L1} = \frac{C_{S1}}{K} \tag{4.22}$$

（3）若所要求硅单晶是 N 型,电阻率范围 $\rho_\text{上} \sim \rho_\text{下}$,取 $\rho_\text{上}$ 相应于单晶头部电阻率,再由 ρ-N 图找出相应杂质浓度 C_{S2},求 C_{S2} 对应的熔体中杂质浓度

$$C_{L2} = \frac{C_{S2}}{K} \tag{4.23}$$

（4）考虑原料与坩埚引入杂质的影响,在拉制电阻率 $\rho_\text{上} \sim \rho_\text{下}$ 范围单晶时,应加入杂质使熔体中含有的杂质浓度为

$$C_L = C_{L2} - C_{L1} \quad （试拉单晶为同型）$$
$$C_L = C_{L1} + C_{L2} \quad （试拉单晶为不同型）$$

（5）考虑杂质的蒸发作用,最初加入杂质后,熔硅内杂质浓度应为

$$C_{L0} = C_L \exp\left(\frac{EA}{V}t\right)$$

式中,E 为蒸发常数（cm/s）;A 为蒸发面积（cm^2）,它是坩埚中熔硅表面面积;V 为熔硅体积（cm^3）;t 为拉晶时间（s）。

（6）根据母合金中杂质原子总数应等于掺入杂质后熔硅中所含杂质数,得

$$M_\text{合金} C_m = C_{L0} W_\text{硅}$$

对于在气氛下拉制中、高阻硅单晶或拉制掺 B 的单晶,因蒸发效应很小,掺杂公式可简化为

$$M_\text{合金} = \frac{(C_{L2} \pm C_{L1}) W_\text{硅}}{C_m} \tag{4.24}$$

对于拉重掺杂单晶,因原料和坩埚沾污引入的杂质浓度远比掺杂量小,而且重掺单晶又常在气氛下生长,蒸发作用也较小,这时所掺杂量可按式（4.6）计算。

例 4 欲把 800g 高纯多晶硅拉制成 $\rho = 20 \sim 50\Omega \cdot cm$ 的 N 型单晶。试拉单晶为 P 型,头部电阻率为 $250\Omega \cdot cm$,问应掺入电阻率为 $8 \times 10^{-3}\Omega \cdot cm$ 的 P-Si 合金多少?

已知:坩埚直径为 13cm,硅和母合金熔化到放肩约 1h。

解:由硅的 ρ-N 图查得掺磷母合金 $8 \times 10^{-3}\Omega \cdot cm$,相应的杂质浓度为 $7 \times 10^{18} cm^{-3}$。而 $E_\text{磷} = 10^{-4} cm/s$,$K_\text{磷} = 0.35$,$K_\text{硼} = 0.8$,$d_\text{硅} = 2.5 g/cm^3$。

由于原料和坩埚沾污引入的杂质使试拉单晶为 P 型,$\rho = 250\Omega \cdot cm$,相应杂质浓度为 $5 \times 10^{13} cm^{-3}$,则

$$C_{L1} = \frac{C_{S1}}{K_\text{硼}} = \frac{5 \times 10^{13}}{0.8} = 6.25 \times 10^{13} cm^{-3}$$

要求拉制 $\rho = 50\Omega \cdot cm$ 的 N 型硅单晶所对应的杂质浓度,由 ρ-N 图查出为 $1 \times 10^{14} cm^{-3}$,则

$$C_{L2} = \frac{C_{S2}}{K_\text{磷}} = \frac{1 \times 10^{14}}{0.35} = 2.86 \times 10^{14} cm^{-3}$$

因为试拉为 P 型,要拉制成 N 型硅单晶,所以

$$C_L = C_{L1} + C_{L2}$$
$$= 6.25 \times 10^{13} + 2.86 \times 10^{14}$$
$$= 3.5 \times 10^{14} cm^{-3}$$

考虑蒸发的损失,加入杂质后熔体最初的杂质浓度应为

$$C_{L0} = C_L \exp\left(\frac{EA}{V}t\right)$$

$$= 3.5 \times 10^{14} \exp\left(\frac{10^{-4}\pi(6.5)^2 \times 2.5}{800} \times 3600\right)$$

$$= 4.0 \times 10^{14}\,\mathrm{cm}^{-3}$$

所需加入母合金量

$$M_{合金} = W_{硅}\frac{C_{L0}}{C_m} = 800 \times \frac{4.0 \times 10^{14}}{7 \times 10^{18}} \approx 4.6 \times 10^{-2}\mathrm{g}$$

关于掺杂量的计算,做了以上的介绍。但在实际生产中,却常用更方便的经验公式或曲线来计算,如

$$W_{合金} = \frac{1}{K_{实际}}\frac{W_{料}\,N_{产}}{N_{合金}} \tag{4.25}$$

式中,$W_{合金}$ 为应掺入的母合金量;$W_{料}$ 为硅料重量;$N_{产}$ 为产品中有效载流子浓度;$N_{合金}$ 为母合金浓度。如用 TDK-36AZ 单晶炉真空化料氩气拉晶时,不同元素的 $K_{实际}$ 列于表 4.1。

表 4.1　几种元素的 $K_{实际}$

元素	B	P	As	Sb
$K_{实际}$	0.8	0.4 ~ 0.5	0.35	0.04

$K_{实际}$ 实际上是根据生产设备、热场配置、生产条件等经验归一化总结出来的一个系数。它把诸如原料纯度、蒸发、坩埚污染、分凝等因素全部都包含在一起,以"实际分凝系数"的形式表现出来,从而免除了繁琐的计算。

对拉重掺单晶的经验数据如表 4.2 所列,在拉晶时由于掺入杂质较多,组分过冷严重,因此在设计保温系统时要加以注意。拉掺 Sb 单晶时,因 Sb 易挥发,应在氩气氛下拉制,Sb 还能凝在坩埚上壁周围形成杂质环,如热系统上部保温不好,会掉杂而引起晶变。另外拉晶时还要降低拉速,增加转速,调平固-液交界面,尽管采取这些措施,成品率目前只达 40% ~ 60%。

表 4.2　重掺杂硅单晶的经验数据

元素	B	P	As	Sb
产品电阻率/($\Omega\cdot\mathrm{cm}$)	7.8×10^{-3} $2.8 \sim 3.4 \times 10^{-3}$	8×10^{-4}	1×10^{-3}	$(13 \sim 7) \times 10^{-3}$
杂质浓度/cm^{-3}	$\sim 2.7 \times 10^{19}$ $\sim 6 \times 10^{19}$	1.2×10^{20}	8×10^{19}	1×10^{20}
掺杂量	11mgB/100gSi	lgP/300gSi	$\dfrac{1\mathrm{gAs}}{200 \sim 260\mathrm{gSi}}$	1gSb/100gSi
目前已掺得的电阻率值/($\Omega\cdot\mathrm{cm}$)		2.3×10^{-4}	7×10^{-3}	2×10^{-3}

为了保证生产的稳定,减少外来污染引起的电阻率起伏,拉晶时应使用高纯原料,少用或不用复拉料,使用喷涂人造石英坩埚;拉不同型号,不同电阻率硅单晶的炉子和加热器不要串用;固定拉晶时间、拉晶参数等;并应用后面将要介绍的控制电阻率径向和纵向均匀性的方法,才能稳定生产确定电阻率的单晶。

3. 杂质掺入的方法

在直拉法中掺入杂质的方法有共熔法和投杂法两种。对于不易挥发的杂质如硼,可采用

共熔法掺入,即把掺入元素或母合金与原料一起放在坩埚中熔化。对于易挥发杂质,如砷、锑等,则放在掺杂勺中,待材料熔化后,在拉晶前再投放到熔体中,并需充入氩气抑制杂质挥发。

一种杂质在锗、硅材料中总有一溶解限度,但是远在未达到其溶解限度之前,由于杂质数量增多易引起"组分过冷"而使单晶生长受到妨碍,故由经验得出一个最大掺杂量及相应材料的电阻率值。这个值对拉重掺单晶是有用的,因为它指出了掺入某种杂质时所能拉成单晶的最低电阻率范围,如表4.2所示。

4.2.2 单晶中杂质均匀分布的控制

在生长的单晶中,杂质的分布是不均匀的。这种不均匀性会造成电阻率在纵向和径向上不均匀,从而对器件参数的一致性产生不利影响。例如,某一硅单晶纵向电阻率是 $50 \sim 100\Omega \cdot cm$,显然由 $50\Omega \cdot cm$ 单晶片做出的器件与 $100\Omega \cdot cm$ 单晶片做出的器件的反向耐压和正向压降、功率等都不会相同。单晶径向电阻率的差异会使大面积器件电流分布不均匀,产生局部过热,引起局部击穿,降低耐压和功率指标。因此电阻率均匀性也是半导体材料质量的一个指标。这里主要讨论用直拉法生长晶体时,控制其电阻率均匀性的几个方法。

1. 直拉法生长单晶的电阻率的控制

1) 直拉法单晶中纵向电阻率均匀性的控制

影响直拉单晶纵向电阻率的因素有杂质的分凝、蒸发、沾污等。对于 $K<1$ 的杂质,分凝会使单晶尾部电阻率降低;而蒸发正好相反,它会使单晶尾部电阻率升高;坩埚的污染(引入 P 型杂质)会使 N 型单晶尾部电阻率增高,使 P 型单晶尾部电阻率降低。如果综合上述的影响因素,使纵向电阻率逐渐降低的效果与使电阻率逐渐升高的效果达到平衡,就会得到纵向电阻率比较均匀的晶体。

对锗单晶来说,杂质分凝是主要的;而对于硅来说,杂质的分凝与蒸发对纵向电阻率的均匀性都有很大的影响。下面介绍控制单晶纵向电阻率均匀性的几种方法。

(1) 变速拉晶法。此法考虑的出发点是 $C_S = KC_L$ 这一基本原理。因为在拉晶时,若杂质 $K<1$,C_L 将不断增大,要保持 C_S 不变,则必须使 K 值变小。实际上,K 应为 K_{eff},它随拉速和转速而变。当拉速 f 小时,$K_{eff} \rightarrow K_0$,f 增大,K_{eff} 也增加。若在晶体生长初期用较大的拉速,随后随着晶体的长大而不断减小拉速,保持 C_L 与 K_{eff} 乘积不变,这样拉出来的单晶纵向电阻率就均匀了。一般变拉速比较方便,但改变拉速 f 是有一定范围的,若 f 太大,晶体易产生缺陷;若 f 太小,生长时间会过长。对于硅,因有蒸发及其他因素影响可利用。如由变拉速法拉出的晶体尾部电阻率较低,可把晶体尾部直径变细,降低拉速,增加杂质蒸发使 C_L 变小而改善晶体电阻率的均匀性。反之,如单晶尾部电阻率高,可增加拉速,降低真空度减少杂质蒸发使电阻率均匀。

(2) 双坩埚法(连通坩埚法、浮置坩埚法)。在拉制锗单晶时,对于 $K<1$ 的杂质(但 $K \ll 1$ 的杂质不能用),用连通坩埚法可控制单晶纵向电阻率的均匀性。连通坩埚的结构如图4.2所示,它是在一个小坩埚外面再套上一个大坩埚,且内坩埚下面有一个连通孔与外面大坩埚相连。所掺杂质放在内坩埚里,并从内坩埚内拉晶(浮置坩埚是在一个大坩埚内放一个有孔的小坩埚)。当锗熔化后,内外坩埚中的熔体液面相同。拉晶时,内坩埚内熔体减少,液面降低,外面大坩埚中的纯锗液通过连通孔流入,保持内坩埚中液体体积不变,而杂质则不易通过连通小孔流到大坩埚中。但当晶体生长得较长,内坩埚中杂质量变少时,晶体的电阻率也会上升。

如果 K 较小时，生长的晶体所带走的杂质少，内坩埚熔体中杂质浓度变化是缓慢的，晶体纵向电阻率就比较均匀。

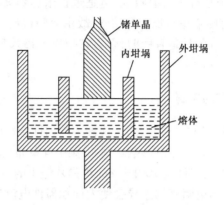

图 4.2　锗连通坩埚法拉晶示意图

另一方面，如拉制晶体的总质量 m 相同，内坩埚中熔体质量 m_i 越大，拉晶时进入内坩埚稀释熔体的纯锗液量越小，电阻率也就均匀。

用此法拉晶，一般不把内坩埚中的熔体拉光而只拉出一部分后再重新加料，再熔再拉，这样可以得到一批纵向电阻率均匀的晶体。对于锗来说，剩余的锗在石墨坩埚内凝固时不会使坩埚炸裂，故广泛应用此法。而熔硅凝固时会使坩埚炸裂，这个方法一直未被使用。

2）径向电阻率均匀性的控制

影响单晶径向电阻率均匀性的主要原因是晶体生长时固液界面的平坦度和小平面效应。

（1）固液交界面平坦度的影响。在晶体生长时，如果熔体搅拌均匀，则等电阻面就是固液交界面。在杂质 $K<1$ 时，凸向熔体的界面会使径向电阻率出现中间高边缘低，凹向熔体的界面则相反，平坦的固液界面其径向电阻率均匀性就比较好。

拉晶时固液交界面的形状是由热场分布及晶体生长运行参数等因素决定的。在直拉单晶中，固液面的形状是由炉温分布及晶体散热等因素综合作用的结果。在拉晶时，在固液界面处热交换主要有四种：①熔硅凝固放出的潜热，②熔体的热传导，③通过晶体向上的热传导，④通过晶体向外的辐射热。潜热对整个界面是均匀的，在生长速率一定时大小也不变。在生长晶体头部时，固液界面距单晶炉水冷籽晶杆较近，晶体内温度梯度较大，使晶体纵向导热大于表面辐射热，所以固液界面凸向熔体，在晶体生长到中部，纵向导热等于表面辐射热，故界面平直。在晶体尾部，纵向导热小于表面辐射热，使固液交界面凹向熔体。为了获取径向电阻率均匀的单晶，必须调平固液界面。采用的方法有：①调整晶体生长热系统，使热场的径向温度梯度变小。②调节拉晶运行参数，例如对凸向熔体的界面，增加拉速，使晶体凝固速度增加，这时由于在界面上放出的结晶潜热增大，界面附近熔体温度升高，结果熔化界面处一部分晶体，使界面趋于平坦。反之，如生长界面凹向熔体，可降低生长速度，熔体会凝固一个相应的体积，使生长界面趋于平坦。③调整晶体或坩埚的转速，增加晶转会使固液界面由下向上运动的高温液流增大，使界面由凸变凹。坩埚转动引起的液流方向与自然对流相同，所起的效果与晶体转动完全相反。④增大坩埚内径与晶体直径的比值，会使固液界面变平，还能使位错密度及晶体中氧含量下降，一般令坩埚直径：晶体直径 = 3：1～2.5：1。

（2）小平面效应的影响。晶体生长的固液界面，由于受坩埚中熔体等温线的限制，常常是弯曲的。如果在晶体生长时迅速提起晶体，则在〈111〉的锗、硅单晶的固液界面会出现一小片平整的平面，它是(111)原子密排面，通常称之为小平面。在小平面区杂质浓度与非小平面区有很大差异，这种杂质在小平面区域中分布异常的现象叫小平面效应。表4.3列出了一些半导体材料的小平面效应。

表4.3 Si、Ge、InSb 的小平面效应

Si	杂质	P	As	Sb	Ga	In			
	$\dfrac{K^*}{K_0}$	1.07~1.12	1.13~1.35	1.3~1.45	1.26	1.44			
Ge	杂质	P	As	Sb	Bi	Ga	In	Tl	
	$\dfrac{K^*}{K_0}$	2.5	1.8	1.45	1.65	0.85	1.4	1.2	
InSb	杂质	Zn	Cd	Ge	Si	S	Se	Te	Sn	P
	$\dfrac{K^*}{K_0}$	1.3	2.2~2.3	1.4~1.6	1.7	3	3.5~5.4	6.9~8.9	3.7	4

注: K^* 为小平面上的分凝系数, K_0 为平衡分凝系数。

由于小平面效应，小平面区域电阻率会降低，严重时会出现杂质管道芯。

小平面的出现与 α 因子有关，根据 Jackson 模型, $\alpha > 2$ 的晶面是光滑面, $\alpha < 2$ 的晶面是粗糙面。硅、锗的 α 受取向因子 y_1/ν 影响很大。如硅,(111)面 $\alpha = 2.7$,它是光滑面,而(100)面 $\alpha < 2$,它是粗糙面。如晶体生长方向为〈111〉,它的生长机构是按 Kossel 二维成核侧向扩展的模型进行的。如固液界面凸向熔体,则界面中心区为(111)面。其侧面为非(111)面,是粗糙面,它们是由一系列台阶构成的。生长时,粗糙面上台阶可由熔体的原子直接加入而扩展,其过冷度小,侧面基本与熔体中凝固点的等温线相一致。但在(111)面上二维成核需较大的过冷度(~9℃),一旦核岛形成,它就会迅速地向侧向扩展,结果把原来吸附在固液界面上的杂质原子也结合到晶体中去,造成了杂质分凝的差异。

对于凹界面的〈111〉硅单晶,小平面将出现在晶体边缘。如果是偏离〈111〉方向的晶体,小平面将出现在晶体一侧的(111)面上(即正〈111〉方向所指处),并会在硅单晶外面产生"鼓棱"现象,如生长的晶向与〈111〉偏离太大(如〈100〉),则不出现小平面。另外,位错密度大也不出现小平面。

为了消除小平面效应带来的径向电阻率不均匀性,需将固液界面调平。

2. 水平区熔拉晶时杂质的控制(区域匀平法)

在用水平区熔法生长单晶时的掺杂,是把杂质放在籽晶与料锭之间,随着熔区的移动使杂质分布在整个晶锭中。利用这种方法可以得到比较均匀的电阻率分布,因此又称区域匀平法。

下面推导区域匀平的杂质分布公式。设锗锭截面积为 S,长为 L, x 为全锭长之分数。当一个含杂质浓度为 C_L 的一定长度 l 的熔区(图4.3)移动 $L\Delta x$ 距离时,排出的杂质量为 $KC_LSL\Delta x$,熔入的杂质量为 $C_0SL\Delta x$,其和等于熔区中的杂质总量的变化 $lS\Delta C_L$,引入 $T = \dfrac{l}{L}$,即熔区长与全锭长之比,可得方程

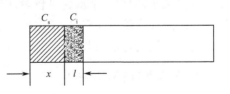

图4.3 区域匀平法示意图

$$LSC_0\Delta x - LSKC_L\Delta x = TSL\Delta C_L \tag{4.26}$$

消去 LS，令 $\Delta x \to 0$，便得微分方程

$$C_0 - KC_L = T\frac{\mathrm{d}C_L}{\mathrm{d}x} \tag{4.27}$$

把 $C_L = \dfrac{C_S}{K}$ 代入，得

$$C_S(x) + \frac{T}{K}\frac{\mathrm{d}C_S}{\mathrm{d}x} = C_0 \tag{4.28}$$

由于通常用的锗锭很纯，原有的杂质浓度比掺杂后的浓度小得多，即 $C_0 \ll C_S$，故式(4.28)可简化成

$$C_S(x) + \frac{T}{K}\frac{\mathrm{d}C_S}{\mathrm{d}x} = 0 \tag{4.29}$$

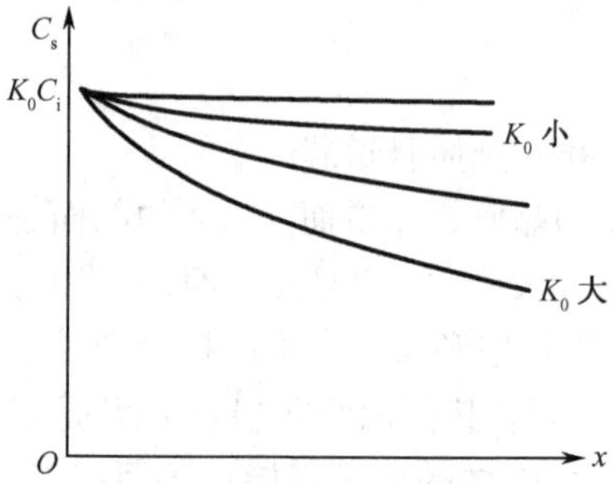

利用边界条件：$x=0$，$C_L = C_i$。C_i 为加入杂质后开始熔区的杂质浓度，则解为

$$C_S = KC_i \mathrm{e}^{-\frac{K}{T}x} \tag{4.30}$$

由式(4.30)可知，C_S 随 x 指数式地减小，如图4.4所示。当 K 很小时，$C_S = KC_i$，随 x 变化很慢，这时便得到区域匀平的效果，若 K 值稍大，杂质浓度 C_S 越来越小，这时应逐渐缩短熔区长度，以便杂质分布均匀。

如要求单晶的电阻率为 ρ，则

$$\rho = \frac{1}{e\mu KC_i\exp\left(-\dfrac{K}{T}x\right)} \tag{4.31}$$

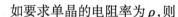

图4.4　区域匀平后杂质的分布

所需掺入的杂质量为

$$m = \frac{C_i lSA}{N_0} \tag{4.32}$$

因为 $lS = V = \dfrac{W}{d}$，代入式(4.32)中得

$$m = \frac{C_i WA}{dN_0} \tag{4.33}$$

式中，d 为锗的密度；W 为锗的重量；A 为杂质的摩尔质量。

区熔法拉晶的径向电阻率均匀性也与固液界面形状有关。如交界面与生长方向垂直、平坦，则电阻率均匀，但往往由于在水平区熔舟内熔体的流动情况不同，在舟底部熔体受舟壁的阻碍流动较慢，而使它杂质含量较多，因此在长成的晶体横截面上呈现上部电阻率高，底部低状态。通过加强熔区搅拌，生长速率放慢，调整热场使温度对材料锭分布对称等办法，均有助于径向电阻率均匀性的改进。

3. 晶体中的条纹和夹杂

1）杂质条纹

由熔体生长 Si、Ge 及化合物半导体晶体，如果沿着其纵、横剖面进行性能检测，会发现它们的电阻率、载流子寿命以及其他物理性能出现起伏。当用化学腐蚀时，其腐蚀速度也出现起

伏,最后表面出现宽窄不一的条纹。这些条纹是由于晶体中杂质浓度的起伏造成的,因此又称为杂质条纹。图4.5所示用扩展电阻测试仪测出的具有杂质条纹硅片的电阻率分布。

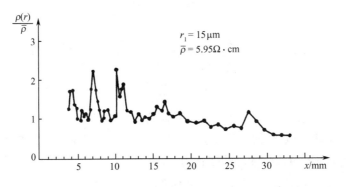

图 4.5　有杂质条纹硅单晶的电阻率分布

为什么晶体中杂质浓度会出现起伏呢? 由前面讨论的杂质分凝可知,晶体中杂质浓度 $C_S = K_{eff}C_L$,在一个不太长的时间间隔内,C_L 可近似认为不变。因此,K_{eff} 的变化直接决定着晶体中杂质的浓度。由于 K_{eff} 与生长速率 f 和扩散层厚度 δ 有关,如直拉法晶转速一定,δ 也一定,那么 K_{eff} 的起伏直接与生长速率的起伏有关。事实上,正是晶体生长速率的微起伏,造成了晶体中杂质浓度的起伏。

晶体生长速率起伏的原因主要有如下几点。

(1) 由于单晶炉的机械蠕动和机械振动,使提拉或熔区移动速率产生无规则的起伏。这时,产生的杂质条纹叫间歇式条纹。

(2) 由于晶体转轴和温度场轴不同轴,使生长速率发生起伏,如图 4.6 所示。若晶轴与温度场轴相差为 d,当拉速 $v_0 = 0$ 时,在直拉晶体固液界面上任意取一点 A,其温度为凝固点 T_m,由于晶体转轴与温场轴不重合,当晶体转半圈后达 A' 点,温度下降到 T_1。由于 $T_1 < T_m$,而使固液界面下移 ΔZ 达到 A'',再转到 A''' 点,此处温度为 T_2,它比 T_m 高,因此必然出现已生长的晶体又重新熔化的现象(回熔),使固液界面上移 ΔZ 回到 A 点,这样晶体以转速 ω 旋转时,A 点所在的界面在上下振动,其振幅为 ΔZ,振动的频率为 ω。因此,在时刻 t,A 点位移为

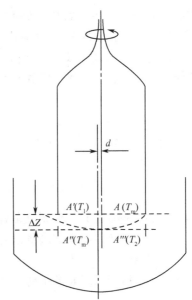

图 4.6　晶体旋转与回熔产生条纹机理示意图

$$x = - \Delta Z \sin(2\pi\omega t) \tag{4.34}$$

当拉速为零时,固液界面生长速率的微起伏为

$$v_微 = \frac{\mathrm{d}x}{\mathrm{d}t} = - 2\pi\omega\Delta Z\cos(2\pi\omega t) \tag{4.35}$$

如晶体拉速为 v_0,则实际上晶体生长速率为

$$v = v_0 + v_微 = v_0 - 2\pi\omega\Delta Z\cos(2\pi\omega t) \tag{4.36}$$

设固液界面轴向温度梯度为

$$G = \frac{\Delta T}{\Delta Z} = \frac{T_{\mathrm{m}} - T_1}{\Delta Z}$$

则

$$v = v_0 - \frac{2\pi\omega\Delta T}{G}\cos(2\pi\omega t) = v_0[1 - \alpha\cos(2\pi\omega t)]$$

$$\alpha = \frac{2\pi\omega\Delta T}{Gv_0} \tag{4.37}$$

当 $\alpha > 1$ 时，v_0 不大，$v = v_0(1 - d) < 0$ 意味着晶体每旋转一周时，有一段时间里界面会重新熔化(回熔)。晶体轴与温场轴偏差越大，固液界面同一点温度起伏 ΔT 也越大，生长速率起伏也越大，由此引起晶体中杂质浓度的变化为

$$C_{\mathrm{S}} = K_{\mathrm{eff}}C_{\mathrm{L}} = \frac{C_{\mathrm{L}}K_0}{K_0 + (1 - K_0)\exp(-f\delta/D)}$$

$$= \frac{K_0 C_{\mathrm{L}}}{K_0 + (1 - K_0)\exp\left[\dfrac{-\delta\left(v_0 - \dfrac{2\pi\omega\Delta T}{G}\cos(2\pi\omega t)\right)}{D}\right]} \tag{4.38}$$

式中，K_0 为平衡分凝系数；D 为杂质扩散系数。由式(4.38)可知，在晶体转轴与温场轴不重合时，不同时刻所生长的晶体中杂质浓度是不相同的，这样形成的条纹叫旋转性条纹。由式(4.38)还可以知道条纹有着严格的周期性或者说杂质条纹的间距相等，其间距正好等于晶体旋转一周所生长的晶体薄层的厚度。条纹的间距

$$d = \frac{v_0}{\omega} \tag{4.39}$$

同样可以分析出，在此晶轴与温场轴不对称的情况下，也能造成晶体径向生长速率的起伏，其变化为

$$v_r = \frac{2\pi\omega\Delta T}{G_r}\cos(2\pi\omega t) \tag{4.40}$$

G_r 为径向温度梯度。这一起伏使晶体表面产生细微的螺纹。

（3）由于加热器功率或热量损耗(如水冷、气流状况)的瞬间变化引起生长速率的变化也会出现杂质条纹。

（4）由于液流状态非稳流动，熔体内温度产生规则或不规则的起伏，从而引起生长速率的起伏产生杂质条纹。

杂质条纹的存在使材料的微区电性质发生较大的差异，这对大规模集成电路的制作是十分不利的。为了消除这种杂质条纹，可以将掺杂的单晶在一定温度下退火，使一部分浓度较高的杂质条纹衰减。另一方法是采用中子嬗变法生产 N 型硅单晶，或在无重力条件下(太空实验室)，磁场抑制自然对流引起的熔体温度波动可消除一部分杂质条纹。

2）中子嬗变掺杂(neutron transmutation doping technique，NTD)

通常硅是由 Si^{28}(占 92.21%)，Si^{29}(占 4.7%)和 Si^{30}(占 3.09%)三种同位素组成。将高纯区熔硅单晶放入原子反应堆中进行中子辐照，使 Si^{30} 激活嬗变为 P^{31} 起施主作用进行掺杂，称之为 NTD。其核反应为

$$\mathrm{Si}^{30}(n,\gamma)\mathrm{Si}^{31} \xrightarrow{2.62\mathrm{h}} \mathrm{P}^{31} + \beta^-$$

式中,β⁻表示β射线。

受辐照的硅单晶取出后,需要在 800 ~ 850℃下退火 1h 左右,以消除辐照造成的损伤。此外,还应存放一段时间(约 2 个月)以降低放射性。

由于 Si³⁰ 在硅单晶中分布是均匀的,所以中子嬗变掺杂均匀性很好,不受分凝和小平面效应的影响,且没有杂质条纹,其纵向不均匀性可小于 7%,径向不均匀性小于 5%。

3)强磁场中拉制高均匀性的硅单晶

在磁场中拉制硅单晶(MCZ)技术对改善杂质在硅单晶中分布的均匀性有明显的效果并对氧的分布也有一定的控制。近年来在国内外引起了人们的广泛重视。

MCZ 技术的基础是磁场对导电流体中热对流的抑制作用。在常规的直拉法中总是存在热对流,这种对流是导致硅单晶纵向氧分布不均匀的重要原因;与此同时,又因热对流的湍流性质所产生的温度振荡使杂质边界层各处厚薄有异,造成杂质径向分布不均匀。磁场对热对流的抑制作用可以从以下两方面解释。

(1)电学原理。导电流体在磁场中运动,流体的电流微元穿过磁场,产生作用其上的安培力

$$\mathrm{d}F = I(\mathrm{d}I \times \mathrm{d}B) \tag{4.41}$$

该力的方向恰同电流微元的运动方向相反,因此可以阻止流体的热对流。

(2)流体力学原理。在流体力学中表征热对流时常用瑞利数

$$Ra = \frac{\Delta T \alpha g h}{K \nu} \tag{4.42}$$

式中,ΔT 是温度梯度;α 为热膨胀系数;g 为重力加速度;h 为熔体的高度;K 为导热系数;ν 为动黏滞系数。瑞利数 Ra 表征浮力与黏滞力的比值。当 $Ra > Ra_c$(临界瑞利数)时,流体表现为湍流性质,这就是常规 CZ 法中的情形。由式(4.42)可见要降低 Ra,除减小液面高度 h 外,就是增加 ν 值,而 h 的降低受拉晶条件的限制,因此增加 ν 就是关键措施,MCZ 技术的实质就是增加动黏滞系数的一种工艺措施。

在单晶炉中引入磁场的方式有两种,即横向磁场和垂直磁场。前者可使加热体受力,影响热场;而后者对杂质均匀性的控制稍差,但总体来讲,在磁场强度为 0.2 ~ 0.35T 的条件下对杂质在硅单晶中分布的均匀性都能起到一定的改善作用。

近年来还采用倾斜磁场和"Y"型磁场来改善杂质分布均匀性。图 4.7 是"Y"型磁场的磁力线取向。

采用 MCZ 技术得到如下的结果:

① 有效地抑制热对流,加磁场使液面平整。

② 控制氧含量方便,实现硅单晶中氧含量的均匀分布。图 4.8 是利用"Y"型磁场拉晶的氧含量分布实验结果。

③ 基本上消除了生长条纹,使硅单晶体结构更均匀完整。

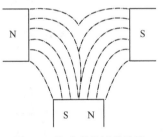

图 4.7 "Y"型磁场单晶炉磁力线取向示意图

4. 组分过冷

在拉制重掺杂单晶时,单晶尾部常过早地出现多晶,而且在晶变前的单晶截面经腐蚀后会呈现蛛网状结构或螺旋状花纹,这些结构是由于杂质分布不均匀造成的缺陷,主要与"组分过冷"有关。

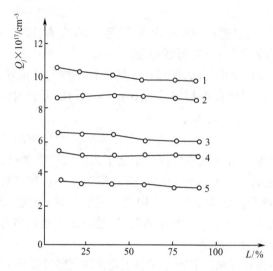

图 4.8　加磁场后不同硅单晶锭中头尾的氧含量

如果熔体的温度分布如图 4.9(a)所示，由图可知其温度梯度为正，若没有杂质的影响，平坦界面当然是稳定的。但是熔体中如果有平衡分凝系数 $K_0 < 1$ 的杂质，在晶体生长时，这些杂质不断地被排出，形成杂质富集层，其分布如图 4.9(b)所示。$K_0 < 1$ 的杂质的另一个效应是使熔体的凝固点随杂质浓度增加而降低，如图 4.9(c)所示。由于杂质的富集层中杂质浓度随

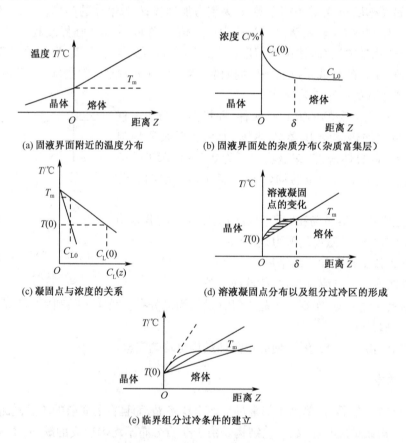

图 4.9　杂质组分过冷形成机制

到界面的距离 Z 的增加而减小,所以富集层中的凝固点将随 Z 的增加而上升,其变化如图 4.9(d)。在 $Z=0$ 处,即富集层中杂质浓度最高处,其值为 $C_L(0)$,如图 4.9(b),相应的凝固点 $T(0)$ 应最低,如图 4.9(c)和(d)。此后,随着 Z 的增加由于杂质浓度下降,凝固点随之升高,到 $Z=\delta$ 处,杂质浓度达到平均浓度 C_{L0},凝固点也升到相应的 T_m,在富集层外,杂质浓度是均匀的,所以其凝固点也恒为 T_m。

在晶体生长过程中,为使晶体能长大,固液界面的温度应为凝固点 T_m。当杂质富集层建立后,界面处熔体的凝固点由 T_m 降到 $T(0)$,于是晶体就不能继续生长。这时应调整加热功率,将固液界面温度降到 $T(0)$,晶体才能继续生长。一般将界面温度降至 $T(0)$ 时,坩埚中熔体的温度梯度并未改变,若熔体中没有杂质富集层,界面温度为凝固点,熔体中任何区域的温度都高于凝固点,因此熔体处于过热状态,且过热的程度随离界面距离 Z 增加而增加,界面是稳定的。如果熔体中存在着杂质富集层,在富集层内,各点的凝固点是不同的,虽然界面温度仍为凝固点,但当离开界面进入熔体时,在图 4.9(d)的阴影线区域内,熔体的实际温度却低于凝固点,这表明此区域内熔体处于过冷状态,这样在平坦的界面上因干扰产生凸起,其尖端处于过冷度较大的熔体中,它的生长速率比界面处快,凸起不能自动消失,于是平坦的界面稳定性被破坏了,原来固液界面前沿的过热熔体,因杂质的聚集产生一过冷区,这种因组分变化而产生的过冷现象称为组分过冷。

从上面分析中可知,只有当熔体的温度梯度 $\left(\dfrac{\mathrm{d}T}{\mathrm{d}Z}\right)_L$ 较大,如图 4.9(e)中虚线所示才能防止熔体中发生组分过冷,即不发生组分过冷的条件为凝固点处曲线斜率

$$\frac{\mathrm{d}T(Z)}{\mathrm{d}Z}\bigg|_{Z=0} < \left(\frac{\mathrm{d}T(Z)}{\mathrm{d}Z}\right)_L \tag{4.43}$$

如熔体中杂质浓度较稀,可以认为熔体凝固点是直线,即

$$T(Z) = T_0 + \eta C_L(Z) \tag{4.44}$$

式中,η 为液相线斜率。

稳定的杂质富集层形成后,杂质在熔体中的分布为

$$C_L(Z) = C_{L0}K_{eff}\left\{1 + \frac{1-K_0}{K_0}\exp\left(-\frac{f}{D}Z\right)\right\} \tag{4.45}$$

式中,C_{L0} 为杂质富集层外熔体中的杂质浓度。这里的 C_{L0} 是均匀的,将式(4.45)代入式(4.44)得

$$T(Z) = T_0 + \eta C_{L0}K_{eff}\left\{1 + \frac{1-K_0}{K_0}\exp\left(-\frac{f}{D}Z\right)\right\} \tag{4.46}$$

求 $T(Z)$ 对 Z 微商,并令 $Z=0$,可得凝固点的曲线在固液界面处的斜率

$$\frac{\mathrm{d}T(Z)}{\mathrm{d}Z}\bigg|_{Z=0} = \frac{\eta C_{L0}K_{eff}(K_0-1)f}{DK_0} \tag{4.47}$$

由一维稳态热场的分析可知,在固液界面前沿的狭窄区域中,温度分布可近似看作直线。令固液界面处温度分布曲线的斜率为

$$\frac{\mathrm{d}T(Z)}{\mathrm{d}Z}\bigg|_L = G$$

因此产生组分过冷的临界条件为

$$G = \frac{\eta C_{L0}K_{eff}(K_0-1)f}{DK_0} \tag{4.48}$$

产生组分过冷的条件通常可表示为

$$\frac{G}{f} < \frac{\eta C_{L0} K_{eff}(K_0 - 1)}{D K_0} \tag{4.49}$$

上式左边是可以调节的工艺参数,即生长速率 f 及在固液界面处的温度梯度 G。右边是熔体中杂质的平均浓度 C_{L0}(C_{L0} 是不能任意调节的参数,它取决于对晶体性能的要求)以及生长系统的物理参数,如液相线斜率 η、杂质平衡分凝系数 K_0、杂质在熔体中的扩散系数 D。从式(4.49)可以看出拉速 f 大,G 和 K_0 小均易产生组分过冷,在拉晶工艺中应注意避免。

5. 硅、锗单晶中有害杂质的防止

硅单晶中的重金属元素 Cu、Fe、Ni、Mn、Au、Ti;碱金属 Li、Na、K;非金属 C、O 等对器件性能有重大影响。

重金属大都是快扩散杂质,而且溶解度随温度下降变得很小,它们易在器件降温时沉积在 PN 结、Si-SiO$_2$ 界面、位错、层错等处,使器件漏电流增大,出现低软击穿。它们还能起复合中心或陷阱作用,降低少子寿命,影响器件的放大系数、反向电流等指标。

碱金属杂质 Li、Na、K 等能在平面工艺 SiO$_2$ 绝缘膜中引入不稳定的正电荷,在硅的内表面形成空间电荷层或反型层引起表面沟道效应,产生很大的漏电流。

以上这些杂质,除了在多晶硅生产时要尽量降低外,在单晶生长工艺,如多晶腐蚀、清洗、装炉等过程中要严加防范,减少有害杂质的沾污。

硅单晶中的氧含量,通常为 $2 \times 10^{15} \sim 5 \times 10^{17} \, \mathrm{cm}^{-3}$。直拉单晶因高温时,硅与石英坩埚作用($\mathrm{Si + SiO_2 \longrightarrow 2SiO}$),氧大量进入硅熔体中,所以氧含量较高。区熔硅单晶的氧含量则较少。氧在硅中处于间隙位置,它破坏 Si—Si 键而形成 Si—O 键。由于 Si—O 键的伸张运动,在 9 μm 处产生很强的红外吸收峰,其半峰宽与氧浓度有关,因此可用此吸收峰来测定硅中的氧含量。

如将含氧硅进行热处理,则硅与氧之间会发生一系列反应:

$$\mathrm{O + SiO \rightleftharpoons SiO_2}$$
$$\mathrm{O + SiO_2 \rightleftharpoons SiO_3}$$
$$\mathrm{O + SiO_3 \rightleftharpoons SiO_4 \rightleftharpoons SiO_4^+ + e}$$
$$\mathrm{O + SiO_4 \rightleftharpoons P_5}$$
$$\mathrm{O + P_5 \rightleftharpoons P_6}$$
$$\cdots\cdots$$

P_5、P_6 代表硅氧聚合体。

在 450℃ 时,SiO 以最快的速度形成 SiO$_4$,SiO$_4$ 是一个正电中心,它可以束缚一个电子,在室温下受热激发而使它电离出来参与导电,故 SiO$_4$ 起着热施主作用。施主浓度与氧浓度的四次方成正比。这种热施主会引起硅单晶电阻率发生变化。如果在 550℃ 下热处理硅单晶,则 SiO$_4$ 络合物将分解,在更高温度下会生成氧的沉淀物,其形态随处理温度而有所区别。如在 650℃ 热处理时可生成在 $\langle 110 \rangle$ 方向伸展的棒状缺陷,在 750℃ 热处理,可生成小方片,1000℃ 热处理可观察到有棱柱位错环沉淀物,在 1200℃ 热处理可发现大的弗兰克型堆垛层错或矢量沿 $\langle 110 \rangle$ 的棱柱位错环等,大于 1200℃ 热处理,此时氧溶解度增大,过饱和度小,会使氧沉淀溶解,氧原子又重新分布到间隙位置上去,冷却后又恢复了未热处理时氧在硅单晶中的性质。

近年来又发现 CZ 硅单晶,除了上述在 500~650℃ 热处理可以消除的热施主外,如继续将硅单晶在550～800℃长时间热处理,又会出现另一种施主效应。因为它的热退火行为与原来的热施主不同,所以称它为新施主。新施主的浓度可达$10^{15}cm^{-3}$,它只出现在含氧量较高($5\times10^{17}cm^{-3}$)的直拉硅单晶中。因此,认为新施主的产生也与硅中氧有关。对于热施主产生的机理已经进行了较详细的动力学分析,但对新施主的结构与产生机理目前还不太清楚。

硅中的氧沉淀会妨碍光刻,如沉淀物在PN结区,由于SiO_2微粒的介电常数小,会在圆球形的SiO_2周围形成一个局部的高电场,引起微等离子击穿。但是近来的研究发现,如果将高氧硅单晶片在高温1050℃非氧气氛中退火,则硅片表面的氧将扩散逸出,使浓度降低。然后将硅片在650℃二次退火时,在硅片表面将无氧沉淀,但在硅片内部则产生高密度的氧沉淀,这些氧沉淀产生缺陷和晶格畸变的应力场,能吸附金属杂质和产生微缺陷的间隙原子,使硅片表面完整性提高。用这种有内吸杂的硅片做器件(器件做在无氧沉淀区),可以大大提高成品率,并使少数载流子寿命提高,这种技术称为本征内吸杂技术。另外,硅中溶解氧还能提高硅片的抗翘曲力,使强度增大。所以对硅中氧的利弊要有全面的认识。

碳在熔硅中溶解度约为$3.5\times10^{17}cm^{-3}$,其分凝系数为0.07 ± 0.01,因此硅单晶尾部含碳较多。在晶体冷却过程中,碳会发生沉淀和偏聚,在晶体中呈现杂质条纹,热处理时生成SiC颗粒,它在晶体内部形成缺陷,在表面集中时会破坏光刻。SiC的红外吸收峰在$12\mu m$处(而Si—C键的振动峰在$16.5\mu m$处可作为测量硅中碳含量的标准)。硅单晶中由于同时存在氧和碳形成C—O复合物起热施主作用,降低器件的峰值电压,碳的引入还能引起Si晶格畸变,用含碳多的单晶硅制作二极管,其*V-I*曲线软化,漏电增加。此外,碳和氧还是旋涡缺陷的形成核心。

硅单晶的氧碳杂质可由原料和拉晶工艺引入,在多晶硅中氧含量为$2.5\times10^{15}\sim2.5\times10^{18}cm^{-3}$,碳含量为$1\times10^{15}\sim5\times10^{16}cm^{-3}$。拉晶时,熔硅还可以从环境气氛中捕获氧和碳。例如气氛与石墨加热器反应被熔硅吸收后就会使碳浓度以1.5～2倍/h的速度增加。石墨粉尘的飘落当然更能增加碳的含量,由于碳的$K_0<1$,它集中于晶体的尾部。故一般晶体下半部碳含量可增加一个数量级。复拉单晶中碳的浓度也会迅速增加。

目前在直拉工艺中降低氧含量的措施是:①设计合理热场避免熔体过热;②减少原料中的氧含量;③控制晶体直径,使坩埚直径与其直径比为2.5:1～3.0:1,使熔硅自由表面增大,有利于氧的逸出;④防止拉晶中途回熔;⑤适当降低籽晶转速,一般小于10r/min,以减少坩埚壁反应生成的SiO向熔体中扩散;⑥在真空下拉晶,加速SiO的挥发,如用Ar气拉晶要注意Ar的提纯,防止CO、C_nH_m的引入。另外,采用偏心拉晶亦能降低氧含量,因偏心拉晶晶体不断地与熔硅自由表面接触,而自由表面中SiO易挥发,故进入晶体中的氧量就低,然而此法易生成漩涡缺陷。目前直拉硅单晶中氧含量在$(3.8\sim5.5)\times10^{17}cm^{-3}$。

区熔法因不与石英坩埚接触,从而消除了氧的主要来源之一。由于SiO蒸气压较大,采用真空区熔工艺更有利SiO的逸出,在$1.33\times10^{-3}Pa$真空下可制取含氧量为$10^{15}cm^{-3}$的低氧硅单晶。

4.3 硅、锗单晶的位错

微课

在硅、锗晶体生长与加工时,常常引入应力而产生很多位错。这些位错也常以不同的组态,如星形结构、位错排,系属结构分布在晶体中。晶体中的位错对材料和器件性能的影响是多方面的。

4.3.1 位错对材料和器件性能的影响

1. 对载流子浓度的影响

目前讨论这个问题有几种理论。肖克莱-瑞德(Shokloy-Read)认为棱位错处的原子有一个悬挂键,因此可以接受一个电子形成电子云的满壳层,也就是对应于一个受主能级,整个位错线犹如一串受主。对于螺位错没有悬挂键,因此对晶体电性质方面的影响是不重要的。

Gleanser 认为位错接受电子之后会带电。由于库仑力作用会形成空间电荷区,此电荷区会引起能带弯曲。并且还指出在 N 型材料中位错是受主能级,离导带底约 0.52eV。它对电子的俘获截面为 10^{-16}cm^2。在 P 型材料中位错是施主能级,其位置与电阻率有关。对于 200、50、10$\Omega\cdot$cm 的 P 型硅,施主能级分别为距价带顶 0.50、0.42 和 0.38eV,它对空穴的俘获截面是 10^{-16}cm^2。

在一般情况下,位错对载流子浓度影响不大。例如,硅(111)面上棱位错每隔$\sqrt{6}a/4$ 有一个带悬挂键的原子。对于 1cm 长的位错线有 $1/(\sqrt{6}a/4)$ 个原子。a 为晶格常数(= 5.4Å)。如果位错密度为 $10^4/\text{cm}^2$,则每立方厘米中共有$\dfrac{10^4}{\sqrt{6}a/4} = 3\times10^{11}$个缺陷能级,这和一般掺杂原子的浓度相比是十分微小的。

2. 位错对迁移率的影响

按照肖克莱-瑞德理论,位错线是一串受主,接受电子后形成一串负电中心。由于库仑力作用,在位错线周围形成一个圆柱形的正空间电荷区,如图 4.10 所示。在空间电荷区内存在的电场增加了对电子的散射而使电子迁移率减少。此外由于空间电荷区的存在,电子运动时要绕过它们,导致宏观迁移率降低并且在平行位错线与垂直位错线方向上的迁移率不同。

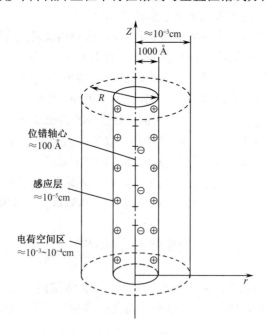

图 4.10　肖克莱-瑞德圆柱形位错空间电荷区模型

3. 位错对载流子寿命的影响

实验表明,位错对载流子的产生与复合,对非平衡载流子寿命的影响有时是不能忽视的。Kurtz 发现硅中位错密度 N_D 在 $10^4 \sim 10^7 \mathrm{cm}^{-2}$ 时,它与少数载流子寿命 τ 有如下关系:

$$\tau = \frac{1}{N_D \sigma_R} \tag{4.50}$$

式中,σ_R 为单位长度位错线的复合效率,对于 Ge,它随电阻率增加而减少。对于 Si 在 300K,N_D 为 $10^4 \sim 10^5 \mathrm{cm}^{-2}$ 时,$1/\sigma_R = 15$。

LaMrence 总结了不同人的实验结果得出:①在位错密度低于 $10^3 \mathrm{cm}^{-2}$ 时,τ 随 N_D 减少而降低;②当 N_D 在 $10^3 \sim 10^4 \mathrm{cm}^{-2}$ 时,有最长的寿命值;③当 $N_D > 10^4 \mathrm{cm}^{-2}$ 时,寿命随 N_D 的增加而降低。位错密度与载流子寿命之间的关系如图 4.11 所示。

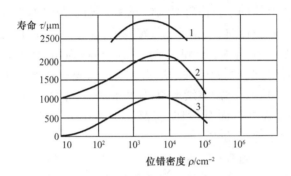

图 4.11　位错密度与载流子寿命之间的关系
1—$2\Omega \cdot \mathrm{cmN\text{-}Ge}$;2—$4\Omega \cdot \mathrm{cmN\text{-}Ge}$;3—$15\Omega \cdot \mathrm{cmP\text{-}Si}$

但是也有人认为,位错对于少子寿命没有影响,对少子寿命有影响的位错是因为有重金属杂质沉淀的缘故。显然这是一个很复杂的问题,还需要进一步深入研究。

4. 位错对器件的影响

位错对器件的影响主要有以下三方面。

(1) 金属杂质极容易在位错上沉淀,破坏 PN 结的反向特性。实验表明在有金属沉积位错的局部 PN 结区域中,电离倍增因子 M 急剧增大,PN 结的反向 $V\text{-}I$ 特性曲线出现不连续点,击穿电压大大降低,击穿时发出辉光,称为等离子击穿。但是如位错处无金属杂质沉淀,它即使穿过 PN 结也不一定破坏结特性。

(2) 在应力作用下,位错处出现增强扩散。LaMrence 发现在扩散过程中静止位错(即在扩散过程中位错没有移动)不引起增强扩散。在外加的机械应力或点阵错配和沉淀的点阵收缩等应力作用下,位错运动出现大量过剩空位,给替代式杂质原子的扩散创造了方便的条件而引起增强扩散。这种沿位错的增强扩散和沿位错的金属沉淀会引起 PN 结的 $V\text{-}I$ 特性的"软化"和晶体管发射极-集电极间的管道漏电或穿通,特别是对浅结器件的影响更为明显,如图 4.12 所示。

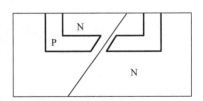

图 4.12　位错造成的 C-E 结穿通

(3) 位错引起噪声增加。有位错的单晶器件的噪声电压明显地高于无位错单晶的器件。

有人认为这是由于棱位错相当于受主键,在位错附近载流子的产生–复合引起电导率 ε 的局部涨落而引起的。

综上所述可以看出:纯净的位错对材料和器件的性能的影响是小的,而含有重金属沉淀的位错则对少子寿命,器件的击穿性能,$V\text{-}I$ 特性等产生不良影响,但又可以利用位错吸收杂质和位错攀移运动消除空位的特点,使单晶中的有害杂质吸附在局部位错区域,从而改善其他区域的器件特性。

4.3.2 无位错单晶

1. 半导体单晶材料中位错的来源

在半导体单晶制备和加工过程中引入位错的原因如下。

(1)在单晶生长时籽晶(或衬底)中含有位错,而且位错露头在生长面上,因位错线不能在晶体内部中断,它们将随着晶体的生长由籽晶延伸到新生长的晶体中,直到与晶体表面相交时为止,这叫位错遗传。在位错遗传时,只能增加位错线的长度而不会增加位错线的数目。

(2)由于应力引入位错。在晶体生长和加工过程中,机械损伤(如重划痕,边缘裂缝,缺口等)、过大的温度梯度、急冷急热会引起较大的应力。当应力超过材料在该温度下的屈服强度时就会使晶体滑移变形引入位错,并能继续增殖,使位错密度增大。因此,在由熔体拉晶时,籽晶不预热就与熔体接触,籽晶表面有损伤,籽晶与熔体接触不良,拉晶时温度剧烈变化,机械振动,晶体骤冷等都可以引入位错。

特别是在晶体生长时,晶体内有一定温度分布,晶体径向温度按抛物线规律变化,而纵向则按指数规律变化,这种温度分布将使晶体各处热膨胀程度不同,因为晶体表面温度低,中间温度高,使晶体中央受到压缩应力,表面受扩张应力。如果把晶体看成是由许多薄层组成,在晶体弯曲时,各层之间会发生滑移,产生位错,如图 4.13 所示。

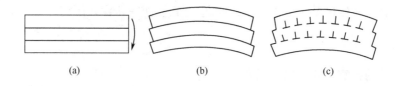

(a)   (b)   (c)

图 4.13 晶体弯曲产生位错的示意图

设薄层弯曲的曲率半径为 R,则产生的位错密度 N_D 为

$$N_D = \frac{1}{Rb} \tag{4.51}$$

如果这种弯曲是由温度梯度引起的,则

$$N_D = \frac{a}{b}\frac{\partial T}{\partial r} \tag{4.52}$$

式中,a 为热膨胀系数;b 为柏氏矢量;$\dfrac{\partial T}{\partial r}$ 为径向温度梯度。

2. 拉制无位错单晶工艺

对于拉制无位错单晶,目前已形成一套工艺,其要点如下。

1）正确地选择籽晶晶向和制备籽晶

籽晶是晶体生长的基础,它的结晶特性和完整性对所生长的晶体有很大的影响。

一般说来,用来切制籽晶的单晶应是没有系属结构或星形结构的晶体。因为在拉晶时,籽晶与熔体相接触,由于突然受热冲击会产生 $10^3 \sim 10^4 \mathrm{cm}^{-2}$ 的位错。接触面积越大,籽晶温度越低,新生的位错也越多,因此使用无位错籽晶是没有多大意义的。籽晶中的位错可以在后面的缩颈工艺中排除,但系属结构则不易排除,所以有系属结构的籽晶不能使用。

籽晶的晶向对位错的排除有很大的影响。Ge、Si 属于金刚石结构,其滑移面为(111),因而位错多在(111)面上,为了使位错容易排出体外,必须使生长轴与{111}面的最小夹角最大。由表4.4可以看出,〈100〉和〈111〉晶向与{111}面间最小夹角最大,因而有利于位错的排除,而〈110〉和〈211〉与某一{111}面夹角为零,位错线会顺着晶体生长方向不断延伸,因此不利于位错的排除。

表4.4 {111}与生长方向间的夹角

生长方向	〈100〉	〈111〉		〈110〉		〈211〉		
(111)晶面数	4	1	3	4	2	1	1	2
(111)面与生长方向的夹角	55°44′	90°00	19°28′	0	35°16′	0	70°32′	28°08′

2）采用合适的拉晶工艺

拉制无位错单晶,拉晶工艺是非常重要的。其中主要是缩颈技术,调整热场和生长参数使固液界面比较平坦或呈现"Ω"形。

缩颈是拉制无位错单晶的关键步骤,它可以将籽晶延伸下来的和引晶时由热应力增加的位错排除。一般来说位错排除的机构主要有两种,一种是位错线沿滑移面而延伸到细颈表面终止(图4.14),另一种是位错通过攀移运动排除细颈外。此外,正负棱位错,左右螺旋位错在运动中相遇也能抵消,但这种情况很少见。

设某一位错源 A,沿某一(111)延伸到 C 点时排除晶体外,若细颈为 D,生长方向与(111)夹角为 θ,由图4.14可知,将 A 排除晶体外所需的细颈长

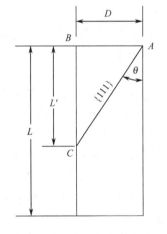

图4.14 缩颈长度示意图

$$L' \geqslant \frac{D}{\tan\theta} \tag{4.53}$$

为了保证位错能全部排除晶体,在生产上通常令细颈长度 $L = 3L'$ 左右。如晶体生长方向为〈111〉,$\theta = 19°28'$,$\tan\theta = 0.35$。

当 $D = 2\mathrm{mm}$ 时

$$L' = \frac{2}{0.35} = 5.7\mathrm{mm}$$

$$L = 18\mathrm{mm}$$

当 $D = 3\mathrm{mm}$ 时

$$L' = \frac{3}{0.35} = 8.7\,\text{mm}$$

$$L = 27\,\text{mm}$$

在工艺上除根据细颈的直径掌握细颈长度外,为了防止由热应力的产生,还应做好将晶预热,高温引晶并防止细颈直径有显著的变化。

当晶体放肩时固液界面是凸向熔体的,加上降温,将产生较大的应力。为了保持无位错生长,过去曾提倡放小角的"柳肩",但实验中亦发现,只要缩颈时完全排除了位错,单晶炉的热场合适,放平肩仍能保持无位错生长,这样一来缩短了拉晶时间并提高了单晶头部的利用率,因此现在都采用大角度放平肩的拉晶工艺。

在等径生长阶段要防止机械振动,防止温度和拉速过大的波动造成应力。也应防止掉渣而引起晶变,收尾时要缓慢升温同时放慢拉速,使晶体逐渐变细,不能将晶体突然吊起以避免产生较大的热冲击。只要严格地掌握工艺条件拉无位错单晶一般来说是不困难的。

4.3.3　硅单晶的热处理

为了进一步改善单晶的性能,目前国内外对硅单晶在出厂前都增加了一道热处理工序,初步的研究结果表明,热处理有如下好处。

(1)通过1000℃以上的热处理,在真空或惰性气体保护下,可以把硅单晶中氧电活性施主浓度降低到 $10^{14}\,\text{cm}^{-3}$ 以下,这样在制造器件热处理时材料的电阻率稳定,提高了器件的成品率。

(2)改善了氧分布不均匀造成的电阻率的不均匀性,并且消除杂质的条纹状分布,改善了微区电阻率的不均匀性。

(3)870℃以下热处理可以消除晶体中的内应力和机械损伤,在这个温度下晶体一般不会产生新的位错,高于此温度则随着温度的升高缺陷增加。

(4)在1000℃以上热处理时,由于加速了杂质扩散,在原晶体的位错处会形成杂质气团。这种气团能减小位错周围的应力场,避免和减少杂质在位错处沉淀,固定位错,使在器件制作的热循环过程中位错稳定不易增殖。

(5)对于低氧高纯单晶在1300～1350℃热处理会使旋涡缺陷消除,从而改善了单晶质量,在后续制管时层错少,成品率高,击穿特性好。但对高氧单晶则无此效果,而且旋涡缺陷反而增加。

以上只是一些实验结果的总结,对于它们的机理,目前正在深入研究中。

4.3.4　硅单晶质量的检测

拉出单晶以后,应对它的质量做出评价。衡量硅单晶质量是根据器件生产提出的一些要求来确定的。目前这些要求是:晶体的外形、尺寸、晶向、导电类型、电阻率、非平衡载流子寿命、晶体完整性(主要是位错密度)等。对此国家有关管理部门颁布有硅单晶标准。为此应依据所颁标准和器件的要求,对硅单晶进行测试。有关晶体完整性、晶向的测试及单晶的电学参数的测试,可参阅有关"半导体材料理、化分析测试"的书刊,这里不做介绍。

4.4　硅单晶中的微缺陷

硅单晶中的微缺陷,通常指无位错单晶在生长方向的横断面经西特尔(Sirtl)腐蚀液腐蚀后,所观察到的呈漩涡状分布的宏观缺陷花纹,故俗称漩涡缺陷。微观上这些漩涡花纹是由浅底腐蚀坑所组成。现在已经知道,漩涡缺陷只不过是硅单晶中微缺陷的一种,同时呈现漩涡分布的缺陷花纹也不都是微缺陷。只不过作为微缺陷的特例,对漩涡缺陷的研究比较深入,这里也以此类微缺陷为例,介绍有关硅中微缺陷的问题。

4.4.1 微缺陷在晶体中的类型及其分布

漩涡缺陷最初是在区熔硅单晶中观察到的。这种缺陷在晶体的纵向剖面上呈层状分布,层间距 d 与晶体的拉速 f、晶体转速 ω 间关系为

$$d = \frac{f}{\omega} \tag{4.54}$$

在晶体中分布的另一个特点是靠近晶体表面和位错处微缺陷常被湮没。迪考克(Dekock)在研究漩涡缺陷时发现,靠近晶体中心部位的缺陷尺寸较大,称为 A 团,而靠近边缘的小些,称为 B 团。此后一些研究者又相继发现在区熔生长的硅单晶中,还有比 A、B 团尺寸更小的 C 缺陷和 D 缺陷。这些更小的 C、D 缺陷在晶体中的分布是随机的,其密度一般在 $5 \times 10^{10} \mathrm{cm}^{-3}$ 左右,比密度在 $10^8 \sim 10^9 \mathrm{cm}^{-3}$ 的 A、B 团高得多。C 和 D 型微缺陷经西特尔腐蚀液腐蚀后,宏观看上去呈"雾"状,微观上则是些由 $0.1 \sim 1.0 \mu\mathrm{m}$ 小蚀坑组成的。对这种缺陷目前了解得不多。表 4.5 中列出硅单晶中一些微缺陷的分布区域及易产生这些微缺陷的主要生长条件。

表 4.5　在硅单晶中常见的几种微缺陷的分布及特性

缺陷类型	单晶生长速率/(mm/min)	缺陷所在的位置	缺陷浓度/cm^{-3}		蚀坑直径/μm
			腐蚀法	缀饰法	
A	<4.0~4.5	沿生长条纹	$10^8 \sim 10^9$	$10^6 \sim 10^7$	30~120
B	5.0	同上	$10^9 \sim 10^{10}$	10^9	3~18
C	6.0	B 团区和无位错区之间	$10^{10} \sim 10^{11}$	10^7	0.3~3.0
D	>6.0	中部随机分布	$10^{10} \sim 10^{11}$	10^{10}不易缀饰	0.9~1.0

4.4.2 微缺陷对器件性能的影响及其形成原因

微缺陷的存在使材料的载流子寿命下降,从而导致器件 h_{FE} 减小,在器件制作过程中漩涡缺陷有可能转化成位错、层错及形成局部沉淀,进而造成微等离子击穿或使 PN 结反向电流增大。微缺陷不仅使大功率高反压器件的性能劣化,而且使 CCD 产生暗电流尖峰,同时也严重地影响集成电路的成品率。

为了消除微缺陷,获得高质量的硅单晶,人们对微缺陷形成原因做了大量的研究工作,并提出了多种机制。早期迪考克曾提出硅中微缺陷是以氧为核化中心的氧-空位复合体模型,但后来由于透射电子显微镜在观察微缺陷方面所取得的成功,而使这一模型基本被否定了。目前还有如下的一些观点在争论。

1. 非平衡自间隙原子模型

皮特洛夫(Petroff)和迪考克用透射电子显微镜观察到,A 型漩涡缺陷是平均尺寸为 $1 \mu\mathrm{m}$

的单个位错环,或者是位错环组成的团,并认为多数位错环是插入型的非本征环,少数环是抽出型的。尽管采用了非常精确的实验技术,但迄今一直未能分辨出 B 型缺陷的实质。多数研究者认为它不大可能是位错环,而是一种尺寸更小、晶格畸变强度更弱的缺陷。

依据上述实验结果及韦伯(Webb)的结晶理论,他们提出 A 型缺陷是结晶过程中陷落在晶体里的过剩的非平衡自间隙原子形成的。韦伯认为结晶时固液界面既可以看成是固液体的过渡区,又可以看成是一个扩散界面,在过渡区熔体一方点缺陷的浓度 C_N 要比晶体中在熔点 T_m 时的平衡点缺陷浓度大。因此,在晶体生长过程中,有一部分点缺陷会通过固液界面而陷落到晶体中,这些陷落的点缺陷既可以是空位也可以是间隙原子,当熔体的密度大于晶体时,则以自间隙原子为主。硅的熔体密度比晶态密度大,所以在晶体生长过程中,会有硅原子从熔硅进入晶体中成为自间隙原子。根据这个原理,如在很低的生长速度下,从熔硅向晶体中陷落的自间隙原子数将减少,这是根据非平衡自间隙原子模型的观点,将观察不到漩涡缺陷。但是,实验表明生长速度 $v_0 < 0.2\,\mathrm{mm/min}$ 并以缓慢的冷却速度使晶体冷却时,结果 A、B 型缺陷都消失;若以较快的速度冷却晶体,则晶体中 A、B 型缺陷都有。这表明自间隙原子并非来自于熔体,显然这给非平衡自间隙原子模型的合理性带来了疑问。

2. 平衡自间隙原子模型

弗尔(Föll)等人利用高压透射电子显微镜也证明了 A 型缺陷是位错环,其特征与迪考克等人所观察到的没有本质上的差别。但弗尔等人认为所观察到的位错环都是非本征型的插入环,他们还研究了 A 型位错环的尺寸、类型和密度等与晶体中碳含量间的关系。发现位错环的密度随碳含量的增加而增加,而其尺寸却减少,当碳含量降低时位错环的形状变得更复杂。弗尔等从硅晶体中的自扩散,淬火及辐照损伤的实验结果和点缺陷的形成能的计算中得出,在高温下晶体中的平衡点缺陷主要是硅的自间隙原子而不是空位。因为在熔点附近的高温下,硅自间隙原子的形成熵和迁移熵都相当高,使这些自间隙原子呈现扩展组态,即点缺陷已不是一个原子尺度,而是扩展成包括几个原子间距的微小区域。这些呈扩展组态的自间隙原子和碳等杂质原子聚集形成 B 型缺陷。当这种聚集体达到足够大时,便崩塌转变成 A 型缺陷,如图 4.15 所示。

(a)在高温晶体中产生的
扩展间隙态E及杂质核心n

(b)晶体冷却首先形成B缺陷
(间隙原子-碳构成的聚集团)

(c)B团崩塌成A缺陷形成分立
的插入型位错环

图 4.15　扩展间隙组态转化成 A、B 型微缺陷

利用上述模型可以解释形成漩涡缺陷的一些实验规律,但这个模型中认为自间隙原子的浓度与生长条件无关。这样一来,对于漩涡缺陷与生长参数的关系不能很好解释,另外对氧的作用,扩展间隙态的迁移凝聚,弗尔等也没有作出恰当的回答。

除上述模型外,也有人提出过液滴模型、Si_4C_4络合体及纯空位模型等,但到目前为止尚未建立统一的理论来解释硅单晶中微缺陷形成的机制。

4.4.3 减少微缺陷的方法

(1)在拉制硅单晶过程中,采取适当措施可以避免微缺陷的产生:

①降低单晶中的碳含量。实验发现当硅中碳含量在 $10^{14}cm^{-3}$ 以下时漩涡缺陷密度明显减少,甚至消失。

②提高拉晶速度,对于区熔法生长单晶,使其生长速度 ≥5mm/min,以增大晶体冷却速度,将点缺陷冻结,使其达不到崩塌的尺寸而消除漩涡缺陷。

③降低拉晶速度,使拉速 ≤0.2mm/min,而冷却速度 <5℃/min,则 A、B 团均不出现,如拉速为 0.6mm/min,并用后热装置控制晶体冷却速度,可使点缺陷扩散到晶体表面而消失,从而抑制漩涡缺陷的产生。

④在保护气氩气中加入 10% 的氢气,使氢进入硅晶体增加空位浓度,增加与自间隙原子的复合率,可减少甚至消除漩涡缺陷。

(2)对已有微缺陷的单晶进行处理,消除微缺陷:

①采取合适的退火工艺。在高于 1200℃ 下退火可减少微缺陷。

②利用吸除技术减少微缺陷。

总之,目前对微缺陷的研究工作已取得很大进展,但离问题的根本解决还有一定的距离,还需要进一步加以研究。

第5章　硅外延生长

5.1　外延生长概述

只有体单晶材料不能满足日益发展的各种半导体器件制作的需要,1959年末开发了薄层单晶材料生长技术——外延生长。

外延生长就是在一定条件下,在经过切、磨、抛等仔细加工的单晶衬底上,生长一层合乎要求的单晶层的方法。由于所生长的单晶层是衬底晶格的延伸,因此所生长的材料层叫做外延层。

根据外延层的性质,生长方法和器件制作方式不同,可以把外延分成不同的种类。

如果外延层与衬底是同种材料,则称为同质外延,在硅上外延生长硅,在GaAs上外延生长GaAs均属于同质外延。如果衬底材料和外延层是不同种材料则称为异质外延,在蓝宝石上外延生长硅,在GaAs上外延生长GaAlAs等属于异质外延。若器件制作在外延层上叫正外延,而器件制作在衬底上外延层只起支撑作用,叫做反外延。

由外延生长方法来看,外延又分为直接外延和间接外延两种。

直接外延是用加热、电子轰击或外加电场等方法使生长的材料原子获得足够能量,直接迁移沉积在衬底表面上完成外延生长的方法,如真空淀积、溅射、升华等。但此类方法对设备要求苛刻,如真空淀积要求真空度在10Pa以下。另外薄膜的电阻率、厚度的重复性差,因此一直未能用于硅外延生产中。

间接外延法是利用化学反应在衬底表面上沉积生长外延层,广义上称为化学气相淀积(chemical vapor deposition,CVD)。但CVD所生长的薄膜不一定是单晶,因此严格地讲只有生长的薄膜是单晶的CVD才是外延生长。这种方法设备简单,外延层的各种参数较容易控制,重复性好。目前硅外延生长主要是利用这种方法。

此外,根据向衬底输运外延材料的原子的方法不同又分为真空外延、气相外延、液相外延等。按相变过程,外延又可分为气相外延、液相外延、固相外延。

对于硅外延,应用最广泛的是气相外延。硅外延生长技术开始的时候,正是硅高频大功率晶体管制作遇到困难的时刻。从晶体管原理来看,要获得高频大功率,必须做到集电极击穿电压要高,串联电阻要小,即饱和压降要小。前者要求集电极区材料电阻率要高,而后者要求集电区材料电阻率要低,两者互相矛盾。如果采用将集电区材料厚度减薄的方法来减少串联电阻,会使硅片太薄易碎,无法加工。若降低材料的电阻率,则又与第一个要求矛盾,外延技术则成功地解决了这一困难。在电阻率极低的衬底上生长一层高电阻率外延层,器件制作在外延层上,这样高电阻率的外延层保证管子有高的击穿电压,而低电阻率的衬底又降低了基片的电阻,降低了饱和压降,从而解决了二者的矛盾。

不仅如此,GaAs等Ⅲ-Ⅴ族、Ⅱ-Ⅵ族以及其他化合物半导体材料的气相外延,液相外延,分子束外延,金属有机化合物气相外延等外延技术也都得到很大的发展,已成为绝大多数微波、光电器件等制作不可缺少的工艺技术。特别是分子束、金属有机气相外延技术在超薄层、超晶格、量子阱、应变超晶格、原子级薄层外延方面成功的应用,为半导体研究的新领域"能带工程"的开拓打下了基础。

归纳起来外延生长有如下特点。

(1)可以在低(高)阻衬底上外延生长高(低)阻外延层。

(2)可以在P(N)型衬底上外延生长N(P)型外延层,直接形成PN结,而不存在用扩散法在单晶基片上制作PN结时的补偿的问题。

(3)与掩膜技术结合,在指定的区域进行选择外延生长,为集成电路和结构特殊的器件的制作创造了条件。

(4)可以在外延生长过程中根据需要改变掺杂的种类及浓度,浓度的变化可以是陡变的,也可以是缓变的。

(5)可以生长异质,多层,多组分化合物且组分可变的超薄层。

(6)可在低于材料熔点温度下进行外延生长,生长速率可控,可以实现原子级尺寸厚度的外延生长。

(7)可以生长不能拉制单晶材料,如GaN,三、四元系化合物的单晶层等。

目前很多器件只能用外延方法来制备,因此外延生长技术在半导体材料和器件制备中占有极为重要的地位。

利用外延片制作半导体器件,特别是化合物半导体器件绝大多数是制作在外延层上,因此外延层的质量直接影响器件的成品率和性能。一般来说外延层应满足下列要求。

(1)表面应平整、光亮,没有亮点、麻坑、雾漫和滑移线等表面缺陷。

(2)晶体完整性好,位错和层错密度低。对于硅外延来说,位错密度应低于1000个/cm^2,层错密度应低于10个/cm^2,同时经铬酸腐蚀液①腐蚀后表面仍然光亮,即应该是所谓的"亮片"。对于化合物半导体的外延片,还应严格符合化学计量比。对于异质外延,由晶格失配引起的失配位错密度应该低。

(3)外延层的本底杂质浓度要低,补偿少。这就要求外延生长时使用的原料纯度高,系统密封性好,环境清洁,操作严格,避免外来杂质掺入外延层,自掺杂少。降低自掺杂是外延生长的重要课题,外延层与衬底间界面处杂质分布要陡峭,过渡区要窄,特别是外延层与衬底导电类型不同的外延生长更应注意这些问题。

(4)对于异质外延,外延层与衬底的组分间应突变(要求组分缓变的例外)并尽量降低外延层和衬底间组分互扩散,化合物外延生长更要注意这一点。

(5)掺杂浓度控制严格,分布均匀,使得外延层有符合要求而均匀的电阻率。不仅要求一片外延片内,而且要求同一炉内,不同炉次生长的外延片的电阻率的一致性好。

(6)和电阻率的要求一样,外延层的厚度符合要求,均匀性和重复性好。否则很难获得好的超晶格,多量子阱等低维结构。

(7)有埋层的衬底上外延生长后。埋层图形畸变很小。

(8)外延片直径尽可能大,利于器件批量生产,降低成本。

(9)对于化合物半导体外延层和异质结外延热稳定性要好等。

在外延生长的研究和生产中,很多工作就是围绕这些要求展开的。

这里介绍硅气相外延生长,其他外延技术在以后的章节里加以介绍。

---

① 腐蚀液的配方是:氢氟酸:标准溶液=1:1(体积比),标准溶液配方是:50g三氧化铬(CrO_3)溶于100ml的去离子水中。这种腐蚀液通常称作铬酸腐蚀液也称Sirtl腐蚀液。

5.2 硅衬底制备

硅外延生长是在硅衬底上进行的。硅衬底质量直接影响外延生长的质量。因此,硅衬底的制备在硅外延生长中占有重要的地位。硅衬底是由硅单晶体经定向、滚圆、切割、倒角、腐蚀、抛光、清洗、检测等工序加工制备的。其基本工艺如图5.1所示。

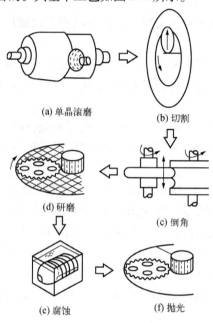

(a) 单晶滚磨

(b) 切割

(c) 倒角

(d) 研磨

(e) 腐蚀

(f) 抛光

图5.1 衬底制备的基本工艺

利用硅衬底制备方法,所得到的硅单晶片,除用作外延生长衬底外,硅器件也做在这种加工的晶片上,如果没有好的硅加工晶片,不仅硅外延生长不好,好的硅器件也制造不出来,尤其是大规模、超大规模集成电路更是如此。

晶片在加工过程中,破损、切口过宽、刀痕很深增加研磨量,将大大降低硅单晶的利用率。因此,提高晶片的加工质量和硅单晶利用率就成为推动硅晶片微细加工技术发展的动力。

在衬底制备过程中,涉及机械、物理、化学、晶体学、光学、电学等很多学科知识,内容很丰富,它已形成一门硅片微细加工工艺专门技术,这里按加工顺序,简要加以介绍。

5.2.1 硅单晶的定向

首先根据需要,确定硅单晶的导电类型、电阻率、掺加种类、位错密度等。例如,最常见的硅外延是 N/N⁺ 外延生长。制备它的衬底,要选用重掺 Sb 或 As 的 N 型硅单晶。掺 Sb 的硅单晶电阻率 ≤0.01Ω·cm,掺 As 的硅单晶电阻率为 0.005Ω·cm,位错密度 ≤3000 个/cm²。单晶选定后,一般用光点定向法或 X 光衍射法进行定向。然后对硅单晶进行研磨,精整其外形,使其成为等径的圆柱体,同时为了减少以后分割芯片时,片子破碎及光刻套刻时对准等在其上磨出参考面,有时为了识别片子的导电类型还制备出副参考面。如 N 型(111)硅片的参考面及副参考面见图5.2。参考面的制备规则一般厂家有自己的规定,国家也有相关规定。

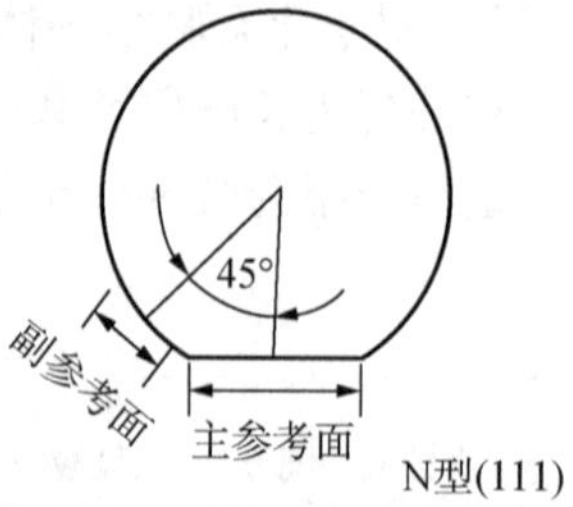

45°

副参考面

主参考面

N型(111)

图5.2 N 型(111)硅片参考面

5.2.2　硅的切片

切片一般要求厚度为 $400\mu m$ 左右,是在切片机上进行的。切片有内圆、外圆切片机和线切割机。内圆切片机是多年来广泛使用的,外圆切片机除切割特殊晶向的晶片一般不使用。近年来为降低磨削量,减少切割损伤层的厚度,提高单晶的利用率和生产效率,特别是大直径单晶一般都选用线切割机。

对于切片要求是精度高、表面质量好。所谓精度高是指晶向、切割片的弯曲度、平行度和厚度差等。如果切割精度高,表面质量好,可以不经磨片工序,采用化学减薄方法除去切片造成的损伤层,直接进行抛光。

随着半导体材料加工技术的发展和微机的应用,目前,单晶的定向和切割已经能在一台机器上自动进行,并且还可以在切片机上直接进行晶片厚度与平行度的自动检测和分档,大大提高了生产效率和切片质量。

5.2.3　硅片的倒角

由于单晶硅有很高的脆性,在切片过程中不可避免地造成边缘的损伤,这些损伤有边缘裂纹、缺口、塌边等。这些损伤部位通常称为边缘破碎区。如果不除去,不但在后续的抛光过程中会进一步破碎使抛光质量下降,而且在外延过程中,由于受热处理,破碎区内应力变化,会引起晶格滑移在外延片表面上出现滑移线,严重影响外延片质量。硅片边缘处理过程就是倒角。目前已有倒角的专用设备,倒角后边缘形状,可以通过光学仪器来检测。

5.2.4　硅片的研磨

由切片机切下来的晶片,表面都存在一定的机械损伤和表面变形。一般认为切割的硅片表面结构受到损伤依次为:最上面是无定形层,完全失去原来的晶格结构;接下来是镶嵌层、裂缝层和晶格畸变层;然后才是正常晶格区。磨片的目的就是要除去这些损伤和畸变区,使晶片表面平整光滑并达到要求的厚度。

磨片通常在行星式双面磨片机上进行。磨盘的平整度,磨料种类、硬度、粒度和均匀性、研盘压力,研磨液浓度、流速等都影响磨片质量。

5.2.5　硅片的化学腐蚀

经过倒角、磨片的硅片表面仍残留深达十几微米的晶格损伤层,在这个层内存在着应力必须除去,化学腐蚀就是为除去这个损伤层,提高抛光的效率,同时还可以除去金属污染。

所用的化学腐蚀剂应该是非选择性的,有酸性和碱性两种。酸性腐蚀液的配方很多,例如用一定比例的硝酸、氢氟酸、醋酸混合液可以对硅片进行腐蚀,腐蚀速度可用调整酸的配比和对腐蚀温度加以控制。醋酸是缓冲剂,为得到好的硅片表面,必须调整好它们的比例,一般是 $HNO_3 : HF : HAC$ 是 $5 : 2 : 2$ 或 $5 : 3 : 3$(体积比)。应使用新鲜的腐蚀剂进行腐蚀。腐蚀是一个放热反应,因此,在进行腐蚀时应该根据被腐蚀的硅量多少来计称腐蚀剂的用量,严格控制腐蚀过程的温度是对硅片进行腐蚀的关键。这个腐蚀过程的化学反应是

$$Si + 4HNO_3 = SiO_2 + 2H_2O + 4NO_2 \uparrow$$

$$SiO_2 + 6HF = H_2(SiF_6) + 2H_2O$$

除了酸性腐蚀液,还可以用 KOH 或 NaOH 碱性腐蚀液进行腐蚀,一般用浓度为 15% ~ 20% 的 KOH 或 NaOH,在 90~110℃下腐蚀,它是一种慢腐蚀液,容易控制,使用得较多。但有人认为它的选择性比酸性腐蚀液强。目前这两种腐蚀液都在用。碱性腐蚀液残液处理比较容易这是它的一大优点,而酸性腐蚀液残液处理就比较困难。

碱性腐蚀液的化学反应是

$$Si + 2KOH + H_2O = K_2SiO_3 + 2H_2\uparrow$$

目前已有硅片化学腐蚀的专用设备,能有效控制腐蚀温度,搅拌腐蚀液,硅片可在腐蚀液中转动,腐蚀完以后自动移动到清洗槽冲掉硅片上残留的腐蚀液。

5.2.6 硅片抛光

抛光是硅晶片加工中一项非常关键的工序。目前应用最多的化学机械抛光,是用碱性二氧化硅胶体溶液作为抛光液的抛光方法。其抛光原理很复杂,这里不做详细介绍。其中主要反应是

$$Si + 2NaOH + H_2O = Na_2SiO_3 + 2H_2\uparrow$$
$$Si + 2NaOH + 2H_2O = Na_2SiO_4 + 3H_2\uparrow$$

以上反应表明,在抛光过程中 NaOH 与硅起了化学反应,使硅片表面生成了硅酸钠,通过抛光液中的 SiO_2 胶粒对硅片上产生的硅酸钠进行摩擦除去,露出新的硅表面,再发生生成硅酸钠的反应,如此反复进行,达到除去表面损伤层的目的。这是一个典型的化学机械抛光法。因此,抛光液的 PH 值的精确控制非常重要,一般控制在 9.5~11,当然与温度也有关。一定要控制好表面化学腐蚀与 SiO_2 颗粒磨削作用的匹配,否则腐蚀速度大于研磨速度,表面质量很差,反之抛光研磨速度大于腐蚀速度时,抛光速度很慢。除此之外抛光质量还与抛光垫、抛光铊压力等有关。

5.2.7 化学清洗

在上述一系列加工工艺中,由于物理或化学副作用,硅片表面受到有机物、金属离子、灰尘、颗粒等污染,必须通过清洗除去。利用化学试剂对不同沾污物进行化学反应或溶解作用,配合物理方法,如超声、加热、抽真空等使附在硅片表面的污染物脱附,并且用大量高纯水冲洗去除杂质获得清洁表面达到符合要求的目的。

清洗液的种类很多,在硅片生产中常用的是 Ⅰ、Ⅱ 号洗液(也称为 RCA1 和 RCA2)。它们的配方分别为 Ⅰ 号液 $5H_2O : H_2O_2 : NH_4OH$(体积比)主要用去除有机物、Ⅱ 号液为 $5H_2O : H_2O_2 : HCl$(体积比)主要用来去除金属杂质,可配以超声清洗去除表面颗粒。使用的 H_2O_2 浓度为 30%,盐酸浓度为 37%。 Ⅰ、Ⅱ 号液煮洗温度为 75~85℃,煮洗时间为 10~15min,然后急骤冷却,用流动的高纯水冲洗干净,将晶片迅速干燥,使用或包装待用。

由于半导体技术的发展,生产规模不断扩大,一般清洗片子的方法很难满足大批量生产大直径晶片清洗的要求。现在已经采用自动擦片机和自动清洗机来处理晶片,大大提高清洗效率和质量。

近年来,有人提出一种新的洗晶片的方法,主要过程是:①用 O_3/H_2O(O_3 为 PPM 级)可除去有机物及绝大部分金属离子沾污。②用 HF(< 0.5%) + H_2O_2(< 0.5%) + H_2O + 0.1PPM 的表面活性剂 + 超声可去掉表面上颗粒和所有的金属和氧化物。③用 O_3(约 PPM) + H_2O 洗液,可去掉黏附的化学物质。④用稀 HF(浓度 < 0.5%)清洗,可去掉氧化物。⑤用超高纯水

漂洗。这个方法与常用的方法相比,所用的化学试剂和超纯水不到1%和5%,且操作过程中不产生任何化学反应和污染环境的气体。

化学清洗应在超净间里进行,以保证清洁度。

5.2.8 硅片质量的检测

经过上述一系列工艺加工处理的硅片,质量如何,直接关系到外延生长和器件制作结果。为此,要对加工的硅片质量进行检测,主要按下面三个方面进行。

1. 硅晶片的几何尺寸的检测

对硅抛光片的几何尺寸要求是很严格的。国内外制造硅片的厂家几乎都有自己厂家的衬底标准或国家标准。对硅片检测不但要求精度高,且在检测中对硅片无污染、无损伤,这就促进了无接触检测技术的发展。对硅衬底片各项应检测的指标,普遍使用如下方法。

(1)静电电容法,可测薄层材料的厚度、弯曲度和平整度。如果有标准参考平面还可以测平整度。在测试时应注意这种方法有边缘效应,使用的探头要距边缘3mm,比较典型设备是ADE 6032、6033、6034及由此派生出来的加10和8000系列,其都属于微机控制的综合型全自动测试系统。

(2)涡流法,主要测量硅片的电阻率,依据涡流法制成的无接触硅片电阻率测试仪典型的是ADE 6035。

(3)声波反射法,和电容法一样,不受硅片表面形状影响,可测硅片的厚度、平行度、弯曲度和平整度。

(4)光学干涉法,除测量硅片平整度外,还可以测量硅片的弯曲度等。

2. 硅片表面清洁度的检测

随着硅单晶片加工技术的提高,晶片表面的洁净度的检测方法也发展起来,已有很多自动检测设备出售,如SURFSCAN 160型和400型,是微机控制的激光扫描。160型分辨率达0.3μm,这种系统可以显示硅片的全貌和粒子分布状态。如果将硅片的清洁度分成等级,该系统可自动将抛光片分类。

在大批量生产的情况下,通常采用测量清洗硅片系统中流动的水的电阻率的方法来估测量硅片清洗程度,这种方法就是在硅片清洗槽进水口和出水口处各设一个电阻率传感器,如果进出口水的电阻率相等,并且为18MΩ时,就认为清洗合格,这个方法是工业上常用的方法。

3. 硅抛光片表面缺陷的检测

除了上述检测项目外,抛光片另一项检测项目是表面缺陷。通常分为宏观缺陷和微观缺陷两类。

(1)抛光片宏观缺陷的检测。

宏观缺陷的定义就是用肉眼可见的缺陷。关于它的检测方法和标准,我国执行F523标准,关于这方面的详细情况不做介绍。不过这方面的检测,目前已有专用设备,这种设备通常使用激光扫描法,如前面已提到的SURFSCAN160型仪器就可以进行这种检测。

（2）抛光片的微观缺陷检测。

抛光硅片表面微观损伤不易直接检测，通常使用 OS 法（Oxidation Sirtl Etching）也就是热氧化层错密度检测法。即将抛光硅片进行氧化，然后用 HF 去掉氧化层。用 Sirtl 腐蚀液（亦称铬酸腐蚀液）腐蚀，经纯水漂洗干净后，在显微镜下观察并计算出热氧化层错的密度来判断硅抛光片表面损伤情况。图 5.3 示出（111）面和（100）面热氧化层错的形状，一般是火柴棍状，不同的是不同晶面其分布方式有严格的规律。

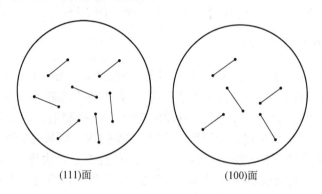

（111）面　　　　　　　　（100）面

图 5.3　氧化层错腐蚀图形

但是 OS 法检测硅抛光片有一定限制，对于重掺硅单晶抛光片不能用这种方法。关于 OS 法检测硅抛光片有关部门也有标准，可参照执行。

5.3　硅的气相外延生长

5.3.1　硅外延生长用的原料

气相硅外延生长是在高温下使挥发性强的硅源与氢气发生反应或热解，生成的硅原子淀积在硅衬底上长成外延层。通常使用的硅源是 SiH_4、SiH_2Cl_2、$SiHCl_3$ 和 $SiCl_4$，它们的基本性质列于表 5.1 中。作为硅源，它们各有优缺点，$SiHCl_3$ 和 $SiCl_4$ 常温下是液体，外延生长温度高，但生长速度快，易纯制，使用安全，所以它们是较通用的硅源。特别是 $SiCl_4$，早期使用的更广泛些，但近来使用 $SiHCl_3$ 和 SiH_2Cl_2 的逐渐多起来。SiH_2Cl_2 在常温下是气体，使用方便并且反应温度低，是近年来逐渐扩大使用的硅源。SiH_4 也是气体，硅烷外延的特点是反应温度低，无腐蚀性气体，可得到杂质分布陡峭的外延层，但它要求生长系统具有良好的气密性，否则会因漏气而产生大量的外延缺陷。另外，SiH_4 在高温和高浓度下易发生气相分解而生成粉末状硅使外延无法进行。

在硅外延中使用的硅衬底是经过切、磨、抛等工艺仔细加工而成的，外延生长前又经过严格的清洗、烘干，但表面上仍残存有损伤、污染物及氧化物等。为了提高外延层的完整性，在外延生长前应在反应室中进行原位化学腐蚀抛光，以获得洁净的硅表面。常用的化学腐蚀剂为干燥的 HCl 或 HBr。在使用 SiH_4 外延生长时，由于 SF_6 具有无毒和非选择、低温腐蚀特点，所以可用它做腐蚀抛光剂。为了控制外延层的电特性，通常使用液相或气相掺杂法。作为 N 型掺杂剂的有 PCl_3、PH_3 和 $AsCl_3$，而作为 P 型掺杂剂的有 BCl_3、BBr_3 和 B_2H_6 等。

表 5.1 常用硅源的特性

性质	硅源			
	$SiCl_4$	$SiHCl_3$	SiH_2Cl_2	SiH_4
常温常压下状态	液体	液体	气体	气体
沸点/℃	57.1	31.7	8.2	−112
分子量	169.9	135.5	101.0	32.1
硅的含率/%	16.5	20.7	27.8	87.5
最佳生长温度/℃	1150~1250	1100~1150	1050~1150	1000~1100
最佳生长速率/(μm/min)	0.4~1.5	0.4~2.0	0.4~3.0	0.2~0.3
最大生长速率/(μm/min)	3~5	5~10	10~15	5~10
在空气中的反应	发烟	发烟	着火	着火
在高温下热分解	小	小	中	大

5.3.2 硅外延生长设备

微课

硅外延生长设备主要由四部分组成,即氢气净化系统、气体输运及控制系统、加热设备和反应室。

根据反应室的结构,硅外延生长系统有水平式和立式两种,前者已很少使用,后者又分为平板式和桶式。立式外延炉,外延生长时基座不断转动,故均匀性好、生产量大。

由于 $SiCl_4$ 等硅源的氢还原及 SiH_4 的热分解反应的 ΔH 为正值,即提高温度有利于硅的

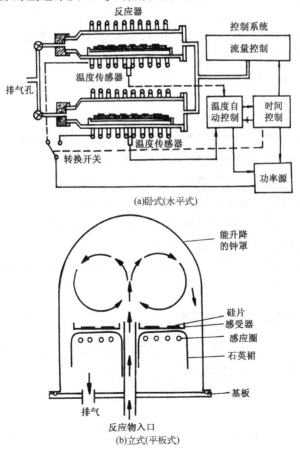

(a)卧式(水平式)

(b)立式(平板式)

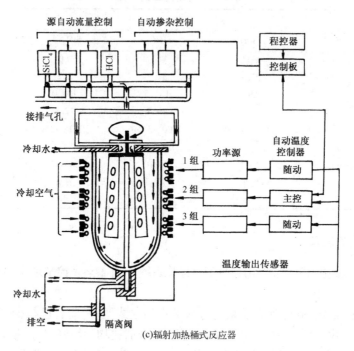

(c)辐射加热桶式反应器

图5.4 常用硅外延反应器

淀积,因此反应器需要加热,加热方式主要有高频感应加热和红外辐射加热。通常在石英或不锈钢反应室内放有高纯石墨制的安放硅衬底的基座,为了保证硅外延层质量,石墨基座表面包覆着 SiC 或沉积多晶硅膜(图5.4)。

5.3.3 硅外延生长基本工艺

硅外延生长按图5.5所示的硅外延生长工艺流程方框图进行,将处理好的硅衬底,放在基座上,封角反应室通高纯 H_2,排除反应室中的空气,然后启动加热系统,调整到所需温度。

反应所需的氢气经净化器提纯(露点 < -68℃),一路直接通入反应室,另一路通入硅源容器,携带硅源入反应室。为了消除衬底表面制备的损伤及除去表面氧化层等,在外延生长前再用干燥的 HCl 或 Br(HBr)在高温下对衬底进行气相抛光处理,然后调整反应室温度至生长温度,并按需要通入硅源和氢气进行硅外延生长。并按实验求得的生长速率和所要求的外延层厚度来确定生长时间。生长结束时,停止通硅源,但继续通氢气并降温至室温,取出外延片进行参数测试。

5.3.4 硅外延生长的基本原理和影响因素

采用不同的硅源其外延生长原理大致相同,这里以研究得较充分的 $SiCl_4$ 为源的水平系统外延生长为例,介绍其生长原理及影响因素。

$SiCl_4$ 氢还原的基本反应

$$SiCl_4 + 2H_2 \Longleftrightarrow Si + 4HCl$$

根据这个基本反应和实验结果表明影响硅外延生长的因素比较多,下面对比较重要的加以介绍。

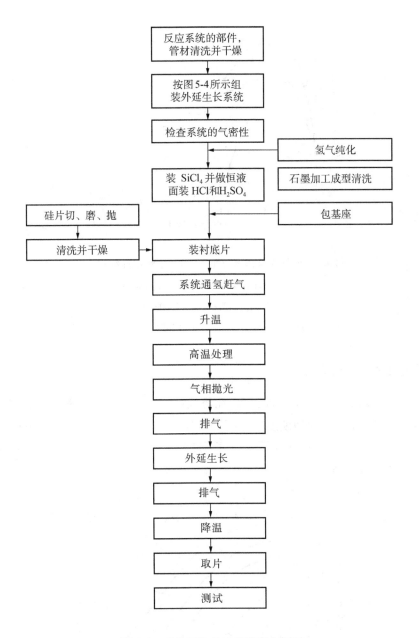

图 5.5　硅外延生长工艺流程方框图

1. SiCl₄ 浓度对生长速率的影响

由理论计算与实验测量的生长速率与输入 SiCl₄ 浓度关系如图 5.6 所示。从图中可看出,随着气相中 SiCl₄ 浓度 X_{SiCl_4} 的增加,生长速度也增大并达到一个最大值。以后由于腐蚀作用增大,生长速率反而降低。这一点实验曲线和理论计算曲线的趋势是一致的,只是最高点的位置和开始产生腐蚀时的 SiCl₄ 浓度有一些差异,热力学计算值比实验值低一些。

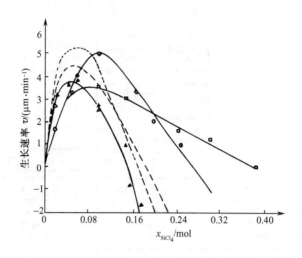

图 5.6　Si 的生长速率与输入的 SiCl₄ 摩尔分数的关系
（计算值与实验值比较）

△——1523K 的实验值；-------1500K 的计算值；

○——1543K 的实验值；– – –1450K 的计算值；□——1423K 的实验值

2. 温度对生长速率的影响

图 5.7 示出 SiCl₄、SiHCl₃、SiH₂Cl₂、SiH₄ 在氢气氛中的外延生长速率与温度的关系。可以看出,当温度较低时,生长速率随温度升高而呈指数变化。在较高温度区,生长速率随温度的变化较平缓,并且晶体完整性较好,但高温生长对抑制自掺杂不利。因此,选择外延生长温度时,必须综合各种影响因素。

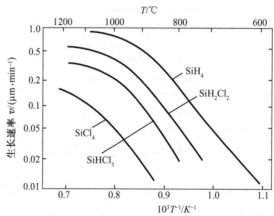

图 5.7　以 SiCl₄、SiHCl₃、SiH₂Cl₂、SiH₄ 为源外延生长
硅的速率与温度的关系

3. 气流速度对生长速率的影响

在反应物浓度和生长温度一定时,水平式反应器中的生长速率基本上与总氢气流速的平

方根成正比。对于立式反应器,在流速较低时生长速度也有与总氢气流速平方根成比例的关系,但流速超过一定值后,生长速率达到稳定的极限值而不再增加,如图 5.8 所示。

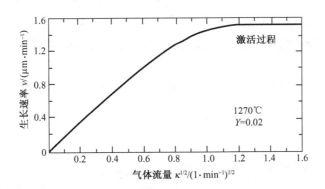

图 5.8　总氢的流量对外延生长速率的影响

4. 衬底晶向的影响

不同晶向的衬底其表面原子晶格排列不同,因此外延生长速率也不相同。在通常的常压外延生长条件下(SiCl$_4$ + H$_2$ 源,生长温度 $T = 1280℃$,SiCl$_4$ 浓度为 0.1%),在〈100〉、〈110〉、〈111〉方向生长速度分别为 1.65μm/min、1.52μm/min 和 1.39μm/min。对于偏离〈111〉晶向不同角度的衬底相应有一个最大允许生长速率(临界生长速率),超过此速率生长外延层时会出现缺陷,如表 5.2 所示。

表 5.2　不同晶向的临界生长速率

衬底取向	〈111〉	偏〈111〉0.5°	偏〈111〉2°
临界生长速率/(μm/min)	1.0 ±25%	1.5 ±25%	3.5 ±25%

5.3.5　硅外延生长动力学过程

因为影响硅外延反应的因素太多,对于 Si—H—Cl 体系动力学问题的确切描述。不论是在理论模型还是数学上到目前为止都不是十分完善。其动力学模型主要有两种,即气-固表面复相化学反应模型和气相均质反应模型。

复相化学反应模型认为硅外延生长过程包括下列步骤:

①反应物气体混合向反应区输运。

②反应物穿过边界层向衬底表面迁移。

③反应物分子被吸附在高温衬底表面上。

④在衬底表面发生化学反应,生成生长晶体的原子和气体副产物,原子在晶体表面移动到达衬底晶面的扭折处,进入晶格格点位置形成晶格点阵,实现晶体生长。

⑤副产物气体从表面脱附并穿过边界层向主气流中扩散。

⑥气体副产物和未反应的反应物,离开反应区被排出系统。

上述过程是依序进行的,而其总的生长速率将由其中最慢的一步决定,这个决定速率的步骤称为速率控制步骤。低温时,在固-气表面上的反应最慢,它决定整个生长过程的速度,这样的过程称为表面反应控制过程或动力学控制过程。在正常条件下,表面反应很快,这时主气流中的反应物以扩散方式输运到表面的过程是最慢的,这样的过程称为质量输运控制过程。

均质反应模型认为,外延生长反应不是在固-气界面上,而是在距衬底表面几微米的空间中发生的。反应生成的原子或原子团再转移到衬底表面上完成晶体生长。在反应物浓度很大,温度较高时有可能在气相中成核并长大。例如,高浓度 SiH_4 高温热分解时就能观察到这种现象。

不论是复相反应还是均质反应,都认为反应物或反应生成物总要通过体系中的边界层而达到衬底表面的,且在理论上和实验上都证明了边界层的存在。

5.3.6　边界层及其特性

流体力学研究表明,当流体以速度 v_0 流过一平板上时,由于流体与平板间的摩擦力,在外

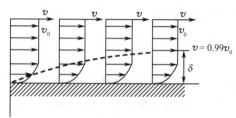

图 5.9　边界层示意图

延的情况下就是气流与基座间的摩擦力,使紧贴基座表面的流体的流速为零,而离开表面时,基座表面的影响逐渐减弱,达到某一距离后,流体仍以速度 v_0 继续向前流动。于是在接近基座表面的流体中就出现一个流体速度受到干扰而变化的薄层,而在此薄层外的流速则不受影响,称此薄层为边界层(亦称附面层或停滞层、滞流层)。在流体力学中规定此薄层厚度是由贴近平板至流速为 $0.99v_0$ 的厚度,以 δ 表示,如图 5.9 所示。

流体力学计算表明,在平板上边界层厚度与流体流速 v_0、流体的黏滞系数 η、流体密度 ρ 和在平板的位置 x 有关:

$$\delta(x) = A\sqrt{\frac{\eta x}{\rho v_0}} = \frac{Ax}{\sqrt{\rho v_0 x/\eta}} = \frac{Ax}{\sqrt{Re}} \tag{5.1}$$

式中,A 为常数;$Re = \rho v_0 x/\eta$,Re 为雷诺数,是一个无量纲数,它表示流体惯性力与黏滞力大小之比。根据 Re 值的大小可以判断系统中流体的状态,当 Re 大于一定值时流体为湍流,而小于某一值时为层流,介于这两个值之间时则湍流和层流两种状态共存。从式(5.1)中可以看出,速度边界层的厚度与流速平方根成反比。

由于边界层内流体的流速很慢,所以反应物在该层内的传输方式与层外情况不同,它主要以扩散方式进行。在远离基座处由输运气流将反应物输入,其浓度是均匀的。它通过扩散传输到衬底表面,发生化学反应,消耗了反应物,其浓度降低,这样在衬底上方反应物的浓度存在着一梯度区域。这样一个具有反应物浓度梯度的薄层称为扩散层或质量边界层(附面层):

$$\delta_c = \frac{\delta(x)}{\sqrt[3]{\eta/\rho D}} = \frac{\delta(x)}{\sqrt[3]{Pr}} = \frac{\sqrt{\frac{\eta x}{\rho v_0}}}{\sqrt[3]{Pr}} \tag{5.2}$$

式中,$Pr = \frac{\eta}{\rho D}$,Pr 为普朗特数,也是一个无量纲数;D 为反应物的扩散系数。对于液体 $Pr > 1$,$\delta_c \ll \delta(x)$。对于气体,$Pr = 0.6 \sim 0.8$,$\delta(x) \leqslant \delta_c$。

同样由热传导的角度来分析,也可以得出在发热的平板上方,气体中也存在着一个温度变化的薄层。在这里,热传递主要靠分子扩散,而不是对流。这个薄层叫做温度边界层(附面

层)δ_T。

$$\delta_\text{T} = 0.958\delta(x)/\sqrt[3]{Pr} \tag{5.3}$$

在通常的水平式反应器中的热基座上方反应物浓度、温度和气流速度的分布剖面如图 5.10 所示。

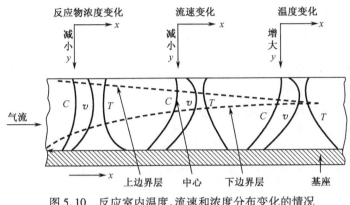

图 5.10　反应室内温度、流速和浓度分布变化的情况

C—浓度剖面　　v—速度剖面　　T—浓度剖面

5.3.7　硅外延生长的动力学模型

关于硅外延生长的动力学的描述,已提出不少模型,在此概要介绍格罗夫(Grove)提出的简单动力学模型和埃威斯登(Everstegn)提出的停滞层模型。前一个模型在解释与质量输运相关的一级表面反应时,简明地阐述了控制外延生长的质量输运和化学反应两者之间的关系,且与实验规律近似,所以常被人们应用。而后者则为较多的实验事实所证明,它虽然对反应物在反应室内流动过程中速度和浓度剖面变化没有完全考虑在内,但在描述硅外延方面已经可以做到半定量的解释。下面分别予以介绍。

1. 格罗夫简单动力学模型

格罗夫提出的简单动力学模型如图 5.11 所示。设输入气流方向垂直于纸面,C_G 和 C_S 分别为主气流中反应物的浓度和生长表面上的反应物的浓度,F_1 表示从主气流流向衬底表面的粒子流密度(单位时间流过单位面积的分子数),F_2 为外延生长反应消耗的反应物粒子密度。

$$F_1 = h_\text{G}(C_\text{G} - C_\text{S}) \tag{5.4}$$

$$F_2 = K_\text{S}C_\text{S} \tag{5.5}$$

式中,h_G 为气相质量转移系数;K_S 为表面反应速率常数。如质量边界层的平均厚度为 δ_c,物料输运是通过扩散方式进行时:

$$F_1 = \frac{D}{\delta_\text{c}}(C_\text{G} - G_\text{S}) \tag{5.6}$$

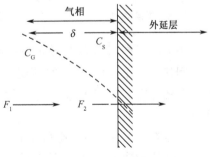

图 5.11　外延生长的简单动力学模型

D 为反应物的扩散系数。

$$h_G = \frac{D}{\delta_c} = \frac{D}{\frac{1}{L}\int_0^L \delta_c(x)\,\mathrm{d}x} = \frac{3}{2}\frac{D}{L}\sqrt[3]{Pr}\sqrt{Re}$$

$$= \frac{3}{2}D\sqrt[3]{Pr}\sqrt{\frac{\rho v_0}{\eta L}} = \frac{3}{2}D^{3/2}\left(\frac{v_0}{L}\right)^{1/2}\left(\frac{\rho}{\eta}\right)^{1/6} \tag{5.7}$$

在稳态时,$F = F_1 = F_2$,则

$$C_S = \frac{C_G}{1 + K_S/h_G} \tag{5.8}$$

式(5.8)表明,当 $h_G \ll K_S$ 时,表面浓度 $C_S \rightarrow 0$,过程受质量输运控制;当 $h_G \gg K_S$ 时,表面浓度 $C_S \rightarrow C_G$,过程受表面反应控制。

设固体材料的原子密度为 N,则生长速率

$$G = \frac{K_S h_G}{h_G + K_S}\frac{C_G}{N} \tag{5.9}$$

若气体每立方厘米的分子总数为 C_T,含有反应物的摩尔分数为 Y,则 $C_G = C_T Y$。

$$G = \frac{K_S h_G}{K_S + h_G}\frac{C_T}{N}Y \tag{5.10}$$

由上式可知:①外延的生长速率与输入气流中的反应物的摩尔分数 Y 成正比。这与反应物浓度较小时实验结果是一致的(图 5.3)。②当 Y 一定,$h_G \gg K_S$,即过程受表面反应控制时,式(5.10)变成 $G = \frac{C_T}{N}K_S Y$。由于 $K_S \propto \exp\left(-\frac{E_a}{kT}\right)$,$E_a$ 为活化能,k 为波兹曼常数,T 为绝对温度。所以生长速率按指数关系变化,这与低温生长时的情况是符合的。③当 $h_G \ll K_S$ 时,过程为质量输运控制,式(5.10)变成 $G = \frac{C_T}{N}h_G Y$,因为式(5.7)中 $D \propto D_0\left(\frac{T_A}{T_0}\right)^\alpha$,$D_0$ 为反应物在室温的扩散系数,T_A 为反应温度,T_0 为室温(绝对温度),α 在 $1.75 \sim 2$ 之间。所以 h_G 随 T 也有一些变化,但比较和缓。这与高温生长时的情况相符。

这个模型比较全面地概述了气相外延生长的动力学问题,简单明了,而且便于计算,因而常为人们所使用。但它没有考虑反应生成物对衬底的腐蚀以及气流状态对生长速率的影响,因而对实际反应体系中生长速率的变化不能做精确的描述。

2. 停滞层模型

埃威斯登利用 TiO_2 烟雾来显示水平外延反应室中的气流状况,发现在基座上方与流动气体间显示一个黑色薄层,在薄层内 TiO_2 粒子几乎不流动,气流速度几乎为零,从而证实了边界层的存在。埃威斯登称此层为停滞层,据此埃威斯登提出一个生长模型,如图 5.12 所示。

图右侧为反应室内流速和温度分布。由图可知,他把气流分成了两个区域,在停滞层 δ 外 $(b-\delta)$ 流体的速度恒为 v_M,温度恒为 T_M,在 δ 层内流体的流速降为零。温度随 y 线性地由 T_M 增加到基座温度 T_S,其关系为 $T(y) = T_S - (T_S - T_M)(b-y)/\delta$。如果以 SiH_4 为反应物,在高温下它到达基座上将立即分解,其浓度降为零,而且生长速率受扩散控制。

若在停滞层之外的对流层中任选一点,在该点单位时间单位面积通过的粒子流为 J,根据连续方程有

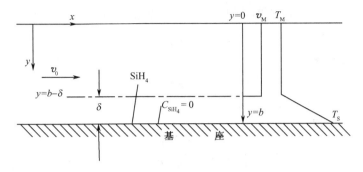

图 5.12 停滞层模型示意图

$$\Delta J + \frac{\partial p}{\partial t} = 0 \tag{5.11}$$

稳态时 $\frac{\partial p}{\partial t} = 0$，考虑二维情况得

$$\frac{\partial J_x(x,y)}{\partial x} + \frac{\partial J_y(x,y)}{\partial y} = 0 \tag{5.12}$$

在对流层中，流体的温度 T、密度 n、SiH_4 的分压 p、流速 v_M 都是均匀的，所以 $J_x(x,y)$ 不是 y 的函数，只是 x 的函数。

在停滞层中，由停滞层顶部到衬底表面的物质输运是扩散过程，可用方程

$$J_y(x) = -D \frac{\partial n(x,y)}{\partial y} \tag{5.13}$$

来描述。而 $D = D_0 \left(\frac{T}{T_0}\right)^\alpha$，令 $\alpha = 2$，另一方面 SiH_4 是高度稀释的，它可以看成是理想气体，故

$$J_y(x) = -D_0 \left(\frac{T}{T_0}\right)^2 \frac{\partial n}{\partial T}\frac{\partial T}{\partial y}$$

$$= -D_0 \left(\frac{T}{T_0}\right)^2 \left(\frac{T_S - T_M}{\delta}\right) \frac{\partial \frac{P}{T}}{\partial T} \frac{1}{k}$$

整理后得

$$\frac{J_y(x) k\delta T_0^2}{D_0(T_S - T_M)} dT = p dT - T dp \tag{5.14}$$

$$\int_{T_S}^{T_M} \frac{J_y(x) k\delta T_0^2}{D_0(T_S - T_M)} dT = \int_{T_S}^{T_M} p dT - \int_0^{p(x)} T dp \tag{5.14}$$

$$p(x) = \frac{J_y(x) k\delta T_0^2}{D_0 T_S} \tag{5.15}$$

在对流层与停滞层的交界处，y 方向的分子数为 $\frac{pV_m}{kT}$，$V_m = (b-\delta)v$，v 为基座上方的气体流速，单位时间通过单位面积的分子流

$$J_y(x) = -\frac{(b-\delta)v}{kT}\frac{\partial p(x)}{\partial x} \tag{5.16}$$

· 111 ·

由理想气体知 $\dfrac{V_0}{V_m} = \dfrac{T_0}{T_m}$，$V_0 \approx bv_0$ 为单位时间内在温度为室温时输入气体的体积。由此可得

$$v = v_0 b T_M / (b - \delta) T_0 \tag{5.17}$$

将式(5.17)代入式(5.16)，得

$$J_y(x) = -\frac{v_0 b}{kT_0}\frac{\partial}{\partial x}p(x) \tag{5.18}$$

将式(5.15)代入式(5.18)，得

$$\frac{\partial}{\partial x}J_y(x) + \frac{D_0 T_S J_y(x)}{bv_0 T_0 \delta} = 0 \tag{5.19}$$

当 $x = 0$ 时，$p(0) = \dfrac{J_y(0)kT_0^2\delta}{D_0 T_S}$，可求积分常数得

$$J_y(x) = \frac{p_0 D_0 T_S}{kT_0^2\delta}\exp\left(-\frac{D_0 T_S x}{T_0 v_0 b\delta}\right) \tag{5.20}$$

这就是 SiH_4 在停滞层中沿 y 方向的分子流密度，如果它全部转化成 Si 原子并生长在衬底上，则可计算出生长速率 $G(\mu m/min)$。

$$G = 7.23 \times 10^6 \frac{p_0 T_S D_0}{RT_0^2\delta}\exp\left(-\frac{D_0 T_S x}{bv_0\delta T_0}\right) \tag{5.21}$$

式中，D_0 为 300K 时 SiH_4 在氢中的扩散系数（$D_0 = 0.2 cm^2/s$）；T_S 为衬底温度；$T_0 = 300K$；p_0 为 SiH_4 分压；v_0 为输入反应室中气流平均速度（cm/s）；R 是气体常数；b 是从基座表面到反应室上壁的自由高度。

由式(5.21)可以看出：①外延生长速率 G 与反应物的分压 p_0 成正比。当 p_0 增加时，生长速率增大。②生长速率与沿基座的距离 x 有关，这主要是因为反应物的浓度随距离 x 增大而降低。③增加流速可以使生长速度增加，因 δ 与 $\dfrac{1}{\sqrt{v_0}}$ 成比例。当 v_0 增大时，δ 变薄，G 增加。

为了使基座上所有的衬底都能均匀淀积，埃威斯登提出将基座倾斜一个小的角度，由于倾斜的基座其后部使反应室的截面变小。v 增加，δ 将随基座距离 x 的增大而逐渐减薄，如图5.13所示。图中 φ 为基座的倾斜角；$\delta(0)$ 为基座头部的停滞层厚度；$\delta(x)$ 为距基座头部 x 处的停滞层厚度；b 为基座头部上方的自由高度；$v(x)$ 为主气流中气流的线速度。应用类似的假定，可得出基座倾斜时生长速率为

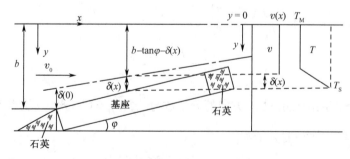

图5.13　基座的倾斜角为 φ 时的滞流层模型

$$G(x) = 7.23 \times 10^6 \frac{D_0 T_S p_0}{RT_0^2 \delta(x)} \exp\left\{ -\frac{2D_0 T_S T_m}{4g T_0^2 \tan\varphi} \times \left[\delta(0) - \delta(x) + 0.2\ln\frac{\delta(0)}{\delta(x)} \right] \right\} \quad (5.22)$$

当 $\varphi = 2.9°$，计算和实验结果表明，在气流速度较低时，生长速率仍然沿基座长度方向降低，如气流速度适当，在基座 80% 的位置上生长速率波动小于 2%。

除了 SiH_4 外，其他硅源的外延生长也可用停滞层模型来描述，但其扩散系数

$$D_0(SiH_4) > D_0(SiH_2Cl_2) > D_0(SiHCl_3) > D_0(SiCl_4)$$

故基座的倾斜角 φ 也应不同，有

$$\tan\varphi_{(SiH_4)} > \tan\varphi_{(SiH_2Cl_2)} > \tan\varphi_{(SiHCl_3)} > \tan\varphi_{(SiCl_4)}$$

除了圆形水平反应管外，目前生产中常用矩形反应管。矩形管在装片量和直径相同的情况下，其横截面显著变小，在输入相同的气体流量时，管内气流的线速度将增大，气流呈层流，外延层的均匀性变好。

5.4 硅外延层电阻率的控制

不同器件对外延层的电参数要求是不同的。例如，功率器件要求外延层电阻率为 $1 \sim 10\Omega \cdot cm$，数字集成电路则要求 $0.2 \sim 0.5\Omega \cdot cm$。这就需要在外延生长过程中，精确控制外延层中的杂质浓度和分布来解决。

5.4.1 外延层中的杂质及掺杂

1. 外延层中的杂质

外延层中杂质的来源是多方面的，其总的载流子浓度 $N_总$ 可表示为

$$N_总 = N_{衬底} \pm N_{气} \pm N_{邻片} \pm N_{扩散} \pm N_{基座} \pm N_{系统}$$

式中，$N_{衬底}$ 为由衬底中挥发出来的杂质在外延生长时掺入外延层中的杂质浓度分量；$N_{气}$ 为外延层中来自混合气体的杂质浓度分量；$N_{邻片}$ 为外延层中来自相邻衬底的杂质浓度分量；$N_{扩散}$ 为衬底中杂质经过固相扩散进入外延层中的杂质浓度分量；$N_{基座}$ 为来自基座的杂质浓度分量；$N_{系统}$ 为来自除上述因素以外整个生长系统引入的杂质浓度分量。

式中的正负号由杂质类型决定，与衬底中杂质同类型者取正号，与衬底中杂质反型者取负号。$N_{气}$、$N_{基座}$、$N_{系统}$ 由于杂质不是来源于衬底片故被称为外掺杂。$N_{系统}$ 主要与系统的清洁度有关，$N_{基座}$ 主要与基座的纯度有关，而 $N_{气}$ 主要由掺杂决定，如果清洁处理良好，并采用高纯的基座，则外掺杂主要由人为的掺杂条件来决定。

$N_{扩散}$、$N_{衬底}$、$N_{邻片}$ 的杂质来源于衬底片，所以又通称为自掺杂。尽管外延层中的杂质来源于各方面，但决定外延层电阻率的主要因素还是人为控制的掺杂剂的多少；即 $N_{气}$ 起主导作用（不掺杂的高阻外延层，如生长很薄，主要由自掺杂决定，如生长很厚应由 $SiCl_4$ 源的纯度决定）。其他杂质分量因变化多端，它们会干扰外延层电阻率的精确控制，所以在外延时应采取各种办法来抑制它们，或减少其影响。

2. 外延生长的掺杂

外延用 PCl_3、$AsCl_3$、$SbCl_3$ 和 AsH_3 做 N 型掺杂剂，用 BCl_3、BBr_3、B_2H_6 做 P 型掺杂剂。

以 $SiCl_4$ 为源，用卤化物掺杂剂时，使用两个 $SiCl_4$ 挥发器。一个装含掺杂剂量为 $SiCl_4$ 量

的 $1/10^4 \sim 1/10^5$ 的 $SiCl_4$，另一个装纯 $SiCl_4$。掺杂生长时，调节通过两个挥发器的氢气流量和挥发器的温度，就可以灵活地控制外延片的电阻率。

对于 AsH_3、B_2H_6 这类氢化物掺杂剂，常用纯 H_2 将它们稀释后装入钢瓶中，控制它和通过 $SiCl_4$ 挥发器的 H_2 流量来调整外延层的电阻率。这是目前应用比较广泛的掺杂方法。

以 SiH_4 为源，其掺杂剂使用的是 AsH_3、B_2H_6。

生长高阻 P 型硅外延层时，常用低阻 P 型衬底的自掺杂效应来实现掺杂。

5.4.2　外延中杂质的再分布

在外延生长中，外延层含有和衬底中的杂质不同类型的杂质，或者是同一种类型的杂质，但其浓度不同。通常希望外延层和衬底之间界面处的掺杂浓度梯度很陡，但外延生长是在高温下进行的，衬底中的杂质会扩散进入外延层，致使外延层和衬底之间界面处的杂质浓度梯度变平，图5.14示出了外延层-衬底界面杂质分布。图中 $N_1(x,t)$ 曲线表示由重掺杂衬底扩散造成的杂质浓度分布，而 $N_2(x,t)$ 表示在外延生长时由外部掺入的杂质浓度分布曲线。总的杂质浓度，在二者杂质类型相同时为其和，二者类型相反时为其差。

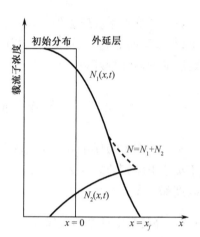

图 5.14　N^+ 衬底外延 N 型层时杂质浓度分布

$$N(x,t) = N_1(x,t) \pm N_2(x,t) \qquad (5.23)$$

在外延生长时，生长速度比杂质扩散大得多，因此就外延层厚度与杂质从衬底中外扩散的长度相比，始终可以看成是无限厚的。这时衬底中杂质在外延层中的分布相当于一个恒定界面浓度杂质源的余误差分布函数。由图 5.14 可知，只是在 $N_1(x,t)$ 和 $N_2(x,t)$ 曲线相交点附近，才能用两项和表示杂质分布。其他区域由于两者相差太大，总的杂质分布则可用其中浓度大的一项表示。

5.4.3　外延层生长中的自掺杂

如果外延生长只有衬底杂质向外延层的外扩散，则外延层中杂质的纵向分布具有图5.14所示的分布。实际上，外延层中的杂质分布要平坦得多，这表明进入外延层的杂质要比固态扩散进入的大，这一部分杂质是衬底中的杂质进入气相中再掺入外延层造成的，通常称为自掺杂效应。

对于自掺杂效应已进行了大量的研究工作，提出了很多的模型。

（1）在外延前热处理过程中，衬底中的杂质由正面和背面以元素形式蒸发进入气相中，这些杂质一部分在停滞层贮存，并沿气流方向作扩散，然后在外延生长时又掺入生长层中。当外延生长开始后，衬底正面的杂质蒸发受到抑制，引起自掺杂的杂质主要由衬底内扩散到背面，以元素形式蒸发而来。这种模型称为衬底背面自掺杂模型。动力学研究表明，对于开始气相杂质浓度为零时，杂质从硅表面蒸发速度方程解为

$$v = C_{衬} K\exp\left[K \sqrt{\frac{t}{D}} \right]^2 \mathrm{erfc}\left[K \sqrt{\frac{t}{D}} \right] \qquad (5.24)$$

式中，$C_{衬}$ 为衬底中原来杂质浓度；K 为杂质从硅表面蒸发速度常数；D 为杂质在硅中的扩散系数；t 为过程进行的时间。由式(5.24)可见，杂质从衬底背面蒸发速度取决于杂质的蒸发速度

常数和在硅中的固态扩散系数,并且与过程进行的时间有关。当 $K\sqrt{\dfrac{t}{D}} < 0.1$ 时,

$\exp\left[K\sqrt{\dfrac{t}{D}}\right]^2 \mathrm{erfc}\left[K\sqrt{\dfrac{t}{D}}\right] = 1$,则

$$v = C_{衬}K \tag{5.25}$$

这时蒸发速度正比于蒸发常数,而与 D 值和时间 t 无关。在外延生长过程最初阶段(t 很小),或因蒸发速度常数 K 很小或扩散系数 D 很大都可使得 $K\sqrt{\dfrac{t}{D}} < 0.1$,从式(5.25)可以看出这时由于过程时间很短,或蒸发很慢,或扩散很快等原因,使得硅表面实际上保持固定的 $C_{衬}$,所以蒸发速度也是固定的。当 $K\sqrt{\dfrac{t}{D}} \gg 0.1$ 时,式(5.24)可简化为

$$v = C_{衬}\left(\dfrac{D}{\pi t^{1/2}}\right)$$

当 K 很大或 K 不大,但时间很长,都可使 $K\sqrt{\dfrac{t}{D}} \gg 0.1$。这时蒸发速度与扩散系数成正比,而与 K 值无关。而杂质由体内向背面(表面)的扩散控制了过程的速度。背面表面杂质浓度大大低于内部 $C_{衬}$,在衬底背面形成一个杂质耗尽层,并随时间 t 的增长,过程速度将进一步降低。图 5.15 示出了不同 D、K 值时,杂质外迁移的速度 v 与时间 t 的关系。

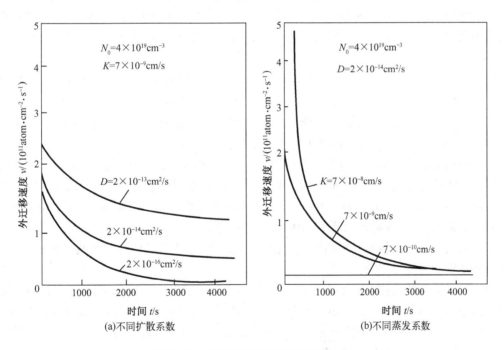

(a)不同扩散系数   (b)不同蒸发系数

图 5.15　杂质外迁移速度与时间的关系

由图可见,在相同的 K 值不同的 D 值时,开始时挥发速度相同,但很短时间以后曲线就分离了,这表明过程的速度由初始的表面蒸发控制变成杂质固态扩散控制。在相同的 D 值而不同的 K 值时,开始挥发速度就不同(表面蒸发控制),但经过一段时间后 K 值不同的两条曲线趋于重合,这表明固态扩散控制了过程速度。而 K 值很小(如 $K = 7 \times 10^{-10}\,\mathrm{cm/s}$)时挥发速度

几乎不随时间变化,表明这种情况下过程速度始终由表面蒸发控制。表面附近硅中没有形成杂质的耗尽层。

(2) 如果使用卤化物硅源外延生长,由于会发生腐蚀反应,衬底中的杂质会生成相应的卤化物进入停滞层中,然后一部分被还原掺入外延层。

$$X(Si) + 3HCl \Longrightarrow XCl_3 + \frac{3}{2}H_2$$

(3) 除了上面的因素外,由基座、反应室、气流系统的污染也能造成自掺杂。例如在加热时,衬底中的杂质(如硼)会输运和淀积到基座上,这些污染的基座就可以作为以后外延生长的自掺杂源。这一原理目前在有的工厂生产 P 型高阻外延片时还常常加以应用。

由衬底转移到气相中的杂质,大部分被主气流带走,只有很小部分结合进外延层中,这个比例的典型数据为 0.3% ~ 0.9%。

自掺杂的存在会使外延层电阻率的控制受到干扰,使衬底外延层界面处杂质分布变缓,造成器件特性偏离,可靠性降低,妨碍双极型集成电路提高速度和微波器件提高频率。

在带有埋层的衬底片中,自掺杂可分为两类,在埋层上面的自掺杂称为纵向自掺杂。而在埋层区周围的外延层的自掺杂称为横向自掺杂。由于引起自掺杂的杂质在停滞层扩散,在气流上方片子蒸发出来的杂质可以扩散到气流下方片子表面附近,从而加重了下方自掺杂,这种相邻片子自掺杂的影响又称为邻片效应。

目前抑制自掺杂有两种途径,一是尽量减少杂质由衬底逸出,它包括以下方法。

(1) 使用蒸发速度较小的杂质做衬底和埋层中的杂质。如砷和锑在 1200℃ 下在硅中扩散系数 D 相近($2.5 \times 10^{-12} cm^2/s$),但蒸发速率常数 K 却有较大的差别,$K_{As} = 7 \times 10^{-9}$,$K_{Sb} < 1 \times 10^{-10} cm/s$。

Sb 属于蒸发速度较小的杂质,其表面蒸发速度不随时间而变化($v = C_{衬} K$,若 $C_{衬} = 4 \times 10^{19} cm^{-3}$,$v = 4 \times 10^9 cm^{-2} \cdot s^{-1}$),而 As 在衬底浓度相同条件下,即使蒸发 1000s 后,仍保持 $8 \times 10^{10} cm^{-2} \cdot s^{-1}$ 的蒸发速度。显然使用掺 Sb 的衬底可使自掺杂减少一个数量级,但 Sb 在硅中溶解度小,对进一步降低衬底和埋层的电阻率受到限制。

(2) 外延生长前高温加热衬底,使硅衬底表面附近形成一杂质耗尽层,再外延时杂质逸出速度减少可降低自掺杂,对于掺 As 衬底,在 1050℃ 下加热一段时间后,背面蒸发速度可由 $2.4 \times 10^{12} cm^{-2} \cdot s^{-1}$ 降至 $7 \times 10^{10} cm^{-2} \cdot s^{-1}$(如该衬底先在 1200℃ 加热 20min,再在 1050℃ 下加热 10min 后外延,As 的蒸发速率降至 $1 \times 10^{10} cm^{-2} \cdot s^{-1}$)。

(3) 采用背面封闭技术,即将背面预先生长高纯 SiO_2 或多晶硅封闭后再外延,可抑制背面杂质的蒸发而降低自掺杂。

(4) 采用低温外延技术和不含有卤原子的硅源。如使用 SiH_4 源,可把外延生长温度降至 1050℃,如用 He 气代替 H_2 携带 SiH_4 可将生长温度降至 800℃,而且它没有腐蚀性,但 SiH_4 有毒,易燃,反应管需水冷,淀积速率也不高。因此,人们采用 SiH_2Cl_2 作硅源。SiH_2Cl_2 的性质介于 $SiCl_4$ 和 SiH_4 之间,在高温下可热分解:

$$SiH_2Cl_2 \Longrightarrow Si + 2HCl$$

它也有副反应

$$Si + 2HCl \Longrightarrow SiCl_2 + H_2$$
$$Si + 3HCl \Longrightarrow SiHCl_3 + H_2$$
$$Si + 4HCl \Longrightarrow SiCl_4 + 2H_2$$

如果使用氢气作载气,上列的副反应受到抑制,使主反应占优势,从而可得较高的硅的转换率。使用 SiH_2Cl_2 可降低外延生长温度至 $1050 \sim 1100℃$(比 $SiCl_4$ 源降低 $100℃$)。另外,淀积速率的温度系数较 $SiCl_4$-H_2 体系小,有利于排除因基座温度不均匀和波动造成外延生长速率的波动,提高外延层的径向均匀性,因此它是一种比较好、逐渐扩大应用的硅源。

(5)采用二段外延生长技术。高桥等人认为在外延生长前,衬底在高温下蒸发出来的杂质进入气相后,并不立即流出,而是贮存在停滞层中,并且达到一个杂质浓度的稳定状态,即形成一定的杂质分压。根据这一基本思想,高桥等提出了两段外延生长方法,即在外延开始时只生长一段很短的时间,这时外延层已把衬底轻微覆盖,虽然这时有自掺杂效应,但却有效地阻止了衬底杂质进一步继续从衬底表面逸出。在第一段生长后停止供源,只通氢气驱除贮存在停滞层中的杂质,而外延层中的杂质也会蒸发一部分,到一定时间之后,停滞层中杂质被排尽,再开始第二段的生长,直到外延层达到预定厚度。这样由于自掺杂量减少,从而使在外延层-衬底界面处的杂质分布就会变陡,使杂质浓度过渡区变窄。

抑制自掺杂的另一个途径是使已蒸发到气相中的杂质尽量不再让它们进入外延层而采用减压生长技术。

减压外延是在 $1.3 \times 10^3 \sim 2 \times 10^4 Pa$ 的压力下进行,在低压下气体分子的密度变稀,分子的平均自由程增大,因而杂质在气相中的扩散速度增大。当压力由 $1 \times 10^5 Pa$ 降至 $1.3 \times 10^2 Pa$ 左右时,扩散系数增加几百倍,但压力的变化也会使停滞层厚度增大 $3 \sim 10$ 倍,这两种效应综合起来,还是对杂质的扩散有利,大约增大了一个数量级。这样由衬底蒸发出来的杂质大部分被抽走,自掺杂受到了很好的抑制,可得到陡的杂质分布,并且还使外延片的均匀性得到提高,因此这种生长技术发展很快。

5.4.4 外延层的夹层

外延层的夹层指的是外延层和衬底界面附近出现的高阻层或反型层。它可以分为两种类型:一种在检测时导电类型混乱,击穿图形异常,用磨角染色法观察,界面不清晰;另一种是导电类型异常,染色观察会看到一条清晰的带。

夹层产生的原因也有两种。对于第一种夹层情况认为是 P 型杂质沾污,造成 N 型外延层被高度补偿。P 型杂质的主要来源是 $SiCl_4$、金刚砂磨料、基座和系统的沾污,只要提高 $SiCl_4$ 纯度及做好外延前清洁处理就可以解决。第二种情况是由衬底引起的。当衬底中基硼的含量大于 3×10^{16} cm^{-3} 时,外延层中就容易出现夹层。这主要是高温下,硼在硅中的扩散比锑快(图 5.16),结果硼扩散到外延层中补偿了 N 型杂质,形成了一个高阻层或反型层。有时外延生长温度低,时间短,外延生长时硼的外扩散还没有明显表现出来,但在器件工艺,如氧化、扩散等高温过程中,硼继续扩散到外延层内补偿 N 型杂质而出现夹层。为了防止夹层的出现,一是提高重掺单晶质量,绝不能用复拉料或反型拉料重掺单晶,二是在工艺中防

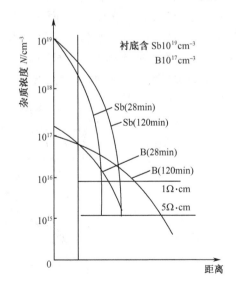

图 5.16 锑、硼扩散情况比较

止引入 P 型杂质,降低单晶中 B 的含量。另外,可在外延生长时先长一层 N 型低阻层(如0.1 Ω·cm)作为过渡层,也可以控制夹层,但这不是根本办法。目前由于硅单晶质量和外延生长技术水平的提高,夹层已很少出现。

5.5　硅外延层的缺陷

在外延片中存在着各种缺陷,通常把它们分成两类:一类是表面缺陷或称宏观缺陷,如云雾、划道、亮点、塌边、角锥、滑移线等。另一类是内部结构缺陷或称微观缺陷,其中主要有层错、位错等。目前对它们的认识和研究有的比较清楚,有的还不很清楚。下面分别加以介绍。

5.5.1　外延片的表面缺陷

表面缺陷根据其形状、尺寸、构造、成因不同可分为许多种,名称也不统一,现将几种常见的缺陷介绍如下。

1. 云雾状表面

外延片表面呈乳白色条纹,通常在光亮处用肉眼即可看到。一般认为它是由于氢气纯度低,含 H_2O 过多,或气相抛光浓度过大,生长温度太低等引起的。

2. 角锥体

角锥体又称三角锥或乳突,它还有不同的变体,如星形结构等。它们的形状像沙丘,用肉眼就可看见。对于角锥产生的原因有不同的看法。有人认为它是衬底表面的杂质或由系统引入的外来杂质使外延层产生孪晶形成的孪晶层。也有人认为是 CH_4 或石墨基座、系统引起碳输运反应,在硅片表面上形成 α-SiC 颗粒造成角锥的核心。另外还发现,角锥的形成与衬底晶向、生长速度和生长温度有关。如果外延生长的速度超过了该晶向的临界生长速度,就容易出现角锥。正(111)面及偏离(111)面 0.5° 以内的其他晶面,其临界生长速度都很低(表5.2),所以它们易生成角锥体。从微观来看,外延生长过程可看成在表面发生反应与硅原子淀积在衬底上两个阶段。前者称为反应过程,它不受或很少受衬底晶向影响,后者称淀积过程,它与衬底晶向有关(图5.17)。衬底表面虽经过仔细加工,但仍然有微小的局部不均匀,这些区域

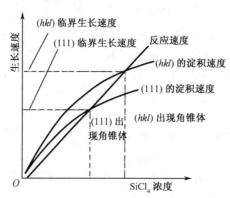

图5.17　晶向与临界生长速度的关系

与整个晶向发生偏离。如果整个生长受反应速度控制，则生长过程与晶向无关，得到的是光亮的晶体。如反应物浓度较大，反应速度很快，生长速度受淀积速度控制时，则在偏离(111)的微区，生长速度比起整个生长表面速度要快，结果形成了晶向突起，这就是角锥体(图5.18)。为了防止角锥体的产生，目前采取的措施是：①选择与(111)面朝⟨110⟩偏离3～4°的晶向切片，提高临界生长速度；②降低生长速度；③防止尘埃及碳化物沾污，注意清洁等。

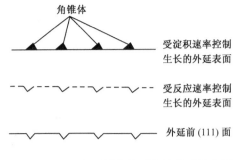

图5.18　(111)面衬底外延生长前后的表面

3. 亮点

外形为乌黑发亮的小圆点，在40～60倍显微镜下呈发亮的小突起，较大者为多晶点。细小的亮点多半由衬底抛光不充分或清洗不干净造成，大亮点可因系统沾污，反应室硅粉、SiO_2粒脱落而引起，气相抛光不当择优腐蚀，或衬底装入反应室前表面有飘落的灰尘等都会生成多晶点。

4. 塌边

塌边又叫取向平面，它是外延生长后在片子边缘部分比中间部分低形成一圈或一部分宽1～2mm左右的斜平面。它是无缺陷的完整的(111)面。造成塌边的原因是衬底加工时造成片边磨损偏离衬底片晶向，如倾斜面为(111)面，在外延时它会扩展而长成(111)取向小平面。

5. 划痕

一般由机械损伤引起，用铬酸腐蚀液(也就是Sirtl腐蚀液)腐蚀时在其两旁会出现成行排列的层错。另外如系统不洁净带入一些圆球形杂质。它们滚落到生长表面上也会形成有头有尾的划痕。

6. 星形线(滑移线)

在外延层表面出现平行的或顺⟨110⟩方向伸展的线条，高低不平肉眼可见。经铬酸腐蚀液腐蚀后在线的一侧出现位错排，它的起因与硅片在加热过程中受到的热应力有关，当硅片上有某些机械损伤(如边缘破损)，应力集中在滑移面上，在⟨110⟩方向出现直线缺陷，滑移面两侧的晶体发生相互滑移。反应温度越高，热应力越大，就越容易产生滑移线，甚至出现星形形状。通常采用衬底边缘倒角的办法来消除。

5.5.2　外延层的内部缺陷

1. 层错

在硅外延生长时，外延层常常含有大量的层错，用铬酸腐蚀液对外延片腐蚀后用金相显微镜观察其形貌，对于(111)面，外延层层错形貌分为单线、开口、正三角形、套叠三角形和其他组态，如图5.19所示，其可能结构如表5.3所示。

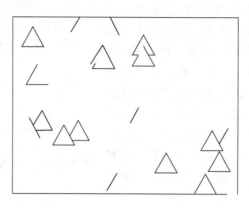

图5.19 (111)面外延层中常见的层错形貌

表5.3 硅(111)面上外延层错的结构

层错	形式	层错边界位错类型	柏氏矢量
$A \rule{1cm}{0.4pt} B$	线形	在 A、B 处有两个不全位错	$\dfrac{a}{6}\langle 112 \rangle$
$\triangle ABC$	成60°的开口三角形	在 A、B 处有两个不全位错,而在 C 处有一个梯杆位错	$\dfrac{a}{6}\langle 112 \rangle$ $\dfrac{a}{6}\langle 110 \rangle$
$\triangle ABC$	成60°的闭合三角形	在 A、B、C 三处有三个梯杆位错	$\dfrac{a}{6}\langle 110 \rangle$
多弯梯形	成60°的多弯式梯形	在每个转弯处有一个梯杆位错	$\dfrac{a}{6}\langle 110 \rangle$

由外延层的横截面可以看出大多数层错核产生在衬底-外延层交界处,它们沿(111)面传播,并随外延层的长厚而增大。如果(111)面外延层错的边长为 l,则根据几何学关系,可求出外延层的厚 $d = 0.816l$(图 5.20)。这个关系式在生产上可用来做外延层厚度的估算。

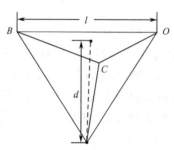

图5.20 层错法测(111)面上外延层厚度原理示意图

实验表明,外延层衬底表面的机械损伤,表面沾污,微氧化斑和掩埋扩散的小合金点都可成为层错的成核源。此外,衬底中高密度的浅平坑和蝶形蚀斑也可成为层错成核源,当衬底与外延层间存在着较大的杂质浓度梯度时,它的错配应力也能引入层错。因此掺杂量(如 B)越高,无层错的生长就越困难。这些原因生成的层错源多在衬底-外延层界面,形成△和 V 型(111 晶面),也可能形成直线形层错。如在外延时引入杂质聚集的局部应力处成核,它们的长度可能不同。

目前消除层错的办法如下。

(1)仔细制备衬底,应无划痕、亮点,表面清洁光亮,反应系统要严格清洗、密封不漏气。

(2)外延前用 HCl, Br_2 等进行气相抛光除去衬底表面残留的损伤层。可使层错密度减少

到 $10^2 cm^{-2}$ 以下。这是消除层错最有效的方法。

（3）衬底外延前热处理，有人发现在外延前 1210℃，H_2 气氛下处理 15min，可使层错密度由 $10^5 cm^{-2}$ 下降到 $10^2 cm^{-2}$。外延后，在 450℃ 处理，层错开始消除，在 600℃ 以上处理几分钟可以消除 70% ~90% 的层错，但仍有 10% ~30% 的层错不能消除。

2. 位错

在经过良好退火和清洁处理的衬底上用正常方法生长的外延层中，位错密度大致与衬底的位错密度相近或稍少一些。因此证明，外延层中的位错主要是由原衬底位错延伸引入的。由于衬底边缘的位错可能延伸至边界消除，所以外延层的位错有可能少于衬底。但是如果基座上温度分布不好，片子直径又大，由于贴着基座的一面温度高，片子内将形成一个温度梯度，使片子翘曲成碟状。如翘曲的曲率半径为 R，则产生的位错密度为 $N_D = \dfrac{1}{Rb}$。b 为硅的特征柏氏矢量。位错密度与温度梯度的关系为

$$N_D = \frac{a}{b} \frac{\partial T}{\partial r}$$

a 为热膨胀系数。因此设计好基座，可以使片子内温度梯度减小（<4.5℃/cm）或应用红外辐射加热技术使片子和基座受热均匀，可克服这个原因引入的位错。产生位错的另一个原因是掺杂或异质外延时，由于异类原子间原子半径的差异或两种材料晶格参数差异引入内应力。例如，在 Si 中 B、P 等原子共价半径比 Si 小，当它们占据 Si 位置时，Si 的点阵会发生收缩，反之，Al、Sb、Sn 的共价半径比 Si 大，它们替代 Si 后会使硅点阵扩张。如在掺 B 的 Si 衬底上生长掺 P 的硅外延层时，这种晶格点阵的失配会使外延片呈现弯曲。当弯曲程度超过弹性范围，为缓和内应力就会出现位错，称之为失配位错。

为了消除这种应力，目前采用应力补偿法，即在外延或扩散时，同时引入两种杂质。如 P 和 Sn，它们因原子半径不同而产生的应变正好相反。当这两种杂质原子掺入的比例适当时，可以使应力互相得到补偿，减少或避免发生晶格畸变。图 5.21 示出了 Si 外延层中掺

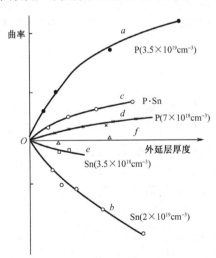

图 5.21　单、双掺杂时外延层曲率与厚度关系比较

a—P($3.5 \times 10^{19} cm^{-3}$)；$b$—Sn($2 \times 10^{19} cm^{-3}$)；$c$—P·Sn；$d$—P($7 \times 10^{18} cm^{-3}$)；$e$—Sn($3.5 \times 10^{18} cm^{-3}$)；

f—P·Sn(与外延层厚度坐标重合)

单、双杂质时,外延层的曲率与厚度的关系。可以看出当使用 P 和 Sn 双掺杂源,其浓度分别为 $7 \times 10^{18} \mathrm{cm}^{-3}$ 和 $3.5 \times 10^{18} \mathrm{cm}^{-3}$ 时,片子基本上不弯曲,从而消除失配位错的产生。这种方法称为"双掺杂技术"。

5.5.3 微缺陷

硅外延层中除了层错与位错外,尚有经铬酸腐蚀液腐蚀后呈现浅三角坑或丘状物的缺陷,宏观看是一种"雾状"或"渍状"。它们是由多种杂质沾污引起的,其中以 Fe、Ni 等影响最大。当 Fe 的浓度达到 $10^{15} \mathrm{cm}^{-3}$ 时,就明显地产生这种云雾状缺陷,它们对器件特性影响很大。为了消除材料或器件中有害杂质或微缺陷,除在工艺中注意基座及工具的清洁处理外,广泛应用"吸杂技术",即将衬底背面打毛或用离子注入造成损伤,或生长 Si_3N_4、高缺陷密度的单晶层,多晶层等。这些高缺陷层中的位错可与杂质作用形成柯垂耳气团,吸收有害杂质,结果使外延层中有害杂质和微缺陷减少,器件的成品率得到提高,电学参数大大改善。

5.6　硅的异质外延

随着大规模、超大规模集成电路的进展,外延技术的应用越来越广泛,除了在硅衬底上进行硅的同质外延之外,还发展了在蓝宝石、尖晶石衬底上进行硅的"SOS"外延生长和在绝缘衬底上进行硅的"SOI"异质外延。在本节简要地介绍这两种技术和 SiGe/Si。

微课

5.6.1　SOS 技术

SOS 是"silicon on sapphire"和"silicon on spinel"的缩写,也就是在蓝宝石或尖晶石衬底上外延生长硅。

蓝宝石(α-Al_2O_3)和尖晶石($MgO \cdot Al_2O_3$)是良好的绝缘体,以它们为衬底外延生长硅制作集成电路,可以消除集成电路元器件之间的相互作用,不但能减少漏电流和寄生电容,增强抗辐射能力和降低功耗,还可以提高集成度和实现双层布线,是大规模、超大规模集成电路的理想材料。

1. 衬底材料的选择

在选择异质外延衬底材料时,首先要考虑的是外延层与衬底材料之间的相容性。其中晶体结构、熔点、蒸气压、热膨胀系数等对外延层的质量影响很大,其次还必须考虑衬底对外延层的沾污问题。目前,作为硅外延的异质衬底最合适的材料是蓝宝石和尖晶石。表 5.4 列出了这两种材料与硅的一些主要的物理性质,以供比较。

从晶体结构来看,蓝宝石是六方晶系,尖晶石是立方晶系,并且三个硅晶胞和两个尖晶石晶胞相吻合,两者沿〈100〉方向计算的失配为 0.7%。但是用火焰法制备的尖晶石多半是富铝的,这种尖晶石的晶格常数随 Al_2O_3 的含量增加而减小,结果失配增大。

另一方面,衬底和外延层的热膨胀系数相近是得到优良异质外延层的重要因素之一。如果相差较大,在温度变化时会在界面附近产生较大的应力,使外延层缺陷增多,甚至翘曲,从而影响材料和器件的性能及热稳定性。

表 5.4　蓝宝石、尖晶石和硅的主要物理性质

参数	硅	蓝宝石 (α-Al_2O_3)	尖晶石 ($MgO \cdot Al_2O_3$)
晶体结构	立方	六方	立方
晶格常数/Å	5.430	$a = 4.758, c = 12.991$	8.083
密度/(g/cm³)	2.33	3.98	3.58
熔点/(℃)	1420	2030	2150
介电常数	11.7	9.4(C轴)	8.4
折射率	3.42	1.765	1.7143
热导率(25℃)/(J/cm·s·℃)	0.836	0.27(C轴,60℃)	0.15
热膨胀系数(0~1200℃)/K⁻¹	3.5×10^{-6} (0~600℃)	9.2×10^{-6}(C轴)	8.9×10^{-6}

从晶格匹配、热匹配、减少自掺杂和电容效应等方面来考虑,尖晶石是比蓝宝石更好的衬底材料。然而,尖晶石上硅外延层的性质强烈地依赖于衬底组分,而其组分又因制备方法和工艺条件不同而异。因此,虽然在尖晶石衬底上可以得到优于蓝宝石衬底上的硅外延层,但由于再现性差,加上蓝宝石的热导率高,制备工艺比较成熟,所以当前工业生产上广泛使用蓝宝石作硅外延衬底。

2. SOS 外延生长

SOS 外延生长的设备和基本工艺过程与一般硅同质外延相同。衬底的切磨抛及清洗也大体相同,只是蓝宝石比硅硬,磨、抛时间要长一些。

SOS 外延生长时,值得注意的是自掺杂效应比较严重,因为在外延生长的条件下,衬底表面将发生如下反应:

$$Al_2O_3 + 2HCl + 2H_2 =\!=\!=\!= 2AlCl + 3H_2O$$

低价铝的氯化物是气态,它使衬底被腐蚀,导致外延层产生缺陷。

另外,H_2 和淀积的硅也会腐蚀衬底,其反应为:

$$2H_2 + Al_2O_3 =\!=\!=\!= Al_2O + 2H_2O$$
$$5Si + 2Al_2O_3 =\!=\!=\!= Al_2O \uparrow + 5SiO \uparrow + 2Al$$

在衬底表面尚未被 Si 完全覆盖(至少外延层长到 10~20nm)之前,上述腐蚀反应都在进行。在衬底表面被覆盖之后,这些腐蚀反应还会在衬底背面发生,造成 Al、O 等沾污。此外,由于衬底表面被腐蚀,会增加外延层中的缺陷,甚至局部长成多晶。因为 $SiCl_4$ 对衬底的腐蚀大于 SiH_4,所以 SOS 外延生长采用 SiH_4 热分解法更为有利。

为了解决生长和腐蚀的矛盾,可采用双速率生长和两步外延等外延生长方法。

双速率生长法是先用高的生长速率(1~2μm/min),迅速将衬底表面覆盖(生长 100~200nm)。然后,再以低的生长速率(约 0.3μm/min)长到所需求的厚度。

两步外延法是综合利用 SiH_4/H_2 和 $SiCl_4/H_2$ 两个体系的优点。即第一步用 SiH_4/H_2 体系迅速覆盖衬底表面,第二步再用 $SiCl_4/H_2$ 体系接着生长到所要求的厚度。

SOS 外延生长由于衬底表面机械损伤以及生长组分和衬底之间的腐蚀作用、晶格失配、价键不当、应变效应等因素,不可避免地在外延层中引入高密度的位错、孪晶、晶粒间界等晶格缺

陷。这些缺陷与 Cu、Fe 等重金属杂质作用,在禁带中形成一系列深能级。此外,在外延层中还存在着 Al 局部析出及其氧化物等晶体缺陷,它们起复合、散射和俘获中心的作用,使载流子浓度、迁移率和少数载流子寿命下降,因此 SOS 外延层的质量赶不上同质硅外延层,而且外延层越薄,性能越差。尽管如此,SOS 材料大体上还是能满足 MOS 器件的要求。今后,提高 SOS 外延层的晶体完整性,降低自掺杂,使其性能接近同质硅外延层的水平并且有良好的热稳定性,是 SOS 技术发展的重要课题。

5.6.2 SOI 技术

为了提高集成电路的集成度和速度,降低功耗,必须缩小器件的尺寸。但当器件的尺寸缩小到亚微米范围以内时,常规的结构就不适应了,从而导致 SOI 结构的发展,也就是把器件制作在绝缘衬底上生长的硅单晶层上。SOI 结构开始是针对亚微米 CMOS 器件提出来,以取代不适合要求的常规结构以及已经应用的 SOS 结构(SOS 可以看成是 SOI 的一种形式),但 SOI 结构很快也成为实现高速集成电路及三维集成电路的新途径(但不是所有的 SOI 结构都可以用来做三维集成电路),是当前半导体材料研究的一个热点问题。

SOI 结构的优点大致可以归纳为如下几个方面。

(1)由于它是介质隔离,寄生电容小,对高速和高集成度的 IC 电路特别有利。

(2)由于介质隔离,降低了噪声,并提高了线路和器件的抗辐射性能。

(3)抑制了 CMOS 电路的“锁住”(latch-up)问题。

SOI 与 SOS 相比,SOI 材料的完整性比 SOS 好得多,比 SOS 应用的范围也广泛。CMOS 电路中采用 SOI 结构,可以减少掩蔽次数,也不需要隔离扩散,使线路布局简化,提高集成度。SOS 中 Si 与 Al_2O_3 的热膨胀系数不匹配,硅层内有压缩应力。此外,SOI 的功耗和衬底成本都比 SOS 低得多,SOS 没有实现三维器件结构功能。

从目前情况来看,有的 SOI 技术已初步走向实用化,只要能进一步克服工艺和材料质量问题,实用化是没有问题的,某些 SOI 技术可以用于三维 IC 的制造。

SOI 结构材料制备的方法有很多种,下面简要介绍几种主要的方法。

1. 熔化横向生长

这种方法的基本工艺是在硅衬底上形成一层 SiO_2 膜,然后在膜上淀积多晶或非晶硅,使所淀积的多晶或非晶硅局部熔化,移动熔区则在熔区前的多晶或非晶硅熔化,而熔区后面则进行再结晶。这种方法由于形成熔区的热源不同可分成:①激光束熔化再结晶;②电子束熔化再结晶;③石墨带状加热横向有籽晶再结晶;④光照熔融再结晶四种方法。由于其加热方式不同,所以设备和具体工艺有很大的差别,结果也不一样,各自有自己的优缺点。早期这类方法研究得比较活跃。

2. CVD 横向生长

CVD 横向生长法是在 SiO_2 上进行侧向铺伸外延生长,简称 ELO(epitaxial lateral overgrowth)法。它是在选择外延上发展起来的,很受人们重视。这是因为硅外延生长技术比较成熟,处理温度低(1050 ~ 1150℃),远低于 Si 熔化温度,不会引起严重的衬底杂质的再分布,并且有希望用于三维 IC 的制作。

本方法的基本过程是,在 SiO₂ 膜上用光刻技术开出衬底的窗口,在窗口处外延生长硅,抑制在 SiO₂ 表面上硅成核。当窗口区长满硅后,再以足够大的横纵向生长速度比进行侧向铺伸外延。这个方法的关键在于如何抑制在 SiO₂ 上成核,目前利用生长/腐蚀工艺来解决这个问题,即每生长一段时间后停止生长,通入 HCl 气相腐蚀,以除去在 SiO₂ 上淀积的硅。然后进行第二次生长/腐蚀,直到窗口长满,继续重复生长/腐蚀进行侧向生长,最后硅膜连成一片并长到要求的厚度。所得的 SOI 结构的硅膜电学性质和器件性质和相同条件下常规外延生长的膜相近。现在还不能完全除去 SiO₂ 膜上的多晶核,使 ELO 膜的质量受到影响,另外横向生长的宽度还不是很宽。

3. 氧离子注入形成 SOI 结构

这种方法也叫做 SIMOX(separation by implanted oxygen)法。它是利用注入氧离子形成符合化学计量比的 SiO₂ 埋层的方法。注入的氧离子量约为 $1.2 \sim 1.8 \times 10^{18}/cm^2$。埋层深度和注入能量有关,若埋层深度为 $0.5\mu m$,则注入能量约为 $500keV$;若深度为 $1\mu m$,则需要 $1MeV$。

氧离子注入时,为了得到突变的 Si—SiO₂ 界面,通常把注入剂量适当过量,略大于 $1.8 \times 10^{18}/cm^2$。剂量不足时,在上界面处会出现孪晶层。图 5.22 是注入剂量与 Si—SiO₂ 界面状态的示意图。

氧离子注入后,必须进行高温退火热处理,使 O 与 Si 作用形成 SiO₂ 并消除晶格的损伤,处理温度为 $1150 \sim 1250℃$,时间为 2h。退火前,在硅片表面淀积一层 SiO₂ 能有助于提高退火效果并能减少表面缺陷。

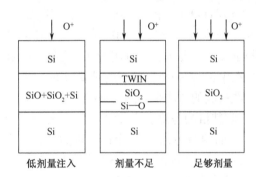

图 5.22 氧离子注入剂量与 Si—SiO₂ 界面状态

SIMOX 法简单易行,能得到良好的单晶层,与常规硅器件工艺完全相容。它可以说是目前 SOI 技术中最引人注意的,但不足的是它无法做成三维的器件。

4. 硅片面键合法

这种方法是将两片硅片通过表面的 SiO₂ 层键合在一起,再把背面用腐蚀等方法减薄获得 SOI 结构。实施的办法之一是,将两片硅的抛光片一片氧化形成 SiO₂ 膜,将另一片贴在其上,在氧气氛中热处理,在氧化热处理过程中通过界面的硅氧键的聚合作用而黏结在一起。

这种方法比较简单,但减薄处理比较困难,另外对片子的平整度要求高,否则整个界面很难完全贴合。这种方法目前发展较快。

SOI 技术已经研究很多年,取得一些结果,各先进工业国都投入不少力量进行研究,一旦获得突破性的进展,其应用前景是十分广阔的。

5.6.3 SiGe/Si

硅是应用最广泛的元素半导体材料,其价格比较低廉,制作器件工艺相当成熟,但它是一种间接带隙材料,带隙宽度是一定的,因此它在光电领域的应用受到一定限制。但随着外延技术和能带工程的发展,人们除了开展 SOS、SOI 研究外,还开展了在硅衬底上外延生长 SiGe 和Ⅲ-Ⅴ族化合物材料及器件制作的研究,取得相当大的进展并形成称为硅基半导体的研究领域。

在硅材料上异质生长 SiGe/Si 结构材料,可以灵活地运用能带工程进行能带剪裁制作硅基量子结构器件。与成熟的硅微电子工艺兼容,将硅微电子产业推上一个新台阶,利用 SiGe/Si 制作的异质结双极型晶体管(HBT)已实用化。另一方面利用 Si_5Ge_5/Si 的短周期超晶格的布里渊区的折叠效应,可获得准直接带隙结构材料。这种材料有望作出高效率的发光和激光器件,为光电子器件的发展开辟了一条新途径。因此,SiGe/Si 成为近年来的研究的热点。

虽然液态 Si 和 Ge 可以连续互溶,但其固液相线劈裂很大,制备组分均匀的单晶是困难的。因此,SiGe/Si 材料的生长方法是外延,最主要的外延方法有气体源分子束外延(GSMBE)、固体源分子束外延(SSMBE)和超高真空化学气相淀积(UHV/CVD)。GSMBE 和 UHV/CVD 方法相近,都是用气体作为生长源,主要差别是外延时生长室的气压不同。UHV/CVD 生长时气压比较高,而 GSMBE 生长时气压要低一些。在生长 SiGe/Si 材料方面 UHV/CVD 和 GSMBE 与 SSMBE 相比有明显的优势,例如不需要高温蒸发源炉,更换源时不需要破坏生长室的真空,因而可以长期保证生长室的纯净,有利于生长高质量材料,可以在图形衬底上进行选择外延,由于反应气体为烷类。其中含有 H,它还可以有效地抑制 Ge 的偏析。

用 UHV/CVD 和 GSMBE 生长 SiGe/Si 时 Ge 源一般用 GeH_4,硅源主要有两种 SiH_4 和 Si_2H_6。研究发现,在 Si(100)衬底上,Si_2H_6 比 SiH_4 有更高的反应吸附几率和更低的反应能,有利于实现低温生长并且用 Si_2H_6 更易于生长出高质量的 SiGe 材料。

在生长时,一个重要问题是要对 Si 衬底进行处理以获得洁净的表面。一般可先采用硅外延清洗衬底的方法来处理,将衬底处理干净,最后用 $HCl:H_2O_2:H_2O=1:2:7$ 溶液或其他溶液处理,其目的是要在 Si 的表面上形成一层薄而清洁的 SiO_2 保护层,防止衬底进入预处理室前 Si 表面的沾污,把经过上述处理的衬底送入预处理室,在 300℃ 下除气几小时,然后送入生长室,将温度提高到 850℃ 下脱氧 10 分钟(脱氧效果可用 RHEED 观察),脱氧后把温度降到650℃,并按组分 x 调整 Si_2H_6 和 GeH_4 源的比例通入生长室生长组分为 x 的 $Si_{1-x}Ge_x/Si$。

第6章 Ⅲ-Ⅴ族化合物半导体

Ⅲ-Ⅴ族化合物半导体是由周期表中Ⅲ A 和 V A 族元素化合而成。自从 1952 年 H. Welker 研究了它们的半导体性质以后,50 多年来,由于它们独特的能带结构与性质,获得很大的发展,目前在微波与光电器件等领域得到广泛的应用。特别是这些Ⅲ-Ⅴ族化合物之间还能形成多元化合物半导体(亦称固溶体或混晶),它们的能带结构和禁带宽度随组分而变化,从而为Ⅲ-Ⅴ族化合物半导体材料的进一步发展拓宽了道路。

在Ⅲ-Ⅴ族化合物半导体中,以 Ga 为中心的 Ga 系化合物,如 GaAs 和 GaP 被广泛研究,应用也比较多。GaAs 的禁带宽度比 Si 稍大,但电子迁移率比 Si 大五倍多,熔点也比 Si 低一些,并且还具有元素半导体 Ge、Si 所不具备的其他特性,因此深受人们的重视并对它进行了多方面的研究,是目前最重要的化合物半导体材料之一。GaP 因宜做红光和绿光等发光器件的材料而加以研究并获得应用。GaN 的禁带宽度大,因宜做蓝光器件的材料很受重视,过去由于制备上的困难,发展较慢,最近在制备方面获得突破性的进展,因此迅速发展起来,成为当今化合物半导体材料研究的热点。有关Ⅲ族氮化物半导体材料的内容我们将在第 12 章进行详细介绍。GaSb 的晶体制备比较容易,但它的禁带宽度和 Ge 差不多,电子迁移率只比 Ge 大 1.5 倍,因此不具有特别引人的特色。

其他Ⅲ-Ⅴ族化合物半导体,B、Al、In 系中,B 的化合物 BN、BP、BAs 制备都很困难,除 BN 以外,对其他的研究得还不多。BN 由于禁带宽度过大,作为半导体材料在实际应用方面还存在着问题。Al 的化合物一般来讲是不稳定的。AlP、AlAs 在室温下就与水反应而分解,AlN 禁带宽度较大,适合做蓝光器件材料而加以研究。AlSb 从禁带宽度来看可以做太阳能电池材料而加以考虑。

In 的化合物,一般都具有较大的电子迁移率,可用来做霍尔器件。InSb 是研究得比较成熟的化合物半导体材料之一,它的禁带宽度仅有 0.18eV,可用于红外光电器件和超低温下工作的半导体器件。InN 过去由于制备困难,没有得到应用,近年由于 GaN 在制作蓝光器件方面获得发展,它也开始受到重视。InAs 性质和 GaAs 相似,但不如 GaAs,所以发展不快,特别应该指出的是 InP,用它可以制作比 GaAs 更好的耿氏二极管,它也是很好的太阳能电池材料,在 GaInAs(P)三、四元系激光器研制成功之后,InP 作为衬底材料大量被使用,因此它和 GaAs 一样也是重要的Ⅲ-Ⅴ族化合物半导体材料之一。

用Ⅲ A 和 V A 族元素可以组成多种三元和四元化合物半导体,这是下一章介绍的内容,本章介绍二元Ⅲ-Ⅴ族化合物的制备及其特性。

6.1 Ⅲ-Ⅴ族化合物半导体的特性

6.1.1 Ⅲ-Ⅴ族化合物半导体的晶体结构

和硅、锗不同,大多数Ⅲ-Ⅴ族化合物半导体的晶体结构是闪锌矿型,这种晶体结构与金刚石型很相似,也是由两套面心立方格子沿体对角线移动 1/4 长度套构而成,不过金刚石这两套格子的原子是相同的,而闪锌矿型则一套是Ⅲ族原子,另一套是 V 族原子(图 6.1(a))。因此闪锌矿型晶体结构的原子排列是每个Ⅲ族原子周围都有四个最靠近的Ⅴ族原子包围而形成正四面体,而每个Ⅴ族原子周围又有四个Ⅲ族原子包围而形成正四面体(图6.1(b))。

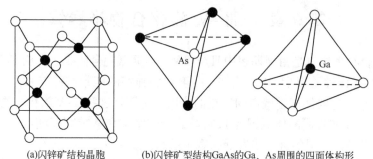

(a)闪锌矿结构晶胞   (b)闪锌矿型结构GaAs的Ga、As周围的四面体构形

图6.1 闪锌矿结构

●为 Ga 原子;○为 As 原子

在硅的金刚石结构中,每个硅原子有四个价电子,它们与邻近的硅原子共有一对价电子,形成四个共价键。而在闪锌矿结构中,Ⅲ族元素原子与Ⅴ族元素原子的价电子数是不等的,关于它们之间价键的形成机构有几种说法。一种认为是由Ⅴ族原子的 5 个价电子中拿出一个给Ⅲ族原子,然后它们相互作用产生 sp^3 杂化,形成类似金刚石结构的共价键。例如,GaAs 的 Ga 原子得到一个价电子变成 Ga^- ,As 原子给出一个价电子变成 As^+ 离子。它们按上述说法键合时,虽说是以共价键为主,但由于 Ga^- 和 As^+ 离子的电荷作用而具有离子键性质;另一种认为在闪锌矿型晶体结构中,除 Ga^- 和 As^+ 形成的共价键外,还有 Ga^{3+} 和 As^{3-} 形成的离子键,因此Ⅲ-Ⅴ族化合物的化学键属于混合型。由于离子键作用,电子云的分布是不均匀的,它有向Ⅴ族移动的趋向,即产生极化现象。这样导致在Ⅴ族原子处出现负有效电荷,Ⅲ族原子处出现正有效电荷。

Ⅲ-Ⅴ族化合物半导体的离子键成分与其组成的Ⅲ族和Ⅴ族原子的电负性之差有关。两者差越大,离子键成分就越大,而共价键成分就越小。例如,GaP 的 Ga 原子的电负性是 1.6,P 原子电负性是 2.1,它们相差 0.5。由图6.2 可查出相对应的离子键成分为 7.5%,也就是说 GaP 中共价键成分可能是 92.5%,但 GaP 为闪锌矿型,最靠近 Ga 原子的 P 原子共有四个,而 Ga 原子的价电子只有 3 个,所以 Ga 原子只能和 3 个 P 原子形成共价键,因此从整个晶体来考虑,共价键成分应等于 92.5 × 3/4 = 71%,所以离子键成分占 29%。

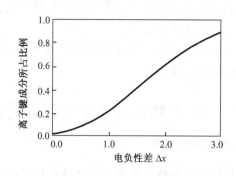

图6.2 化合物原子电负性差与离子键成分的关系

除了闪锌矿型晶体结构外,一些Ⅲ-Ⅴ族化合物,如 GaN、InN、BN 等还具有纤维锌矿结构。因其生长条件不同,有时为闪锌矿型,有时为纤维锌矿型晶体结构。

6.1.2　Ⅲ-Ⅴ族化合物半导体的能带结构

Ⅲ-Ⅴ族化合物能带结构比Ⅳ族 Ge,Si 复杂。它们的独特结构与材料的性质和应用密切相关。下面以 GaAs 和 GaP 的能带结构为例加以介绍。

1. GaAs 的能带结构

GaAs 是闪锌矿型晶体结构,其布里渊区与金刚石结构的布里渊区相同,但能带结构不同。图 6.3 示出了 Ge、Si、GaAs 的电子能量 E 和波矢 k 的一维分布。图中反映的是以 $k=0$ 为中心导带极小值所在方向的分布情况。

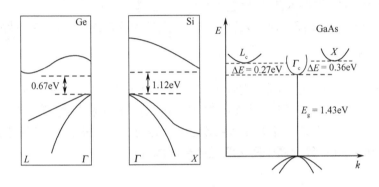

图 6.3　Ge、Si、GaAs 能带结构图

由图 6.3 看出,GaAs 的能带结构与 Ge、Si 相比有下列特点。

(1) GaAs 的导带极小值和价带极大值都在 $k=0$,而 Ge、Si 的价带极大值虽在 $k=0$ 处,但它们的导带极小值却不在 $k=0$,即它们的导带极小值和价带极大值所处的 k 值不同,通常把前一种能带结构称为直接跃迁型,后一种结构称为间接跃迁型。

在具有直接跃迁型能带半导体中,当价带的电子吸收光子的能量跃迁到导带,或相反,电子从导带落到价带与空穴复合而发光时,这种过程应满足能量守恒和动量守恒条件。

$$k_f = k_i + q \tag{6.1}$$

式中,k_f 是跃迁后的电子波矢;k_i 是跃迁前的电子波矢;q 是光子波矢。因为

$$q = 2\pi/\lambda, \qquad E = \frac{ch}{\lambda}$$

对于 GaAs 来说,$E_g = 1.43\text{eV}$,因此波长 $\lambda = 9 \times 10^2 \text{nm}$,那么光子的波数 $q \approx 7 \times 10^4/\text{cm}$ 数量级,而电子的波数 $k = 2\pi/a$,GaAs 的晶格常数 $a = 0.3654\text{nm}$,因此 $k \approx 10^8/\text{cm}$。显然光子波矢 q 比电子波矢 k 小很多几乎不能察觉,这样跃迁的选择定则可近似地写成

$$k_f = k_i \tag{6.2}$$

这就是说,发生电子跃迁时要求 k 值保持不变,显然具有直接跃迁型结构的材料都能满足这一要求。而间接跃迁型材料要实现跃迁必须与晶格作用,把部分动量交给晶格或从晶格取得一部分动量,也就是要与声子作用,才能满足动量守恒的要求,因而非直接跃迁发生的几率是很小的(约为直接跃迁的 1/1000)。因此在寻找新的发光材料时一般总是优先考虑直接跃

迁型材料。GaAs 是直接跃迁型材料,用它做光电器件比较合适。除了 GaAs 以外,在Ⅲ-Ⅴ族化合物半导体中 GaN、InN、InP、GaSb、InAs 等都是直接跃迁型材料。

(2)在 GaAs⟨100⟩方向上具有双能谷能带结构,即除 $k=0$ 处有极小值外,在⟨100⟩方向边缘上存在着另一个比中心极小值仅高 0.36eV 的导带极小值(称为 X 极小值)。因此电子具有主、次两个能谷。

在室温下,电子处在主能谷中,很难跃迁到 X 处导带能谷中去,因为在室温时电子从晶体那里得到的能量只有 0.025eV。但电子在主能谷中有效质量较小($m=0.07m_0$),迁移率大,而在次能谷中,有效质量大($m_x=1.2m_0$),迁移率小且次能谷中的状态密度又比主能谷大,一旦外电场超过一定值时,电子就可由迁移率大的主能谷转移到迁移率较小的次能谷,而出现电场增大电流减小的负阻现象,这是制作体效应微波二极管的基础。

(3)GaAs 在 300K 时的禁带宽度 E_g 为 1.43eV。因为晶体管的工作温度上限与材料的 E_g 成正比的,所以用 GaAs 作晶体管,可以在 450℃ 以下工作。

除此以外,GaAs 具有比 Si 大得多的电子迁移率,这对提高晶体管的高频性能是有利的。

2. GaP 的能带结构

磷化镓的能带结构示于图6.4。在波矢 k 空间的电子能量图上,价带顶与导带底不处于相同的 k 处,所以 GaP 是间接跃迁型材料。如前所述,对于这类材料电子与空穴复合发光时必须要声子参与,因此它的发光效率要比直接跃迁型材料低。Ge、Si 和Ⅲ-Ⅴ族化合物中的 BP、AlP、GaP、BAs、AlAs、AlSb 等都属于间接跃迁型半导体材料。

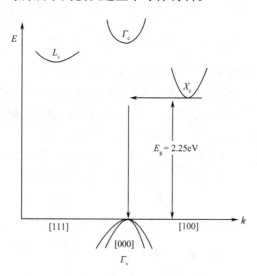

图6.4 GaP 的能带结构

但是,目前已用 GaP 制出了很好的发红、绿、黄等光的发光二极管,而且发光效率很高,这是因为某些杂质在 GaP 中可形成发光的辐射复合中心,使 GaP 中的间接跃迁向直接跃迁转化的缘故。

当 GaP 掺入一些杂质时,这些杂质在禁带中形成一定的杂质能级,导带中的电子和价带中的空穴可通过这些杂质能级进行复合而发光,其过程如图6.5所示。另外,还可以形成一种等电子陷阱束缚激子将间接跃迁转化为直接跃迁而发光。

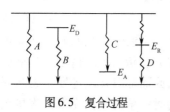

图6.5 复合过程

由固体物理可知,若电子与空穴间的库仑引力使两者处于束缚状态时,这种被束缚的空穴电子对就叫做激子。在半导体中,电子和空穴可以是自由运动的,也可以是受束缚的。例如,电子由价带激发到导带下的一个激发态而没有达到导带,这时电子就不是自由的,它将被束缚在空穴的库仑场中,又不与空穴复合而形成激子。它们可以在晶体中运动,(同样在施主上的电子也可以处于不与空穴复合而与空穴成束缚状态),这些束缚的电子空穴对统称为激子(图6.6)。激子中电子与空穴复合放出光子,其能量不服从电子由导带跃迁到价带的能量变化而符合激子复合的能量变化。

若晶体中掺入和组成晶体元素具有相同价电子数的元素,即周期表中同族的元素,它们处于替代位置,由于其对电子吸引力的大小不同,会吸引电子和空穴,晶体中这类元素称为等电子陷阱。例如 GaP 中掺入氮时,氮原子取代磷原子的位置而呈电中性。但氮原子的电子亲和力比磷原子大,因此氮原子可俘获一个电子而带负电,由于库仑力的作用,带负电的氮原子又吸引一个空穴而形成束缚激子状态。产生这种束缚是方阱束缚,是一种短程力,即阱内有力,阱外无力,作用只限于阱宽,因此束缚使陷阱内电子局限在一个局部的范围。根据量子力学的测不准关系 $\Delta p \Delta x \geqslant h$,当电子的 Δx 十分小时,它的动量变动范围就很大,即 k 扩展了,也就是在 $k=0$ 处也会有一定数目的电子,这些电子便可不借声子的帮助而直接跃迁,从而大大提高了发光效率。

目前在 GaP 中能形成电子陷阱束缚激子的杂质有 N(绿光)、Bi(橙光)、Zn—O(红光)、Cd—O(红光)等。

6.1.3 Ⅲ-Ⅴ族化合物的极性

Ⅲ-Ⅴ族化合物半导体大多数是闪锌矿型结构,同时它们又是一种混合键,因此对它们的物理化学性质有一定的影响。

1. 非中心对称性

首先,在晶格的对称性上,与金刚石型不同。闪锌矿型结构是非中心对称的,它不具有反映中心。从垂直[111]的方向上看,GaAs 晶体的原子排列投影如图 6.7 所示,是一系列由 Ga 原子和 As 原子组成的双原子层,因此晶体[111]和[$\overline{1}\,\overline{1}\,\overline{1}$]方向在物理上是不相同的,即两个方向是不等价的。沿[111]看,双原子层中的 Ga 原子层在 As 原子层的后面,沿[$\overline{1}\,\overline{1}\,\overline{1}$]看正好相反。由于 Ga 原子与 As 原子周围的电子云分布不同,双原子层便成为电偶极层。晶体便由许多这种电偶极层组成。因而[111]轴是一极性轴,在(111)表面和($\overline{1}\,\overline{1}\,\overline{1}$)表面上的化学键结构

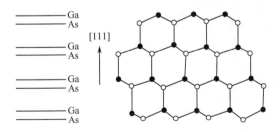

图 6.7 GaAs 晶体面的原子排布(在[110]面的投影)

与有效电荷也就不同,各为电偶极层的一边,图 6.7 中 A 边上为 Ga 原子,而 B 边上为 As 原子,因此其电学和化学性质在 A 边和 B 边很不相同,常把这种不对称性称为极性。对于 III-V 族化合物把 III 族原子称为 A 原子,表面为 A 原子的 $\{111\}$ 面称为 A 面,或 $(111)A$ 面,V 族原子称为 B 原子,表面为 B 原子的 $\{\overline{1}\overline{1}\overline{1}\}$ 面称为 B 面,或 $(\overline{1}\overline{1}\overline{1})B$ 面。

2. 极性对解理性的影响

在锗、硅等金刚石结构中,(111) 面间距最大,因此 (111) 面是金刚石结构的解理面。然而,对于闪锌矿结构的 III-V 族化合物来说,虽然 (111) 面间距大于 (110),但 (111) 面的两边,一边是 A 原子,而另一边为 B 原子,由于极性使 (111) 面间存在较强的库仑吸引力,而 (110) 面间距虽比 (111) 面间距小,但 (110) 面是由相同数目的 A,B 原子组成的,所以面与面间除 A,B 原子键合时的库仑引力外,相同原子间还有一定的斥力。特别是当相邻二层 (110) 面沿 〔211〕方向移动一定距离,会使两层之间 III 族原子或 V 族原子上下对齐,这时斥力更大,使晶面极易沿此面断开,因此闪锌矿晶体的解理主要沿 (110) 面发生。

根据这一特性,常在 III-V 族化合物 (100) 晶面上制作器件,用解理法把它制成垂直的方形或条形的芯片。

3. 极性对表面腐蚀和晶体生长的影响

实验表明,GaAs 单晶的 $(111)A$ 面和 $(111)B$ 面有不同的腐蚀特性。例如,把磨抛过的 GaAs 片放在 $HNO_3 : HF : H_2O = 1 : 1 : 2$ 的腐蚀液中腐蚀 10min,在 A 面上将出现蚀坑,而 B 面则无。InSb、InP 等化合物中也观察到类似的现象。这种差异与 III-V 族化合物的极性有关。由图 6.8 可知 A、B 面的化学键和电子分布是不同的。通常认为,在 B 面上的 As 原子有一个未公有化的电子对,它在亲电性介质(如氧化剂)中,比没有电子对的 A 面 Ga 原子的反应快,因此 B 面腐蚀速度比 A 面快。它与位错区的腐蚀速度相差不大,故 A 面能显出蚀坑,而 B 面则无。但如把腐蚀液的温度升高,这时表面氧化速度加快,总的腐蚀速度由溶质在溶液中的扩散速度来决定,A、B 面之间的差异就看不出来了。另外,如向腐蚀液中加入一些带正电荷的有机物,如伯胺,带正电荷的铵离子会与 B 面的 V 族原子结合,形成阻化层,会大大减低腐蚀速度,当 B 面腐蚀速率降到比位错附近的腐蚀速率慢得多时,B 面上就会出现位错蚀坑。

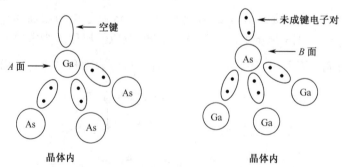

图 6.8 GaAs A、B 面上的化学键

III-V 族化合物的极性对晶体生长也有一定的影响,实验发现,InSb 沿 A 方向生长总不如沿 B 方向生长的晶体完整,A 方向易生成孪晶或多晶,而且位错密度高,B 方向位错密度低。

在 GaAs 晶体生长时,也发现 A、B 面生长速度不同,B 面生长最慢,外延生长也有极性效应。而且极性对杂质的引入、补偿等都有影响。

6.2 砷化镓单晶的生长方法

6.2.1 Ⅲ-Ⅴ族化合物体系的平衡相图

Ⅲ-Ⅴ族化合物包含Ⅲ族和Ⅴ族二个组分,但Ⅴ族元素有较大的挥发性,它的蒸气压受温度影响很大,因此在讨论其固-液平衡时,必须同时考虑相应的平衡压强,图 6.9 示出了一些Ⅲ-Ⅴ族化合物的 T-x 相图。

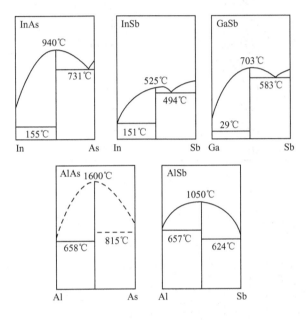

图 6.9 Ⅲ-Ⅴ族化合物 T-x 相图

由相图可以看出,Ⅲ族和Ⅴ族元素在液相时,可以无限互溶成为均匀的液体,它们在Ⅲ族与Ⅴ族原子比为 1∶1 处生成一个固液同组成的化合物。而且该化合物在冷却的过程中不发生相变,因此要制备这些化合物的晶体,可先制备组分为 1∶1 的液相,然后降温结晶即可。Ⅲ-Ⅴ族化合物除 InSb 外,其熔点都比纯组成元素高。另外,在 In—Sb、Ga—Sb 相图靠近 Sb 的一边,In—As 相图靠近 As 的一边出现低共晶点,而在其他几个相图的纯组成元素附近也分别形成低共晶混合物,但共晶点都退化了。由于 P 和 As 都有较大的蒸气压,尤其是 P 更大,测定相图较困难,因此还没有确切的磷化物相图。

Ⅲ-Ⅴ族化合物在高温时会发生部分离解,因此,在讨论它们的相平衡关系时,还必须考虑蒸气压这一因素。

Ⅲ-Ⅴ族体系的固-液-气三相共存的相图可以用实验方法测出,表 6.1 列出了 GaAs 体系的 p-T-x 数据。

根据表 6.1 的数据可分别作出 Ga-As 体系的 T-x 图、p-x 图、p-T 图。图 6.10 是 GaAs 的 p-T-x 立体图中 p-T-x 关系曲线在 T-x、p-T、p-x 面上的投影。

表 6.1　Ga-As 体系的 *p-T-x* 相图数据

熔体中 As 含量（原子%）	熔点/℃	砷的分压/Pa	与砷分压相对应的纯 As 固-气平衡温度/℃
7.5	781 ± 20	6.2×10^2	386
10.5	895 ± 20	1.8×10^3	438
20.5	1085 ± 5	8.9×10^3	508
31.5	1183 ± 3	1.55×10^4	532
33.0	1190 ± 3	2.01×10^4	542
34.5	1196 ± 3	3.2×10^4	562
38.0	1221 ± 3	3.8×10^4	569
46.0	1234 ± 3	7.6×10^4	600
55.0	1235 ± 3	1.18×10^5	616
57.0	1231 ± 3	1.96×10^5	645
64.5	1205 ± 5	3.35×10^5	673
68.5	1185 ± 5	6.6×10^5	711
100	810 *	29×10^5	810

* 为退化共晶温度。

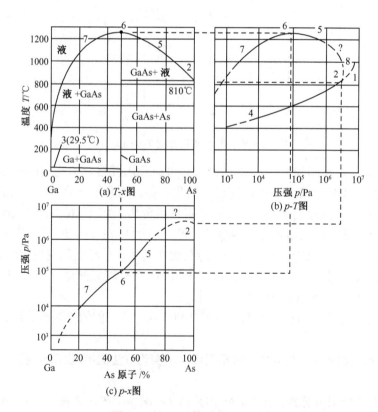

图 6.10　Ga-As 体系的 *p-T-x* 图

由(a)图可以看出,这个 T-x 图与一般的固-液相图不同,它的压强不是常数,而是随组分和温度变化而变化的。如 6 点,这里除表示 GaAs 固液两相共存外,还有 9.5×10^4Pa 的砷蒸气。在 810℃砷含量接近 100%的地方(即 2 点)有 GaAs(s)、As(s)、液体(As + GaAs)和气相四相共存。同样,点 3 是 Ga 接近 100%的共晶退化点,此点有 GaAs(s)、Ga(l)、Ga(s),而 Ga 蒸气压很小在 1.3×10^{-11}Pa 以下。3—7—6 表示从纯 Ga 到 GaAs 的 T-x 曲线,在液相外延中常用到它,而 6—5—2 线则表示在富砷下的 T-x 曲线。

(b)图为 Ga-As 体系的 p-T 图,上面一条曲线 7—6—5—2 是 As(g)、GaAs(s)和液相三相平衡共存时温度和压强关系曲线,它和(a)图中 7、6、5、2 诸点是一一对应的。图中 7—6—5—2 曲线也有一个温度极大值,这就是 GaAs 的熔点。与它相对应的平衡砷压强约为 9.5×10^4Pa,这条曲线的 5—2 之间是用虚线画的,上面还有一个小问号,表示数据不充分。7—6 线段表示富 Ga 时的砷压,而 6—5—2 则表示富砷情况,下面的曲线 4—2—1 表示纯砷的蒸气压与温度关系,点 8 是纯砷的气、液、固三相点(注意点 8 与四相共存点 2 并不是一点)。

(c)图是 Ga-As 体系 p-x 图,曲线 7—6—5—2 表示 GaAs(固),液相和砷蒸气平衡共存时平衡 As 压和液相中 As 的平衡浓度关系,线上有标号的各点与(a)、(b)图中各标号点一一对应。

对于其他Ⅲ-Ⅴ族化合物也都可以做出相应的 p-T-x 图。

根据化合物的 p-T-x 图,就可以选择合成化合物和进行晶体生长的条件。由于Ⅲ-Ⅴ族化合物具有固-液同组成而且在降温时除液→固相变外无其他相变的特点,所以可以先合成Ⅲ族与Ⅴ族原子比为 1:1 的化合物熔体,然后直接由熔体中生长其单晶。另外,根据组分与化合物间不形成大区域的固溶体的性质,也可以由某一组分的溶液(常以Ⅲ族元素做溶剂)中生长化合物晶体。

对于不同的Ⅲ-Ⅴ族化合物,其 T-x 图、p-T 图、p-x 图情况是不相同的。一般来说锑化物的熔点较低,而在化合物熔点温度时的离解压也小,可以把Ⅲ族元素与锑元素按化学计量比称量后放在一起,直接在惰性气氛保护下加热到熔点以上合成。但对于砷化物,磷化物情况就不同了。例如,GaAs 的熔点为 1237℃,但砷很易挥发,而且在高温下有很高的蒸气压,在不到 800℃时已超过 10^6Pa。如把 Ga、As 一起放在密闭容器中加热,那么在未充分化合之前就可能把反应器炸掉。如果用高压合成了 GaAs 材料,在熔化拉晶时,由图 6.10 可知,在熔点(点 6)处与 GaAs(固)+液相平衡时的砷气压为 9.5×10^4Pa,这个压力亦称离解压。只有始终维持或稍大于这个砷蒸气压的条件才能长出 GaAs 晶体。而高于或低于平衡砷气压就会导致化学比偏离,出现富砷或富镓。怎样才能使体系维持 ~ 1×10^5Pa 的砷气压? 由 p-T 图的 4—2—1 曲线可知,固态砷在 617℃时蒸气压为 1×10^5Pa。根据这一原理设计出 GaAs 合成与晶体生长的二温区设备。图 6.11 为其合成示意图。Ga、As 分别封在抽空的石英管两端,Ga 端温度为 T_1(> 1237℃),砷端温度为 T_2(617℃),这时在 T_1 处气相 As 与液相 Ga 反应

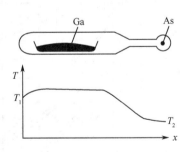

图 6.11 GaAs 合成示意图

$$(1 - \delta)\text{Ga}_{1-x}\text{As}_x + \delta\text{As} \rightleftharpoons \text{Ga}_{1-x'}\text{As}_{x'}$$

式中,$x' = x + \delta(1 - x)$,此式表示在某一时刻的反应。此时液相中 As 的百分数为 x,δ 量的 As 气体溶入其中后使 As 的百分数变成 x'。如 $p_{As} > p_x$(p_x 为 T_1 处与液相平衡的砷压,p_{As} 为体系中实际的 As 压,它由 T_2 控制),则 As 将溶入液相中,反之 $p_{As} < p_x$ 则液相中 As 会逸出,只有当

$p_{As} = p_x$ 时,体系达到平衡。今控制 T_1 使 $p_{As} = 1 \times 10^5\,\mathrm{Pa}$,即达到平衡时,与之相平衡的熔体一定是 Ga:As(原子比) = 1:1 的 GaAs 化合物。

后来,由于研究的深入,对 Ga—As 体系的相图作了一些修正,如图 6.12 ~ 图 6.14 所示。在最高熔点附近存在一个放大了的固溶体区,在 p-T 图中(图 6.13)则考虑了气相中不同组成分子的蒸气压变化,T-x 图中(图 6.12)1100℃的液相 a 与固相 a',液相 b 与固相 b' 相平衡,其相应的气相组分分压可由 p-T 图中看出。另外,由于晶体中 Ga 空位(V_{Ga}),As 空位(V_{As})缺陷的生成能不同,所以,晶体中 V_{Ga} 与 V_{As} 浓度是不相等的。即在晶格自由能最低时,不是严格符合化学计量比,而是有所偏离。由 Ga—As 体系的精细相图中可以看出,对于从熔体中生长的 GaAs 晶体来说,一般都含有较多的镓空位,而熔点最高处晶体的组成原子为 50% + ε%,ε% 为 10^{-2} ~ 10^{-3}。

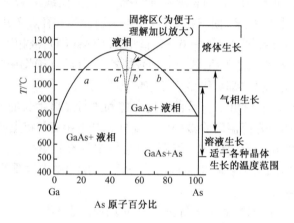

图 6.12 Ga—As 体系 T-x 图

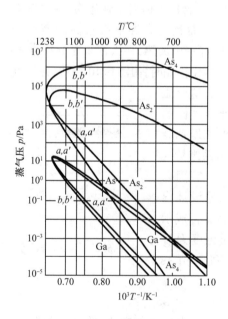

图 6.13 Ga—As 体系 p-T 图

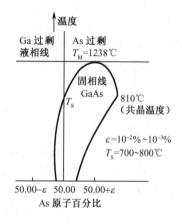

图 6.14 Ga—As 系统的固相线

6.2.2 砷化镓单晶的制备方法

目前Ⅲ-Ⅴ族化合物体单晶主要是从熔体中生长的。生长Ⅲ-Ⅴ族化合物晶体的方法与锗、硅晶体大致相同,有直拉法和横拉法。对于在熔化时不离解的锑化物,可利用制备锗、硅单晶的相同的设备,在保护气氛下生长。对于蒸气压较大的砷化物和磷化物,则要适当改变设备与工艺,控制砷、磷压防止熔体离解。

控制砷气压有两种方法:一种是采用石英密封系统,系统置于双温区炉中,低温端放 As 源控制系统中砷气压,高温端合成化合物并拉制晶体,而整个系统的温度都必须高于 As 源端温度,以防止 As 蒸气凝结。目前使用的水平布里奇曼(Bridgman)法属于这一类。另一种是在熔体上覆盖惰性熔体再向单晶炉内充入大于熔体离解压的惰性气体控制熔体离解,这就是所谓 B_2O_3 液体密封法。第一种方法在密封石英系统中进行,污染少,纯度较高。而第二种方法可以批量生产大直径具有一定晶向的单晶,生产效率高,而且利用这种方法可以生产高离解压的磷化物。下面以 GaAs 单晶制备为例,介绍水平布里奇曼法和液态密封法。

1. 水平布里奇曼法

水平布里奇曼法(horizontal Bridgman technique)又叫横拉法。它与锗单晶生长常用的水平区熔法很相似。两温区 HB 法生长 GaAs 设备如图 6.15 所示,加热炉分为低温炉与高温炉,它们分别供电、测温和控温。高温炉外部有一个开有观察孔的保温炉,它装在区熔传动机构上,可以左右移动。

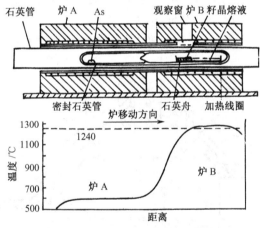

图 6.15　水平布里奇曼法的装置和温度分布图

反应室为圆柱形石英管,中间有石英隔窗,一端放有用金刚砂打毛后清洗干净的石英舟,另一端则装砷。为了使整个体系能保持有 9×10^4 Pa 的砷蒸气,装砷量要比按化学计量计算的量要多一些。合成 GaAs 时,先将纯 Ga 盛于石英舟内,放在石英反应管一端,纯砷放到另一端。然后在高真空下分别加温除去氧化膜。通常 Ga 在 700℃,1.3×10^{-3} Pa 下恒温处理 2h 除去氧化膜。砷在 280℃,1.3×10^{-3} Pa 真空下恒温处理 2h 除去氧化膜。随后在真空条件下分别用氢氧焰封闭石英管。为了便于操作将 Ga 用干冰或液 N_2 冷冻凝固,用石英撞针(或用固体 As)撞破石英隔窗。将反应管放入炉中,镓舟置于高温炉中,砷端置于低温炉中,通电升温。开始高、低温炉同时升至 617℃,然后将低温炉恒温于 617℃,高温端升至 1250℃恒温,开动区熔机,使熔区由锭的一端移到另一端,这时 GaAs 便合成好了。GaAs 合成后,将保温炉退回锭的前端,即可进行晶体生长。生长晶体时可利用预先放入的籽晶引晶,并可以应用缩颈技术,以降低位错密度。

用横拉法生长 GaAs 单晶的主要问题是"黏舟",即 GaAs 与石英舟粘在一起不易分开。这可以通过将石英舟喷砂打毛,或将喷砂后的石英舟用 Ga 在 1000～1100℃高温下处理 10h。另外脱氧时真空度要高。合成及拉晶时严格控制温度并防止 Ga 与 As 化学比的偏离来解决。目前用这种方法可拉制截面最大直径为 75mm 的 GaAs 单晶。

2. 液态密封法

液态密封法也称 LEP 法(liquid encapsulation pulling technique)或称 LEC 法(liquid encapsulation czochralski method),它是目前拉制大直径Ⅲ-Ⅴ族化合物晶体的最重要的方法。它是在高压炉内,将欲拉制的化合物材料盛于石英坩埚中,上面覆盖一层透明而黏滞的惰性熔体,将整个化合物熔体密封起来,然后再在惰性熔体上充以一定压力的惰性气体,用此法来抑制化合物材料的离解,用这种技术可拉制 GaAs、InP、GaP 等的大直径单晶。

密封化合物熔体的惰性熔体应具备以下条件:①密度比化合物材料小,熔化后能浮在化合物熔体上面。②透明,便于观察晶体生长的情况。③不与化合物及石英坩埚反应,而且在化合物及其组分中溶解度小。④易提纯,蒸气压低,易熔化,易去掉。目前采用的 B_2O_3 就具有这些特点,脱水后的 B_2O_3 是无色透明的块状,450℃时便可熔化成透明的黏度大的玻璃态液体,在 GaAs 熔点 1237℃时,它的蒸气压只有 13Pa,它的密度为 1.8g/cm³,比 GaAs 密度(5.3g/cm³)小得多,它不与 GaAs 熔体反应,对石英坩埚的侵蚀也小,而且易纯制。但它易吸水,在高温下对石英坩埚有轻微的腐蚀,造成一定的 Si 沾污。

液态密封法拉制单晶的原料,一般先在炉外合成多晶,但对于 GaAs,也可以在炉内直接合成

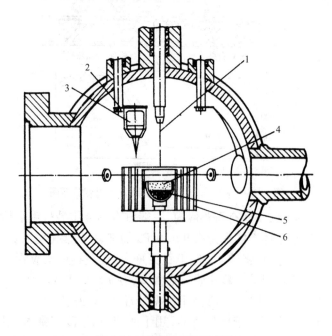

图 6.16 高压单晶炉示意图

1—籽晶;2—镓源炉;3—砷泡;4—B_2O_3;5—GaAs;6—保温系统

后拉晶,其装置如图 6.16 所示。在炉内有一石英杯,杯内装 Ga,另有一石英安瓶装 As。B_2O_3 预先在 900~1000℃下加热脱水,并同时将 Ga 杯、As 瓶调到炉上或炉边适当位置烘烤,以便除去氧化膜。除氧后,降温至 600~700℃,将 Ga 倒入石英坩埚内,充以 1.5×10^5Pa 的 Ar 气。

合成时将 As 安瓶下端毛细管尖端通过 B_2O_3 液层插入 Ga 液中,逐渐升温至合成温度,安瓶内砷变成蒸气溶入 Ga 内生成 GaAs。合成后拔出砷安瓶管,并按 Si 直拉法拉晶程序,引晶—缩颈—放肩—等径生长—收尾拉光等步骤拉制 GaAs 单晶。一般籽晶的取向是 〈100〉或〈111〉,籽晶转速 30~60r/min,坩埚转速 8~10 r/min,拉速 1.5~3cm/h。目前用这种方法可拉制出直径 ϕ150mm,重达十几千克的 GaAs 单晶,无位错的 GaAs 单晶直径可达 ϕ100mm。

3. 垂直梯度凝固法

垂直梯度凝固法(vertical gradient freeze technique, VGF 法)生长设备比较简单,如图 6.17 所示,它的加热器由多段自动控温加热炉组成。管状坩埚中晶体从熔体底部的籽晶开始向上生长。生长 GaAs 可以在常压下进行,若生长 InP、GaP 等离解压较高的材料晶体,管状坩埚应置于高压容器中。VGF 生长法的关键是设计特定的炉温分布,使固液界面以一定速度由下往上移动,单晶逐步由下往上生长。为使熔体受热均匀,坩埚以一定速度旋转。

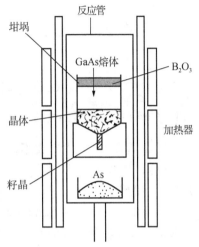

图 6.17　VGF 装置示意图

该方法的优点除设备简单外,采用较小的温度梯度便于控制易挥发组合(如 As、P 等)的蒸气压,晶体表面不易离解,所以生长的晶体位错密度低。不需要复杂的等径控制系统,就可以得到直径均匀的单晶(由管状坩埚控制)。并且生长过程中操作人员劳动强度小,同时可对多台生长系统进行控制。这项技术的主要缺点是对生长过程不便于实时观察,要通过多次实验才能获得稳定生长条件。否则,工艺重复性差,成品率低。

VGF 法是目前生长低位错密度 GaAs、InP 单晶的主要方法,生长 GaAs、InP 单晶已发展到批量生产规模。直径 $\phi = 100$mm 的 VGF 法生产的 GaAs 单晶平均位错密度 $\leqslant 3 \times 10^3/\mathrm{cm}^2$,比相同直径的 LEC 法生长的 GaAs 单晶位错密度低一个数量级。表 6.2 列出目前主要生产 GaAs 单晶技术的比较。

表 6.2　GaAs 单晶生长技术的比较

单晶生长方法	LEC	HB	VGF
位错密度	高	较低	低
位错密度分布均匀性	中	较好	好
化学配比控制	一般	好	好
晶体直径	能生产大直径	受限制截面为 D 型	可生产大直径受坩埚直径限制
工艺可行性	好	好	好
背景杂质浓度	较低	低	低

单晶生长方法	LEC	HB	VGF
生产现状	$\phi=100\sim150mm$ 单晶生产,$\phi=200mm$ 单晶已试制成功	$\phi=50\sim75mm$ 单晶批量生产,$\phi100mm$ 单晶研制成功	$\phi=100\sim150mm$ 单晶已批量生产,$\phi=200mm$ 研制成功
运行费用	大	小	小
生产效率	高	较高	低

6.3 砷化镓单晶中杂质的控制

6.3.1 GaAs 中的杂质的性质

各种杂质在 GaAs 中形成不同的能级,Ⅱ族元素 Be、Mg、Zn、Cd、Hg 均为浅受主,它们是 GaAs 材料的 P 型掺杂剂。其中 Zn、Cd 最常用,但有时它们会与晶格缺陷结合生成复合体而呈现深受主能级。

Ⅵ族元素 S、Se、Te 在 GaAs 中均为浅施主杂质,它们是 N 型掺杂剂。但 O 在 GaAs 中的行为比较复杂。在液相外延的 GaAs 中它起浅施主作用,但它还有深的施主能级(有人测定在掺氧的 GaAs 中有两个能级,一个是 $E_c-0.080eV$,另一个是 $E_c-0.12eV$)。如果 GaAs 晶体中有浅受主存在,O 掺入时,氧会为受主提供所需的电子,结果形成高阻(半绝缘)的 GaAs 材料。

Ⅳ族元素(Si,Ge,Sn)等在Ⅲ-Ⅴ族化合物半导体中呈现出两性掺杂特性。当一个Ⅳ族原子在Ⅲ族子晶格点上时是施主,在Ⅴ族子晶格点上则是受主,当然Ⅳ族原子也可统计地分布在两种晶格点之间,此时最后呈现是施主还是受主完全取决于杂质的性质、浓度以及材料制备过程中掺杂的条件。例如,向 GaAs 中掺入 Si 或 Ge 时,由于Ⅲ族元素的共价半径比Ⅴ族元素大(Al:1.18Å,Ga:1.26Å,In:1.44Å,P:1.10Å,As:1.18Å),Ⅳ族元素将择优占据它们的位置(Si,Ge 的共价半径分别为 1.17Å 和 1.22Å),成为施主杂质,在由化学计量比的 GaAs 熔体生长晶体,或用气相外延法制备 GaAs 时,Si 是每个原子贡献一个电子的施主杂质,其浓度可达 $10^{18}/cm^3$。但如在 As 蒸气压很低,镓空位被抑制,用 Ga 做溶剂的 GaAs 液相外延时,Si 主要占据 As 的晶格点而成为受主杂质。如果仔细控制外延生长的温度范围和冷却过程,就可以生长 NP 或 PN 结,起两性掺杂作用。

过渡元素 Cr、Mn、Co、Ni、Fe、V 中除 V 在 GaAs 中是施主外,都是深受主。这与它们的化学价态定性相符。因为 Mn、Co、Ni 具有 +2 价氧化态,它们可取代 Ga 而在 GaAs 中引入单受主能级。虽然 Cr 和 Fe 的 +3 价是稳定的,但它们也存在 +2 价,因此也可以在 GaAs 中引进单受主能级。而 V 通常为 +4 价,所以它是施主。这些过渡元素中 Cr 是制备半绝缘 GaAs 材料的掺杂剂,它与掺氧形成的半绝缘的 GaAs 不同。因为 Cr 是深受主而氧是深施主。另外,掺 Fe 也能得到高阻 GaAs 材料,室温电阻率可达 $10^5\Omega\cdot cm$ 以上。

6.3.2 GaAs 单晶的掺杂

目前几乎所有的 GaAs 器件都采用外延层做工作层,单晶用来做衬底,表6.3列出了一些器件对 GaAs 单晶导电类型及掺杂的要求。

表 6.3　某些器件对 GaAs 材料及掺杂元素的要求

器件种类	衬质类型	掺杂元素	掺杂浓度/cm^{-3}
微波器件	N$^+$	Te、Sn	
	I	Si	$10^{17} \sim 10^{18}$
		Cr、O	$\sim 10^{17}$
红外器件	N$^+$	Si	$10^{17} \sim 10^{18}$
	P$^+$	Zn	$10^{17} \sim 10^{18}$
	N^{+*}	Te	$10^{16} \sim 10^{18}$
激光器	N$^+$	Te、Sn、Si	$\sim 10^{18}$
可见光器件	N$^+$	Te、Sn、Si	$10^{17} \sim 10^{18}$
红外调制器件	I	Cr、O、Fe	$\sim 10^{17}$

＊衬底作有源层,其余均作外延衬底。

由此可见,GaAs 常用的掺杂剂,N 型是 Te、Sn、Si,P 型是 Zn,高阻是 Cr、Fe 和 O 等。掺杂的办法可将杂质直接加入 Ga 中,也可将易挥发杂质(如 Te)与砷放在一起,加热后通过气相溶入 GaAs 中掺杂。

下面介绍一些掺杂量计算的经验公式。

用水平法生长 GaAs 单晶掺杂量 m 为

$$m = \frac{nwA}{N_0 d} \tag{6.3}$$

式中,n 为要求 GaAs 的载流子浓度;A 为掺杂元素的摩尔质量;w 为制取 GaAs 的重量;N_0 为阿佛伽德罗数;d 为 GaAs 的密度。

在实际生长时,由于脱氧会造成杂质损失,汽化后占据反应管的空间,另外还可能与 GaAs 中的其他杂质相互作用补偿等而引起偏差,因此要对上式进行修正,式(6.3)变为

$$m = K \frac{nAw}{3.202 \times 10^{24}} \tag{6.4}$$

式中,K 为修正系数,国内一些单位由实践中得到的 K 值如表 6.4 所示。

表 6.4　修正系数 K 值

掺杂元素	Fe	Sn	Zn	Se
K 值	10	20	$10 \sim 15$	$10 \sim 20$

在拉重掺 Te($n \geqslant 10^{18}$ cm^{-3})GaAs 单晶时,往往把 As 端温度提高,达到 680℃,以加大 Te 的蒸气压,这时熔体会因富砷而出现组分过冷,故应放慢拉速。

对于液态密封法掺杂比 HB 法复杂,因为它需要考虑杂质与 B$_2$O$_3$ 作用及在 B$_2$O$_3$ 中溶解的影响等。一般也采用经验公式来计算掺杂量。对于 GaAs 中掺 Te 的经验公式为

$$C_s = 1.85 \times 10^{18} C_0 - 0.62 \times 10^{18} \tag{6.5}$$

式中,C_s 为要求晶体达到的载流子浓度;C_0 为应掺 Te 的浓度(mg/g)。

掺 Sn 的经验公式为

$$\lg C_s = 16.82 + 0.2 C_0 \tag{6.6}$$

掺 Cr 的经验是拉制 400g 电阻率 $>10^7 \Omega \cdot cm$ 的 GaAs 单晶掺 Cr 900mg。

液态密封法不能掺 Si,因为发生反应

$$3Si + 2B_2O_3 \rightleftharpoons 4B + 3SiO_2$$

结果增加 B 沾污 GaAs 晶体。

在拉制 GaAs 单晶时,杂质在晶体中的分布状况与锗、硅中是大致相同的。在液态密封法中,因 B_2O_3 抑制了 As 和杂质的挥发,故杂质在晶体内的纵向分布基本由分凝效应决定,采用变速拉晶法有利于获取电阻率均匀的晶体。另外,杂质在熔体和 B_2O_3 之间还有一定的分配作用,当 $K < 1$ 的杂质随着晶体生长而进入熔体时,一部分杂质也会进入 B_2O_3 中,B_2O_3 起着使熔体内杂质浓度缓慢变化的作用,这也有助于纵向均匀性的提高。至于径向均匀性的问题与 Si 单晶生长情况相同,这里不再讨论。

6.3.3 砷化镓单晶中 Si 沾污的抑制

体效应和限累器件对 GaAs 的纯度要求很高,特别是限累器件要求 GaAs 电子浓度为 $5 \times 10^{13} \sim 2 \times 10^{15}/cm^3$,因此需要提高 GaAs 单晶纯度。利用 HB 法可获得高纯 GaAs,但实验表明单晶中常有较多 Si 的沾污,其平均浓度在 $10^{16} \sim 10^{17}/cm^3$ 左右。这种沾污是 GaAs 熔体侵蚀石英器皿的结果。

在 GaAs 的合成及晶体生长时,在高温区将发生 GaAs 熔体中的 Ga 与石英反应

$$4Ga + SiO_2 \rightleftharpoons Si + 2Ga_2O \uparrow \tag{1}$$

$$2Ga + 3SiO_2 \rightleftharpoons 3SiO \uparrow + Ga_2O_3 \uparrow \tag{2}$$

$$Si + SiO_2 \rightleftharpoons 2SiO \uparrow \tag{3}$$

反应生成的 Si 进入 GaAs 熔体中,一部分与 SiO_2 反应生成 SiO(g) 逸出,余下的在生长 GaAs 晶体时,进入晶体。

在低温区,又可发生如下反应:

$$3Ga_2O + As_4 \rightleftharpoons Ga_2O_3 + 4GaAs \tag{4}$$

$$SiO \rightleftharpoons SiO \tag{5}$$

这两个反应温度越低越易发生,反应(4)消耗了 Ga_2O 气体,使反应(1)移向右方,从而进一步加重了 Si 的沾污。

为了减少 Si 的沾污,研究了以下措施。

(1)采用三温区横拉单晶炉改变炉温分布,由上面讨论可知,反应(1)引起的 Si 沾污受反应(4)消耗 Ga_2O 而加强,但反应(4)与温度有关,温度升高能减弱消耗 Ga_2O 的反应,从而抑制了反应(1)中 Si 的生成。依据这一原理设计了三温区炉,其温度分布曲线如图 6.18 所示,与此同时还采取措施限制或减少 Ga_2O 气体从高温区向低温区扩散(如缩小中、低温间管径或将温度分布造成一凸起部分),这样可将 GaAs 中 Si 的浓度抑制到 $10^{15}/cm^3$ 以下。

(2)降低合成 GaAs 及拉晶时高温区温度。在反应(1)到达平衡时,GaAs 中 Si 的活度 a_{Si} 为

$$a_{Si} = \frac{k}{p_{Ga_2O}^2} \tag{6.7}$$

k 是反应平衡常数,是温度的指数函数,因此合成与拉晶时,温度对 Si 的沾污量影响很大(参见表 6.5),在生产中合成 GaAs 时,一般控制在熔点以上 20℃,拉晶时温度再降低 10℃。

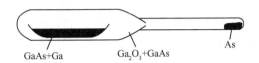

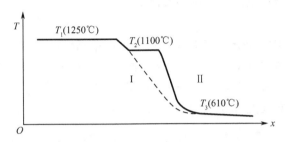

図 6.18 二温区炉温(Ⅰ)与三温区炉温(Ⅱ)分布比较

表 6.5 不同温度生长 N-GaAs 单晶的性质

高温区温度/(℃)	n_{300K}/cm^{-3}	$\mu_{300K}/(cm^2/V \cdot s)$
1265 ~ 1275	2.5×10^{17}	3290
1255 ~ 1265	3.5×10^{17}	3920
1250 ~ 1255	4.6×10^{17}	4650

(3) 压缩反应系统与 GaAs 熔体的体积比。由 Si 沾污反应(1)可知,反应达到平衡时,形成的 Ga_2O 与 Si 的摩尔数 n_{Ga_2O} 与 n_{Si} 间有

$$2n_{Si} = n_{Ga_2O} \tag{6.8}$$

近似应用理想气体公式得

$$n_{Ga_2O} = p_{Ga_2O}V_g/RT \tag{6.9}$$

V_g 为反应管的空间体积,p_{Ga_2O} 为 Ga_2O 的平衡分压,T 为反应管的平衡温度。Si 在 GaAs 中的摩尔分数 x_{Si} 为

$$x_{Si} = \frac{n_{Si}}{n_{GaAs} + n_{Si}} \tag{6.10}$$

当 n_{Si} 十分小时,$n_{Si} = x_{Si}n_{GaAs}$,n_{GaAs} 为 GaAs 的摩尔数,且

$$n_{GaAs} = \frac{W_{GaAs}}{M_{GaAs}} = \frac{V_m d_{GaAs}}{M_{GaAs}}$$

V_m 为 GaAs 熔体体积,d_{GaAs} 为 GaAs 熔体密度。

$$n_{Si} = x_{Si}\frac{V_m d_{GaAs}}{M_{GaAs}} \tag{6.11}$$

将式(6.11)和式(6.9)代入式(6.8)中,整理得

$$p_{Ga_2O} = \frac{2x_{Si}V_m d_{GaAs}RT}{M_{GaAs}V_g}$$

设 $V = V_g/V_m$,称为体积比,则上式变为

$$p_{Ga_2O} = \frac{2x_{Si}d_{GaAs}RT}{M_{GaAs}V} \tag{6.12}$$

由上式可见,当 T 一定时,p_{Ga_2O} 恒定。当体积比 V 增大时,x_{Si} 大,即 Si 沾污大。有人用热力学计算得出,当 $V=10$ 时,Si 沾污浓度为 10^{-6},$V=5$ 时 Si 浓度为 $6×10^{-7}$,与以上分析是一致的。

(4) 往反应系统中添加 O_2、Ga_2O_3、As_2O_3,会增加 p_{Ga_2O},从而抑制反应(1)的进行,减少 Si 的沾污。但掺 O_2 易形成深能级而得半绝缘的 GaAs 单晶,因此应严格控制掺 O_2 量,另外可在反应管内加入盛 Ga_2O_3 的石墨舟,在 1000℃将发生

$$Ga_2O_3 + 2C \Longrightarrow Ga_2O + 2CO$$

反应。这种措施在实施中比较困难,因此在实际 GaAs 单晶生长中不常使用。

(5) 改变 GaAs 熔体与石英舟接触的状态,如喷砂打毛石英舟减少"黏舟"现象。另外将喷砂打毛舟装上 Ga 在 1150℃高温下真空处理 10h,冷却后,一部分溶于 Ga 中的石英重新析出,生成高熔点球状石英,更能改善黏舟现象,减少 Si 沾污。

6.4 砷化镓单晶的完整性

1. 点缺陷

制备 GaAs 晶体时,很难得到化学比为 $1:1$ 的化合物,其中包含有镓空位 V_{Ga}。由图 6.14 可知,在最高熔点处,溶液是富 As 的,如果在生长晶体时 As 压控制不稳,便容易产生 V_{Ga} 或砷空位 V_{As}。

V_{Ga} 和 V_{As} 在 GaAs 中的行为尚无统一的看法。V_{Ga} 是受主,激活能为 $+0.18eV$,V_{As} 有人认为是受主($E_v+0.12eV$),也有人认为是浅施主。当然在 GaAs 中也可能存在着间隙原子 Ga_i 和 As_i 及反结构原子 Ga_{As}、As_{Ga}。应用质量作用定律可以求出其浓度:

$$[V_{Ga}][V_{As}] = K_1$$

$$[V_{Ga}][As_i] = K_2$$

$$[V_{As}][Ga_i] = K_3$$

$$[Ga_{As}][As_{Ga}] = K_4$$

式中,K_1、K_2、K_3 和 K_4 为常数。

实际上,在 GaAs 中的结构缺陷往往生成种种络合物,它们是两个或两个以上的点缺陷通过库仑力作用、偶极矩或共价键作用在低温下形成的。这些络合物因为存在偶极矩,因而能吸引电子或空穴,所以具有能级位置,有独特的温度依赖关系和特定的光荧光激发光谱等特征。目前已发现众多的缺陷—杂质,杂质—杂质络合物。如$[Cu_{Ga} \cdot V_{Ga}]$、$[Cu_{Ga} \cdot V_{As}]$$[Cu_{Ga} \cdot Te]$、$[V_{Ga} \cdot Sn_{Ga}]$、$[V_{Ga} \cdot As_i]$$[V_{Ga} \cdot Si_{Ga}]$、$[Ga_{As} \cdot V_{Ga}]$…它们大多数与空位缺陷 V_{Ga},V_{As} 有关,起受主作用。因此要提高 GaAs 质量,除减少杂质沾污外,消除结构缺陷也是一个十分重要的任务。

2. 位错

GaAs 晶体中的位错对器件有明显的影响。它能引起耿氏器件电击穿,使发光器件发光不均匀,寿命短。但它也能与点缺陷作用,减少缺陷—杂质络合物的形成,故生长低位错 GaAs 单晶有时也是器件所需求的。

GaAs 晶体中引入位错的原因与 Si 大致相同,但也有其特殊性。①由应力引入位错,如 HB 法生长单晶发生黏舟将产生大量位错。此外,研磨和热处理也能引入位错。GaAs 与 Si 一

样,滑移面为{111}面,滑移方向为⟨110⟩。在(111)面上呈星形,在(100)面上呈方格。②生长时引入的位错,如籽晶中位错的延伸,由于小平面效应和熔体的组分过冷;由于SiO沉淀或富As泡的凝聚等引起位错异质成核;特别是GaAs中其他杂质的偏析的沉淀,形成第二相,在其周围有可能出现高密度的位错。

目前,通过选择合适的籽晶(如⟨311⟩、⟨511⟩等),防止黏舟,调整单晶炉热场,稳定生长条件,以及采取缩颈等工艺措施,可以生长出无位错或低位错的GaAs单晶。

GaAs中的位错,可用腐蚀液腐蚀后由金相显微镜来观察,常用的腐蚀剂列于表6.6中。

表6.6　常用的GaAs腐蚀剂

H_2O	HNO_3	H_2SO_4	H_2O_2	HP	其他添加剂	条件	用途
1	1			1			镜面抛光
1		3	1				镜面抛光
					在CH_3OH中加15%Br_2	7μm/min	镜面抛光
					5%KOH		镜面抛光
0.4	1			3	1%$AgNO_3$		A为镜面B面凸起
5	3			2	0.24mol%$AgNO_3$	3min室温	A、B面坑
1~2	1			1		10min	A面坑
2	1			2			A面坑B面氧化
3	1						全面坑B面凸起
5			1		5%NaOH 8g$AgNO_3$	5min	A、B面坑
2ml				1ml	1gCr_2O_3	10min65℃	(100)(110)(111)坑
8		1	1			10~30s	PN结晶界
4			1	1			结晶面
1			1	1		1~2min	区分A,B面 A面光泽B面模糊
2ml				1ml	8mg$AgNO_3$		层错
4	3			1			生长条纹
10			1	1			PN结

3. GaAs中沉淀

前面已经提到,在重掺Te的GaAs当中,当载流子浓度$n \leqslant 10^{18}/cm^3$时,$n \approx N_{Te}$(N_{Te}为掺入GaAs中的Te浓度)。当$n > 10^{18}/cm^3$时,n与N_{Te}则不是1:1关系,而是一部分Te形成了电学非活性的沉淀。用扫描电子显微镜(SEM),透射电子显微镜(TEM),X射线形貌术(XRT)等方法对重掺杂GaAs的夹杂物进行研究,发现在(001)生长的⟨110⟩方向,掺Te的GaAs单晶的夹杂物外部为单晶内部为多晶。多晶区富砷,富碲,而过渡区为Ga_2Te_3。另外还发现有些沉淀物是以砷单体或(Ga-Te)络合物形式存在。除Te以外,掺其他杂质的GaAs单晶,只要掺杂浓度足够高时也发现有沉淀。如掺Sn,当$N_{Sn} \geqslant 4 \times 10^{18}/cm^3$时,有$Sn_2As_2$存在。掺Zn,当$N_{Zn}$

$\geqslant 1.2 \times 10^{18} / cm^3$ 时，有 Zn_2As_2 存在。但掺 Si 的 GaAs，只有当掺杂浓度很高时才出现 SiO 沉淀。另外在掺 Cr 的 GaAs 单晶中也发现大到 $500 \mu m$ 的第二相，其中之一是 CrAs : GaAs = 94.6 : 5.4 的共晶物。掺 Fe 的 GaAs 单晶也有 Fe-As 沉淀物。

GaAs 中的微沉淀对器件的性能有很大的影响，如 Te 沉淀物使单异质结激光器内量子效率降低，吸收系数增大，发光不均匀，使器件性能退化。因此引起国内外的重视，但掺 Si 的 GaAs 中沉淀物少，所以常用它做衬底来改进器件的性能，已收到良好的效果。

4. GaAs 晶体的热处理

体效应微波器件要求材料在室温以上应有正的电阻率温度系数，即 $d\rho/dT > 0$。否则，在器件工作过程中，因高电场和大电流密度作用发热，会加剧温度的升高而导致器件被烧毁。目前外延法生长的 GaAs 材料 $d\rho/dT > 0$，而体单晶材料则 $d\rho/dT < 0$，且锭条的局部或全部形成高阻。

一般认为这是由于 GaAs 材料中存在着较高浓度的深能级缺陷的缘故。因为在一般半导体材料中，室温下杂质已全部电离，升高温度时，会使本征载流子增加，但 GaAs 的禁带宽度较大，因此由本征激发提供的载流子浓度很少。另一方面升温会使晶格散射作用增强，使迁移率很快下降。因此在掺有浅施主能级杂质的材料中 $d\rho/dT > 0$。但当材料含有深能级电子陷阱时，如它的状态密度超过或相当于浅施主的状态密度时，大部分导电电子会被陷阱捕获，使材料呈现高阻状态。但当温度升高时，它们将逐渐电离参加导电，结果使晶体电阻率下降呈现 $d\rho/dT < 0$。关于它们的本质目前尚不清楚，若把 GaAs 体单晶进行热处理，可以消除或降低深能级电子陷阱，使 $d\rho/dT > 0$。

GaAs 单晶热处理方法有两种，一种是生长单晶后不打开石英管，在原气氛下降温退火。另一种是取出单晶，在流动的 H_2 下热处理，温度为 $700 \sim 850 \text{℃}$，时间 12h，热处理后，一般都能使其电阻率下降，迁移率升高，电阻率温度系数变正，$d\rho/dT > 0$。

6.5 其他Ⅲ-Ⅴ族化合物的制备

除 GaAs 外，其他Ⅲ-Ⅴ族化合物中应用较多的是 GaP、InP、InSb 和 GaN 等。但 GaN 目前很难制备较大的体单晶，主要用外延的方法制备薄膜单晶，这将在下一章介绍。在这里简要介绍另外几种广泛应用的Ⅲ-Ⅴ族化合物单晶的制备。

6.5.1 GaP 的合成与晶体生长

微课

GaP 熔点为 1470℃，其离解压为 $(3.5 \pm 1) \times 10^6 Pa$，因此由 Ga 和 P 在高温下直接合成化学计量比的 GaP 需要在高压容器内进行。如在常压下或 $10^5 Pa$ 数量级压力下合成，则用溶液法，在富 Ga 低温下合成，如垂直布里奇曼法等。

GaP 单晶的生长法主要有液态密封法和合成溶质扩散法。

1. 液态密封法

在充高达 $5.5 \times 10^6 Pa$ 氩气氛下，用 B_2O_3 液封拉晶。但因 GaP 离解压很大，在典型的生长条件下，也会有约 1% 的 P 逸出，逸出的 P 使 B_2O_3 层透明度变差，甚至冷凝在拉晶炉的观察窗上造成观察困难，为此可用 X 射线扫描与微机相结合等技术来控制拉晶。目前此法是拉制

GaP 单晶的主要方法。利用缩颈技术也可以拉制出无位错的 GaP 单晶。热力学计算表明,在熔点附近,V_{Ga} 和 V_P 浓度分别达到 $4.6 \times 10^{18}/\text{cm}^3$ 和 $(1.1 \sim 1.3) \times 10^{19}/\text{cm}^3$。还有反结构缺陷,特别是占 P 格点的 Ga 原子 Ga_P,其浓度可达 $3.7 \times 10^{17}/\text{cm}^3$。在晶体拉成后冷却时,这些缺陷呈过饱和状态,可能凝聚形成微缺陷。在对 GaP 材料做位错腐蚀显示时,除了三角锥形位错腐蚀坑(D 坑)外,还发现有"碟形"S 坑(浅扁平底圆形坑),其大小在 $1 \sim 10\mu\text{m}$。D 坑中有一类有平滑平面的叫 D_C 坑,另一类 D 坑被 S 坑装饰着叫 D_S 坑。对于 S 坑的起因尚不明了,可能是缺陷和杂质(如 Si)的络合物,它对发光起淬灭作用,影响光致发光和电致发光效率。曾用透射电子显微镜对掺 S($3.8 \times 10^{17}/\text{cm}^3$)和 Zn、O 的有位错 GaP 进行研究表明,微缺陷是以不全位错和完全位错环的形式存在。这些位错环是非本征的,平均大小为 50nm。不全位错环在 $\{111\}$ 面,柏氏矢量为 $\frac{1}{3}a\langle 111 \rangle$(弗兰克型)。完全位错环处在 $\{110\}$ 面,柏氏矢量为 $\frac{1}{2}a\langle 110 \rangle$,环内有小的沉淀物。

目前由于液态密封法拉制的 GaP 单晶中 S 坑密度大,不能直接用来做器件,但用它做衬底外延后,在外延层中缺陷密度大大减低(如直拉单晶 S 坑密度为 $10^7/\text{cm}^3$,外延后可降至 $10^3/\text{cm}^3$),因此在制做 GaP 发光管时,总要用外延生长的材料。

2. 合成溶质扩散法

合成溶质扩散(synthesis solute diffusion,SSD)法制备 GaP 示意图如图 6.19 所示。坩埚中盛 Ga,Ga 表面温度在 $1100 \sim 1150℃$ 之间,坩埚底部籽晶处在 $1000 \sim 1050℃$,P 源温度为 $420℃$,这时产生约 10^5Pa 的 P 蒸气,而 $1150℃$ 时 GaP 的离解压为 0.7Pa,故在约 10^5Pa 的 P 蒸气下,GaP 可稳定生长。开始时,P 蒸气与处于高温的 Ga 液表面反应生成 GaP 膜。此 GaP 膜将溶解于下面的 Ga 液中,并向坩埚底部扩散,由于坩埚底部温度较低,最后超过 GaP 溶解度时,就会析出晶体。如 P 源足够,最后会将 Ga 液全部转变成 GaP 晶体。如果有籽晶,则会沿籽晶逐渐长大成大晶粒。

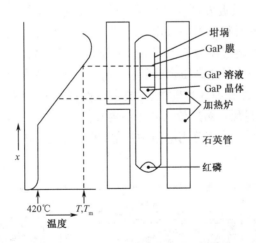

图 6.19　SSD 法制备 GaP 示意图

在 SSD 法中,由于有足够高的 P 压,保证了合成需要的 P,而溶解过程也是足够快的,所以 GaP 的扩散将成为晶体生长速度的控制步骤。由斐克定律得

$$J_{GaP} = -D\frac{\partial C}{\partial x} = -\rho_{GaP}v \qquad (6.13)$$

式中,J_{GaP}为 GaP 迁移率;D是扩散系数;$\partial C/\partial x$是 GaP 的浓度梯度;ρ_{GaP}为 GaP 的密度;v是晶体生长速度。

当生长达到稳态时,溶液中各点的浓度,即是该温度下 GaP 的饱和度,而

$$\frac{\partial C}{\partial x} = \frac{\partial C}{\partial T}\frac{\partial T}{\partial X}$$

代入式(6.13),得

$$v = \frac{D}{\rho_{GaP}}\frac{\partial C \partial T}{\partial T \partial x} \qquad (6.14)$$

$\frac{\partial T}{\partial x}$为溶液在扩散方向上的温度梯度,可近似用 Ga 液表面和底部间的平均温度梯度$\frac{T_H - T_L}{\Delta x}$来表示。$T_H$、$T_L$分别为 Ga 液表面和底部温度,$\Delta x$为二者间的距离。$\frac{\partial C}{\partial T}$可由 GaP 在 Ga 中的溶解度-温度关系得到。在 1100℃,$D_{GaP} = 1.8 \times 10^{-2}\exp(-0.55eV/kT)$ cm^2/s。由式(6.14)可以看出晶体生长速度受溶质扩散系数,温度梯度及溶质浓度随温度的变化率所决定。

SSD 法最大优点是生长的晶体中 S 坑少,而且合成与晶体生长都在常压下进行,且掺杂质 Te、S 时的有效分凝系数也比通常由熔体生长时大 3~4 倍,故所得晶体中杂质浓度分布比较均匀,但生长速度慢而且在大多数情况下只得到多晶。近来采用感应加热法增大温度梯度,可使晶体生长速度达到 1.7mm/h 以上。

6.5.2 InP 的合成与晶体生长

InP 是具有沥青光泽的深灰色晶体,在电场作用下,谷间电子转移引起的负阻效应比 GaAs 大,制作微波器件和放大器比 GaAs 好。近年来,由于长波长光纤通信技术的发展,要求 1.1~1.6μm 波长范围的光源和探测器,在 InP 衬底上生长的 GaInAsP/InP 双异质结制做的光电器件能满足这种要求,特别是最近发展起来的 GaInAs(P)/InP 量子阱,应变量子阱器件更引人注目,极大地促进了 InP 基材料的发展,InP 是可以与 GaAs 相比的重要化合物半导体材料。

InP 在熔点 1070℃时,离解压为 2.75×10^6Pa,所以与 GaP 相似,合成与拉晶均需在高压下进行。图 6.20 为 InP 多晶水平式高压合成装置示意图。它有两层石英管和一层石墨衬管,衬管两端用石墨帽盖住。In 放在石墨衬管内,P 放在石英管的另一端,中间用多孔塞子隔开,在 1.3×10^{-3}Pa 下将石英管封死。然后放入高压炉内加热,高温区用高频感应加热产生熔区,熔区可以从一端移到另一端,其他部分用电阻炉加热,维持反应管内 P 压,合成时熔区移动速度为 6cm/h。

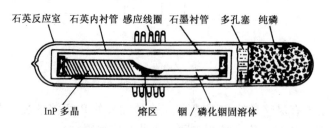

图 6.20　InP 多晶合成示意图

InP 多晶也可以在垂直的反应器内合成,但一般来说合成得不够充分,总是 In 过剩。采用气流搅拌技术可使合成反应进行得比较完全。图 6.21 示出其反应原理,该反应系统由四个室组成。B 室中放 In,D 室放 P,A 室与 B 室的底部通过一个导管相通,D 室也与 A 室相通。当系统被加热时,A 室内压力增大,气流在 B 室产生气泡搅动了 In 熔体,当 D 室温度降低时,B 室的 In 熔体向 A 室流动,再提高 D 室温度又发生一次鼓泡搅拌作用,不断反复这种操作,D 室中的 P 蒸气不断地进入 B 室与 In 熔体反应合成 InP。由于气泡的搅拌作用,使合成的 InP 中很少或者不含有过剩的 In。这种方法也适用于其他 V 族元素蒸气压大的 Ⅲ-V 族化合物的制备。

图 6.21　气流搅拌法合成 InP 示意图

InP 单晶的拉制主要用液态密封法,最大的单晶直径可达 100mm,杂质含量也较低,通常 $N_D - N_A < 4.7 \times 10^{15}/cm^3$,$\mu_{77K} > 2.5 \times 10^4 cm^2/(V \cdot s)$。也可拉制掺 S、Se、Te 等 N 型重掺单晶和掺 Zn 的 P 型及掺 Fe 的半绝缘单晶。

6.5.3　InSb 的合成与晶体生长

在 Ⅲ-V 族化合物半导体中,InSb 是一个可以很容易由组成元素直接合成、提纯和生长单晶的化合物,所以研究得较早也较深入。

通常将纯 Sb 与 In 按剂量直接放在石英管内,抽真空或在惰性气体保护下加热到 536℃ 以上熔化就能够生成 InSb。然后将它放在石英舟中,再装入通有纯 H_2 的石英管内,就可以像 Ge 区熔提纯那样进行区熔提纯及生长单晶。

区熔提纯后的 InSb 单晶杂质浓度 $< 1 \times 10^{12}/cm^3$,室温下电子迁移率 $> 1 \times 10^6 cm^2/(V \cdot s)$,空穴迁移率达 $750 cm^2/(V \cdot s)$。这样高的迁移率在元素和化合物半导体中是很少有的。高的迁移率和小的禁带宽度($E_g = 0.18eV$)表明,InSb 的化学键中共价键成分较大,离子性较小。

InSb 主要用于制造远红外探测器、温差电元件,测量磁场、霍尔系数等的磁敏元件等。

第7章　Ⅲ-Ⅴ族化合物半导体的外延生长

1962 年以前,关于 GaAs 的研究大多数是如何提高 GaAs 体单晶的质量。这是因为从熔体生长的单晶纯度低,缺陷多,电阻率温度系数是负的,而且不能制作多层异质结构,做欧姆接触也很困难,远远不能满足器件制作的要求。1962 年以后,化合物半导体的各种外延技术相继问世,使材料的质量和器件的性能得到很大的改善。与体单晶相比,GaAs 外延材料纯度高、电学特性好,具有正的温度系数,外延层的晶体完整性也有所提高。外延生长可以制备厚度和杂质均匀分布的薄层及异质多层结构,以满足器件制作的需要。外延生长还有一些其他的特性,将在以后的章节中,结合具体材料的制备加以介绍。

正因为外延生长具有这些特点,使它成为化合物半导体器件制作几乎不可缺少的工艺。绝大多数器件都是用外延层做有源层,而单晶则用来做衬底。目前主要的外延方法有气相外延、液相外延、分子束外延、化学束外延等。本章主要以 GaAs 为例介绍这些化合物半导体外延生长技术。

7.1　气相外延生长(VPE)

气相外延生长(vapor phase epitaxy, VPE)发展较早,主要有卤化物法(Ga/AsCl$_3$/H$_2$ 体系)、氢化物法(Ga/HCl/AsH$_3$/H$_2$ 体系)和金属有机气相外延法。本节介绍卤化物法和氢化物法,金属有机气相外延法在下一节介绍。

7.1.1　卤化物法外延生长 GaAs

1. Ga/AsCl$_3$/H$_2$ 体系气相外延原理及操作

这种外延的水平反应系统及炉温分布如图 7.1 所示,高纯 H$_2$ 经过 AsCl$_3$ 鼓泡器,把 AsCl$_3$ 蒸气携带入反应室中,它们在 300~500℃ 的低温就发生还原反应,

$$4AsCl_3 + 6H_2 \Longleftrightarrow As_4 + 12HCl$$

生成的 As$_4$ 和 HCl 被 H$_2$ 带入高温区(850℃)的 Ga 源(也称源区)处,As$_4$ 便溶入 Ga 中形成 GaAs 的 Ga 溶液,直到 Ga 饱和以前,As$_4$ 不流向后方。

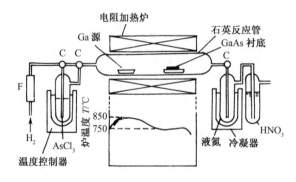

图 7.1　Ga/AsCl$_3$/H$_2$ 体系外延生长 GaAs 的设备及温度分布

$$4Ga + xAs_4 \Longleftrightarrow 4GaAs_x \quad (x < 1)$$

而 HCl 在高温下同 Ga 或 GaAs 反应生成镓的氯化物,它的主反应为

$$2Ga + 2HCl \Longleftrightarrow 2GaCl + H_2$$

$$GaAs + HCl \Longleftrightarrow GaCl + \frac{1}{4}As_4 + \frac{1}{2}H_2$$

GaCl 被 H_2 运载到低温区,如此时 Ga 舟已被 As 饱和,则 As_4 也能进入低温区,在 750℃下发生歧化反应,生成 GaAs,生长在放在此低温区的衬底上(这个低温区亦称沉积区):

$$6GaCl + As_4 \Longleftrightarrow 4GaAs + 2GaCl_3$$

有 H_2 存在时还可发生反应

$$4GaCl + As_4 + 2H_2 \Longleftrightarrow 4GaAs + 4HCl$$

反应生成的 $GaCl_3$ 被输运到反应管尾部,以无色针状物析出,未反应的 As_4 以黄褐色产物析出。

以上简要地叙述了外延生长中的主要反应过程,实际上还与其他很多因素有关,是比较复杂的。

外延的实际操作是,抛光好的 GaAs 衬底片清洗处理后,用 $H_2SO_4 : H_2O_2 : H_2O = 3 : 1 : 1$(体积比)配制的腐蚀液腐蚀,再用水清洗干净,烘干后装入反应室。外延生长前应先通 $AsCl_3$ 并加热使 Ga 被 As_4 饱和,然后将沉积区升温到 850℃继续通 $AsCl_3$ 对衬底进行气相腐蚀 10 ~ 15min 后,再降至生长温度(750℃)进行外延生长。

2. 源区的气相组成

在 $Ga/AsCl_3/H_2$ 体系中,$AsCl_3$ 还原生成的 As_4 通过 Ga 源区,全部被吸收。当 Ga 中吸收的 As_4 达到在该温度下的饱和浓度时,就会有 GaAs 析出。如果源区温度分布不均匀,则 GaAs 首先在低温处出现,并随着进一步吸入 As_4 而逐渐向高温区扩展,直到把整个 Ga 源都覆盖上 GaAs 硬壳为止。通常把开始通入 $AsCl_3$ 到 Ga 源表面布满 GaAs 壳为止的一段时间称为 Ga 饱和时间,这个过程叫镓饱和过程。

Ga 源上生成的 GaAs 壳的稳定情况,对外延系统中的气相组成(Ga/As)有很大的影响。表 7.1 列出了源表面状况与 Ga/As 的实验测定的结果。

GaAs 外延生长实践表明,在 Ga/As 比较低的条件下,所得的外延层有较低的载流子浓度和较高的电子迁移率。因此应选择表面保持全壳或用固体 GaAs 为 Ga 源进行外延生长,但固态 GaAs 源在合成时经受了高温过程,纯度较差。用全液态 Ga 源容易出现高阻,外延结果重复性差。因此 GaAs 气相外延多数都用长全壳的 Ga 源,所以镓饱和是一个非常重要的工艺过程。

表 7.1　不同条件下测得的 Ga/As 比

源的状况		温度/℃	Ga/As
被砷饱和的镓为源	自始至终 1/2 液相	850	9.1
	起始 1/2 液相,结束时为全壳	850	4.5
	起始 1/5 液相,结束时为全壳	850	2.0
	起始 1/5 液相,结束时为全壳	850	1.8
	自始至终全壳	850	1.4
	自始至终全壳	850	1.3

源的状况	温度/℃	Ga/As
高温合成 GaAs 为源	850	0.63
高温合成 GaAs 为源	850	0.62
低温合成 GaAs 块为源	850	0.78
（较疏松）	850	0.75
	850	0.59
	850	0.58

应该指出的是前几次外延时,$AsCl_3$ 源温度对下几次外延有影响,称此为"履历效应"。例如,若 $AsCl_3$ 在 20℃时外延结果较好,如突然把 $AsCl_3$ 温度降到 10℃时,其结果会比一开始就用 10℃的 $AsCl_3$ 温度外延,得到的结果好。如继续用 10℃ $AsCl_3$ 温度外延,几次生长之后载流子浓度才会逐渐升高。若是再把 $AsCl_3$ 源升到 20℃,它比原来一直用 20℃ $AsCl_3$ 外延结果差,又需要外延数次后,才能恢复到最佳状态。

7.1.2 氢化物法外延生长 GaAs

GaAs 另一种常用的气相外延生长是采用 $Ga/HCl/AsH_3/H_2$ 体系,即氢化物法,其生长机理为

$$Ga + HCl \Longrightarrow GaCl + \frac{1}{2}H_2$$

$$AsH_3 \Longrightarrow \frac{1}{4}As_4 + \frac{3}{2}H_2$$

$$GaCl + \frac{1}{4}As_4 + \frac{1}{2}H_2 \Longrightarrow GaAs + HCl$$

这种方法,$Ga(GaCl)$ 和 $As_4(AsH_3)$ 的输入量可以分别控制,并且 As_4 的输入可以在 Ga 源的下游,因此不存在镓源饱和的问题,所以 Ga 源比较稳定。

卤化物和氢化物法生长 GaAs 除了水平生长系外,还有垂直生长系统,这种系统的基座大都是可以旋转的,因此其均匀性比较好。

7.1.3 VPE 生长 GaAs 的 Si 沾污

减少外延层中的杂质沾污是提高外延层质量的重要工作。因此对 GaAs 气相外延中剩余杂质国内外都开展过细致的研究。主要有 Si、Cu、Na 等杂质,其中以 Si 更为主要。在 GaAs 中 Si 是两性杂质,当 Si 占据 As 位或 Ga 位时,就分别起浅受主和浅施主的作用。它还能和氧形成络合物($Si_{Ga}O_i$)和($Si_{As}O_i$),分别起深施主和深受主作用。这些都会严重地影响着外延层的电学性质。

Si 的主要来源有两个:一是衬底的自掺杂;另一个是石英系统。衬底无硅掺杂时,主要来源于 $Ga/AsCl_3/H_2$ 系统生成的 HCl 和 $Ga/HCl/AsH_3/H_2$ 体系中的 HCl 与石英器皿反应生成的各种稳定挥发性的 Si 化合物。

$$4HCl + SiO_2 \overset{K_1}{\Longrightarrow} SiCl_4 + 2H_2O$$

$$H_2 + 3HCl + SiO_2 \overset{K_2}{\Longrightarrow} SiHCl_3 + 2H_2O$$

$$2H_2 + 2HCl + SiO_2 \underset{K_3}{\rightleftharpoons} SiH_2Cl_2 + 2H_2O$$

$$3H_2 + HCl + SiO_2 \underset{K_4}{\rightleftharpoons} SiH_3Cl + 2H_2O$$

$$SiO_2 + H_2 \underset{K_5}{\rightleftharpoons} SiO + H_2O$$

另一方面 Si 化合物被 H_2 还原生成的 Si 进入外延层中,其反应为

$$SiCl_4 + 2H_2 \underset{K_6}{\rightleftharpoons} 4HCl + Si(掺在\,GaAs\,中)$$

$$SiHCl_3 + H_2 \underset{K_7}{\rightleftharpoons} 3HCl + Si(掺在\,GaAs\,中)$$

$$SiH_2Cl_2 \underset{K_8}{\rightleftharpoons} 2HCl + Si(掺在\,GaAs\,中)$$

$$SiH_3Cl \underset{K_9}{\rightleftharpoons} HCl + H_2 + Si(掺在\,GaAs\,中)$$

从上面一系列反应式中可以看出,适当增加系统中的 HCl 和 H_2O 分压,能抑制 Si 的沾污。但是水蒸气的引入会使氧的沾污变得严重,因此在外延时提高系统中的 HCl 分压对于抑制 Si 沾污有一定的意义。

VPE 生长 GaAs,由于生长体系中 HCl 的存在引起 Si 沾污,虽然采用提高 HCl 分压的方法,可以抑制 Si 的沾污,但并不能从根本上解决问题。另一方面 HCl 对生长装置也有腐蚀作用,特别是有 H_2O(即使是微量的 H_2O)存在时,对装置的腐蚀更明显,从而引入重金属杂质沾污。这是 VPE 法的致命的弱点,它影响了 VPE 技术的应用和发展,虽然早期这种方法曾比较广泛地被用来生长Ⅲ-Ⅴ族化合物半导体外延层,但随着液相外延和金属有机物气相外延技术的发展,特别是后者的发展,使 VPE 法受到更大的影响,现在这种方法已很少使用。

7.2 金属有机物气相外延生长(MOVPE)

微课

近年来,半导体器件设计制造技术蓬勃发展,出现了许多结构复杂的化合物半导体器件,如 GaAsIC、高电子迁移率晶体管、双异质结激光器、超晶格、量子阱器件、集成光(电)子回路以及"能带工程"的研究与发展,都对化合物外延生长技术提出很高的要求,如能均匀地、重复地、大面积地生长完整性好,杂质可控性好,界面陡峭且含有多种组分的多层,异质结构的薄层、超薄层(几纳米或更薄)及低维结构晶体材料,将对器件的发展与研究提供有利条件。为了满足这些要求,发展了几种外延技术,在本节介绍其中的 MOVPE 技术,其余的外延技术将在以后各节中加以介绍。

7.2.1 MOVPE 技术的概述

MOVPE(metal-organic vapor phase epitaxy)技术是 H·M·Manasevit 于 1968 年提出来的生长化合物半导体薄层晶体的方法,当时称为 MOCVD(metal-organic chemical vapor deposition)。近年来从外延生长角度出发,大多数人认为称这一技术为 MOVPE 比较合适。它是采用Ⅲ族、Ⅱ族元素的有机化合物和Ⅴ族、Ⅵ族元素的氢化物等作为晶体生长的源材料,以热分解方式在衬底上进行外延生长Ⅲ-Ⅴ族,Ⅱ-Ⅵ族化合物半导体以及它们的多元化合物的薄层单晶。Ⅲ,Ⅱ族金属有机化合物一般使用它们的烷基化合物,如 Ga、Al、In、Zn、Cd 等的甲基或乙基化合物:$Ga(CH_3)_3$、$Ga(C_2H_5)_3$ 等,为了简单明了常用它们英文名称的缩写来表示,见表 7.2。

表 7.2　金属有机化合物名称及其英文缩写词

中文名称	分子式	英文名称及缩写词
三甲基镓	$Ga(CH_3)_3$	trimethylgallium TMG、TMGa
三甲基铟	$In(CH_3)_3$	trimethylindium TMI、TMIn
三甲基铝	$Al(CH_3)_3$	trimethylalumium TMAl
三乙基镓	$Ga(C_2H_5)_3$	triethylgallium TEG、TEGa
三乙基铟	$In(C_2H_5)_3$	triethylindium TEl、TEIn
二甲基锌	$Zn(CH_3)_2$	dimethylzinc DMZn
二乙基锌	$Zn(C_2H_5)_2$	diethylzinc DEZn
二甲基镉	$Cd(CH_3)_2$	dimethylcadmium DMCd
二乙基镉	$Cd(C_2H_5)_2$	diethylcadmium DECd

这些金属有机化合物中的大多数是具有较高蒸气压的液体（也有的是固体）。如用氢气或惰性气体做载运气体，通过液体鼓泡器（固体则掠过表面），将其携带，与 V 族或 VI 族元素的氢化物（如 NH_3、PH_3、AsH_3、SbH_3、H_2S、H_2Se）混合，通入反应器，当流经加热的衬底表面时，它们就在衬底表面上发生热分解反应，并外延生长成化合物晶体薄膜。热分解反应是不可逆的。例如用 TMG 与 AsH_3 反应生长 GaAs：

$$Ga(CH_3)_3 + AsH_3 = GaAs + 3CH_4$$

如果欲生长三元化合物 $Ga_{1-x}Al_xAs$ 时，可在上述的反应系统中再通入 TMAl，则能得到。反应为

$$xAl(CH_3)_3 + (1-x)Ga(CH_3)_3 + AsH_3$$
$$= Ga_{1-x}Al_xAs + 3CH_4$$

由于这些反应受质量输运限制，因此多元固溶体组分 x 是由输入的 TMG 和 TMAl 的比来确定的。

MOVPE 之所以受到人们的重视，主要是因为它具有下列的特点。

（1）用来生长化合物晶体的各组分和掺杂剂都以气态通入反应器。因此，可以通过精确控制各种气体的流量来控制外延层的成分、导电类型、载流子浓度、厚度等特性。可以生长薄到零点几纳米，纳米级的薄层和多层结构。

（2）反应器中气体流速快，因此，在需要改变多元化合物组分和杂质浓度时，反应器中的气体改变是迅速的，从而可以使杂质分布陡峭一些，过渡层薄一些，这对于生长异质和多层结构无疑是很重要的。

（3）晶体生长是以热分解方式进行，是单温区外延生长，需要控制的参数少，设备简单。便于多片和大片外延生长，有利于批量生长。

（4）晶体的生长速度与金属有机源的供给量成正比，因此改变其输入量，可以大幅度地改变外延生长速度。

（5）源及反应产物中不含有 HCl 一类腐蚀性的卤化物，因此生长设备和衬底不被腐蚀，自掺杂比较低。

此外，MOVPE 可以进行低压外延生长（low pressure MOVPE，LP-MOVPE），比上述常压 MOVPE 的特点更加显著。

7.2.2 MOVPE 设备

MOVPE 设备也分为卧式和立式两种,有常压和低压,高频感应加热和辐射加热,反应室有冷壁和热壁的。图 7.2 为立式低压 MOVPE 设备的示意图。

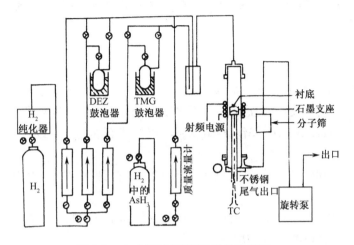

图 7.2 立式低压 MOVPE 设备示意图

因为 MOVPE 生长使用的源是易燃、易爆、毒性很大的物质,并且常用来生长大面积、多组分超薄异质外延层。因此,在设备的设计思想上,要考虑系统气密性好,流量、温度控制精确,组分变换要迅速,整个系统要紧凑等。不同厂家和研究者所生产或组装的 MOVPE 设备往往是不同的,但一般来说,都是由源供给系统、气体输运和流量控制系统,反应室加热及温度控制系统,尾气处理及安全防护报警系统,自动操作及电控系统等组成,下面分别加以简单介绍。

1. 源供给系统

源供给系统包括金属有机物和氢化物及掺杂源的供给。金属有机物是装在特制的不锈钢(有的内衬聚四氟)的鼓泡器(源瓶)中,由通入的高纯 H_2 携带输运到反应室。为了保证金属有机化合物有恒定的蒸气压,源瓶置于控温精度在 ±0.1℃ 以下的电子恒温器中。

氢化物一般是经高纯 H_2 稀释到浓度为 5% 或 10% 后(也有 100% 浓度的)装入钢瓶中,使用时再用高纯 H_2 稀释到所需浓度后,输入反应室。

掺杂源有两类,一类是金属有机化合物,另一类是氢化物,其输运方法分别与金属有机化合物源和氢化物源输运相同。

2. 气体输运系统

气体的输运管路是由不锈钢管道、质量流量控制器(mass flow controller,MFC),截止阀、电磁阀和气动阀等组成。为了防止存储效应,不锈钢管内壁进行电化学抛光,管道的接头用氩弧焊或 VCR 接头连接,并用正压检漏和 He 泄漏检测仪检测,保证反应系统无泄漏是 MOVPE 设备组装的关键之一,泄漏速率应低于 $10^{-9} \text{cm}^3/\text{s}$。

气路的数目视源的种类而定。为了精确控制流量应选择量程合适、响应快、精度高的 MFC。

如进行低压外延生长,在反应室后设有由真空系统,压力传感器及蝶形阀等组成低压控制系统。在真空系统与反应室之间还应设有过滤器,以防油污或其他颗粒倒吸到反应室中。

为了迅速变换反应室内反应气体,而且不引起反应器内压力波动,设备"run"和"vent"管路。

为了使反应气体均匀混合后进入反应室,在反应室前设置一歧管(Manifold)或混合室。

如果使用的源在常温下是固态,为防止在管路中沉积,管路上绕有加热丝并覆盖上保温材料。

3. 反应室和加热系统

反应室多数是由石英管和石墨基座组成。为了生长组分均匀、超薄层、异质结构、大面积外延层,在反应室结构的设计、制造上下了很多工夫,因此,反应室有各式各样的不同结构。

石墨基座由高纯石墨制作,并包覆 SiC 层,不仅立式石墨基座可以转动,有的水平式基座也可以转动。

为了防止装片与取片时空气进入反应室,一般设有高纯 N_2 的保护室(箱)或专用装取片设备。

加热多采用高频感应加热或辐射加热。由热电偶和温度控制器与微机组或自动测控温系统组成,一般温度控制精度可达 $\pm 0.2℃$。

4. 尾气处理系统

反应气体经反应室后,大部分热分解,但有部分未分解,因此尾气不能直接排放到大气中,必须进行处理。目前处理尾气的方法有很多种,主要有高温炉再一次热分解,随后用硅油或高锰酸钾溶液处理;也可以把尾气直接通入装有 $H_2SO_4 + H_2O_2$ 及装有 NaOH 的吸滤瓶处理;也有的把尾气通入固体吸附剂中吸附处理,以及用水淋洗尾气等等。总之要将尾气处理到符合环保要求后再排放到大气中。

5. 安全保护及报警系统

为了安全,一般的 MOVPE 系统,设备有高纯 N_2 旁路系统,在断电或其他原因引起的不能正常工作时,纯 N_2 将自动通入系统保护片子和系统内的清洁。在正常停止生长期间也有长通高纯 N_2 的保护系统。

设备还附有 AsH_3、PH_3 等毒气泄漏检测仪及 H_2 气泄漏检测器,并通过声光报警。

6. 控制系统

一般的 MOVPE 设备都具有手动和微机自动控制操作两种功能。

在控制系统面板上设有阀门开关,各个管路气体流量、温度的设定及数字显示,如有问题会自动报警,使操作者能随时了解设备运转情况。

MOVPE 设备都设在具有良好排风的工作室内。

7.2.3 MOVPE 生长 GaAs

1. MOVPE 生长 GaAs 工艺

把处理好的 GaAs 衬底装到基座上,调整好 TMG 源的恒温器以及其他应设定的参数,如流量、温度等。然后系统抽空、充 H_2(如系低压生长应调整好反应室内压力)。接着升温,待温度达到300℃时,开始通 AsH_3,在反应室内形成 As 气氛,以防止 GaAs 衬底受热分解。待温度升至外延生长温度时,通入 TMG 进行外延生长。

典型的生长条件为:

　　　　AsH_3 流量为$(7 \sim 9) \times 10^{-4}$mol/min

　　　　TMG 流量为 2×10^{-5}mol/min

　　　　生长温度为 550 $\sim$ 700℃

　　　　V/Ⅲ为 35 $\sim$ 45

　　　　总氢流量为 2 $\sim$ 3L/min

当然,AsH_3、TMG 及总 H_2 流量将随反应室的直径而变动。

在生长完后,停止通 TMG,降温到300℃时再停止通 AsH_3,待温度降至室温时开炉取出外延片。上述操作可用手动操作或编成程序由微机控制操作。

2. 影响 GaAs 外延层性质的因素

目前用 MOVPE 法生长 GaAs 已研究得比较充分,这里介绍以 TMG 和 AsH_3 为源生长 GaAs 的一些实验结果,以便了解 MOPVE 生长的一般规律。分常压和低压两种生长条件进行讨论。内容是导电类型、载流子浓度、迁移率和生长速度等。

1) 常压 MOVPE 生长 GaAs

(1) AsH_3/TMG(V/Ⅲ)对所生长的 GaAs 导电类型和载流子浓度的影响。图 7.3 示出了在不同温度下生长的 GaAs 的载流子浓度与 AsH_3/TMG 比的关系。由图看出,在比值大的情

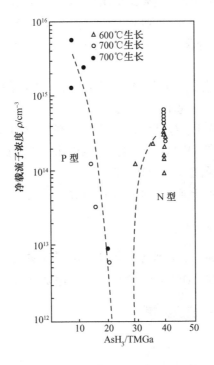

图 7.3　载流子浓度与 AsH_3/TMG 的关系

况下,外延层是 N 型,载流子浓度处于低到中等($10^{14}/cm^3$)区域内。随着 AsH_3/TMG 比的减少,材料的载流子浓度也随之减少,并发生导电类型改变。当比值减少到大约 20 时,变为 P 型(上述现象只在 MOPVE 生长 GaAs 时观察到)。实验发现,产生导电类型转变区的精确的 AsH_3/TMG 的比值与生长温度、生长速度以及源的纯度有关。此外,在比值大于 30 时,表面如镜面,而比值很低,小于 10 ~ 15 时,表面变得粗糙。

(2)外延层厚度对迁移率的影响。在半绝缘 GaAs 衬底上,相同的条件下,生长一系列厚度不同的外延层,测其迁移率,发现随着外延层厚度增加,μ_{77k} 也迅速增加,在层厚 25 ~ 30 μm 时,达到极大值,然后有所下降,但变化不大。产生上述变化的原因还不十分清楚,也许是界面处存在的淀积物或砷空位等缺陷或衬底中其他杂质扩散出来所致。

(3)总杂质浓度和生长温度的关系。在富砷的生长条件下,温度是影响非掺杂 GaAs 外延层中总杂质浓度的最重要因素。实验发现,从 750℃ 到 600℃,外延层中的施主和受主浓度都随温度降低而降低。在 600℃ 时,总杂质浓度 $< 10^{15}/cm^3$。但低于 600℃ 时,外延层表面变得粗糙。

(4)源纯度对迁移率的影响。在 MOVPE 生长非掺杂 GaAs 外延层中,杂质的主要来源是源材料,只要 TMG 和 AsH_3 中一种纯度不够,迁移率就降低。早期源的纯度不够高曾限制了 MOVPE 技术的应用。目前采用一般的源可生长出载流子浓度小于 $1 \times 10^{14}/cm^3$,室温迁移率大于 $6000 cm^2/(V \cdot s)$,$\mu_{77k} > 100\,000 cm^2/(V \cdot s)$ 的高纯度 GaAs 外延层。

2)LP-MOVPE 生长 GaAs

LP-MOVPE 生长 GaAs 的质量在很多方面优于 MOVPE。

(1)非故意掺杂。对于常压 MOVPE 生长,如前所述,当 AsH_3/TMG 大时,外延层为 N 型,且载流子浓度随此比值增加而增加,降低此比值到一定时则 GaAs 转变成 P 型。对于 LP-MOVPE 来说则与此有些差异,当系统内压力减低时,AsH_3 的有效热分解也减少,结果在衬底与气体界而处的有效 As 浓度下降。因此,要在比常压高的 AsH_3/TMG 比值下,才能得到高迁移率 N 型 GaAs 材料。

(2)影响生长速度的因素。在 $1.3 \times 10^3 \sim 1 \times 10^5$ Pa 的压强和 520 ~ 760℃ 的温度范围内,研究了 LP-MOVPE 生长 GaAs 的速率,结果是:

① 当温度、压力、H_2 和 AsH_3 流量不变时,生长速率与 TMG 流量成正比。

② 当压力、H_2 及 AsH_3 和 TMG 流量不变时,生长速率与生长温度关系不大。

③ 其他条件不变时,生长速率与 AsH_3 流量无关。

④ 当其他条件不变时,生长速率和系统总压力关系不大。

3. MOVPE 生长掺杂的 GaAs

MOVPE 生长掺杂 GaAs 时,掺杂剂与 TMG、AsH_3 同时输入反应室。N 型掺杂剂有 H_2Se、H_2S、SiH_4 等;P 型掺杂用 DMZn、DEZn、DMCd 等;用六羰基铬掺杂可获得半绝缘 GaAs 外延层。

7.2.4 MOVPE 生长 GaAs 的反应机理

以 AsH_3 和 TMG 为源外延生长的基本反应为

$$Ga(CH_3)_3 + AsH_3 \Longrightarrow GaAs + 3CH_4$$

但对其具体的反应机构了解得还不十分清楚。为了确定生长过程中发生的反应,可通过仪器进行反应产物现场观测。由观测的结果进行分析。对于 $AsH_3/TMG/H_2$ 体系,Schlyer 等人报导系统中挥发性产物只有 CH_4 和 H_2,于是他们认为生长机制是:

$$Ga(CH_3)_3 + S_1 \rightleftharpoons (CH_3)_3Ga - S_1 \tag{I}$$

$$AsH_3 + S_2 \rightleftharpoons AsH_3 - S_2 \tag{II}$$

$$(I) + (II) \rightleftharpoons (CH_3)_2GaAsH_2 + CH_4$$

$$(CH_3)_2GaAsH_2 \rightleftharpoons CH_3GaAsH + CH_4 \uparrow$$

$$CH_3GaAsH \rightleftharpoons GaAs + CH_4 \uparrow$$

式中,S_1、S_2 为两种不同类型的表面吸附位置。(I)、(II)是 TMG 和 AsH_3 的表面吸附分子。

在较低温度下,可以观察到上述诸反应中间产物,如 $(CH_3)_2GaAsH_3$、CH_3GaAsH。但在高温下,这些中间产物迅速分解成 GaAs 和 CH_4。

目前有较多的实验结果支持这种以表面催化为主的反应机理。但也有人提出了其他生长模型。例如,有人认为生长过程是

$$Ga(CH_3)_3 + \frac{3}{2}H_2 \xrightleftharpoons{k_1} Ga + 3CH_4$$

$$AsH_3 \xrightleftharpoons{k_2} \frac{1-x}{2}As_2 + \frac{x}{4}As_4 + \frac{3}{2}H_2$$

$$Ga + V_{Ga} \xrightleftharpoons{k_3} Ga$$

$$\frac{1-x}{2}As_2 + \frac{x}{4}As_4 + V_{As} \xrightleftharpoons{k_4} As$$

这里 V_{Ga}、V_{As} 分别为 Ga 和 As 的空位。

这个空位分配模型可以解释 AsH_3/TMG 对 GaAs 外延层载流子浓度的影响及导电类型转变的实验现象。这个模型认为 AsH_3/TMG 比的不同会影响 GaAs 外延层中空位浓度的变化,造成杂质,主要指 Si 和 C 的替代情况不同,从而引起载流子浓度的变化。由上述的反应式可以看到

$$[V_{Ga}] = a'(T)\frac{p_{CH_4}^3}{p_{TMG}^0 \cdot p_{H_2}^{3/2}}, \quad a' = \frac{N}{k_1 k_3} \tag{7.1}$$

$$[V_{As}] = a''(T)\frac{p_{H_2}^{3/2}}{p_{AsH_3}^0}, \quad a'' = \frac{N}{k_2 k_4} \tag{7.2}$$

式中,p_i、p_i^0 分别为 i 组分的分压和初始分压;N 是 GaAs 的分子密度;T 为绝对温度。

IV族杂质和 GaAs 空位 V_{Ga}、V_{As} 的反应为

$$V_{Ga} + M_{IV} \xrightleftharpoons{k_5} M_{IV(Ga)}$$

$$V_{As} + M_{IV} \xrightleftharpoons{k_6} M_{IV(As)}$$

IV族杂质取代 Ga 位起施主作用,取代 As 位起受主作用。因此,载流子浓度为

$$n = N_D - N_A = [M_{IV(Ga)}] - [M_{IV(As)}]$$

$$= \frac{p_{M_{IV}}}{p_{TMG}^0}\left\{ a_1(T)\frac{p_{CH_4}^3}{p_{H_2}^{3/2}} - a_2(T)\frac{p_{H_2}^{3/2}}{p_{AsH_3}^0/p_{TMG}^0} \right\} \tag{7.3}$$

式中,$a_1(T) = \frac{k_5}{k_1 k_3}N$,$a_2(T) = \frac{k_6}{k_2 k_4}N$;$[M_{IV(Ga)}]$、$[M_{IV(As)}]$分别表示占据 V_{Ga} 和 V_{As}的IV族杂质的浓

度。当 p_{TMG}^0 不变时,由式(7.3)看出 n 随 $p_{\text{AsH}_3}^0/p_{\text{TMG}}^0$(即 AsH$_3$/TMG 或 As/Ga)的增加而增大。对于 P 型材料 $p = N_A - N_D = [M_{\text{IV}(\text{As})} - M_{\text{IV}(\text{Ga})}]$,$p$ 随 $p_{\text{AsH}_3}^0/p_{\text{TMG}}^0$ 的增加而减小。至于导电类型随 AsH$_3$/TMG 比发生变化,这是因为在 AsH$_3$/TMG 比较小的范围内时,气相中 As 的浓度较小,GaAs 外延层中[V_{As}]相对说来比较大,这样就利于 IV 族杂质占据 V_{As},使材料呈 P 型。反之则情况相反,气相中 As 的浓度大,晶体中[V_{As}]小,使 IV 族杂质占据 V_{Ga} 几率增大,GaAs 外延层呈 N 型。这就解释了图 7.3 所示的实验结果。但这个模型没有说明温度对导电类型和载流子浓度的影响。

7.3　液相外延生长(LPE)

从饱和溶液中在单晶衬底上生长外延层的方法叫液相外延(liquid phase epitaxy,LPE)。它是 1963 年由纳尔逊(H. Nelson)提出来的,与其他外延方法相比,它有如下的优点:①生长设备比较简单;②有较高的生长速率;③掺杂剂选择范围广;④晶体完整性好,外延层位错密度较衬底低;⑤晶体纯度高,生长系统中没有剧毒和强腐性的原料及产物,操作安全、简便等。

由于上述的优点,使它在光电、微波器件的研究和生产中得到广泛的应用。

LPE 的不足在于,当外延层与衬底晶格常数差大于 1% 时,不能进行很好的生长。其次,由于分凝系数的不同,除生长很薄外延层外,在生长方向上控制掺杂和多元化合物组分均匀性遇到困难。再者 LPE 的外延层表面一般不如气相外延好。

近年来,由于 MOVPE 等外延技术的发展,LPE 的应用受到了影响,特别是 LPE 很难重复生长超薄(厚度 <10nm)的外延层,使它在超晶格,量子阱等低维结构材料和器件制备方面遇到困难。

下面,以 GaAs、GaP 的外延生长为例,介绍这种方法。

7.3.1　液相外延的相平衡原理

液相外延实质上是从金属溶液中生长一定组分晶体的结晶过程。它是在多相体系中进行的。为了正确控制外延层的性质,确定合理的工艺参数,必须知道温度、压力和各相组分之间的定量关系,所以体系的相图是液相外延的物理化学基础。

图 7.4 为 Ga—As 二元体系 T-x 相图,利用此图可以说明液相外延的原理。由图可知,用 Ga 做溶剂,在低于 GaAs 熔点的温度下生长 GaAs 晶体。如 Ga 溶液组分为 C_{L_1},当温度 $T = T_A$ 时,它与 GaAs 衬底接触,此时 A 点处于液相区,故它将溶掉 GaAs 衬底(俗称吃片子)。GaAs

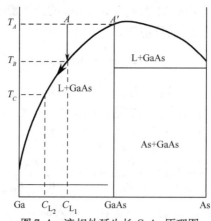

图 7.4　液相外延生长 GaAs 原理图

衬底被溶解后,溶液中 As 量增大,A 点朝右移动至 A' 后,GaAs 才停止溶解,如组分为 C_{L_1} 的 Ga 溶液在温度 T_B 时与 GaAs 接触,这时溶液为饱和态,GaAs 将不溶解。降温后溶液变成过饱和,这时 GaAs 将析出并沉积在 GaAs 衬底上进行外延生长。

7.3.2 液相外延生长的动力学过程

液相外延的方法有许多种,按衬底与溶液接触方式不同分为舟倾斜法、浸渍法、旋转反应管法及滑动舟法等,如图7.5 ~ 图7.7 所示。其中滑动舟法最常用。

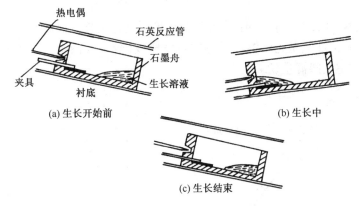

图7.5 倾斜法液相外延生长设备及生长过程

滑动舟法可分为降温法(瞬态生长)和温差法(稳态生长)两种。前者先将 Ga 池与 GaAs 固体源接触,饱和后将 Ga 池与衬底接触,并以一定的速度降温,这时溶液变成过饱和,GaAs 将在衬底上析出,达到所要求厚度后再将 Ga 池与衬底分开,停止生长。此法适于生长薄的单晶层。温差法是先将溶液与 GaAs 源片接触(在 Ga 液上面),平衡后调节温度使炉子下部温度降低,在 Ga 池内建立一定的温度梯度(5 ~ 7℃/cm),稳定后推动舟,使 Ga 液与下面的衬底接触。由于 Ga 液上下温度不同,故它们对 GaAs 溶解度不同,于是高温处 GaAs 源片溶解,而低温处 GaAs 衬底上将生长 GaAs,外延生长速率由 Ga 液中温度梯度决定。外延结束时再将 Ga 池推离衬底,此法可避免在生长过程中由于降温造成的杂质分布的不均匀,使杂质纵向均匀性和晶体完整性得到改善,并且 GaAs 析出量不受降温范围限制,适于生长厚外延层。

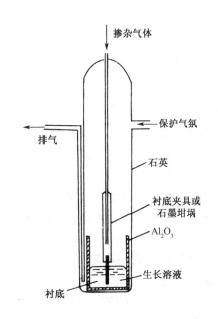

图7.6 坩埚浸渍法液相外延生长装置

瞬态生长工艺应用比较广泛,按衬底片与源接触情况不同又分成平衡冷却、过冷、步冷和两相溶液冷却(图7.8)。平衡冷却是溶液在温度 T_1 刚饱和就与衬底接触以恒定的冷却速率降温外延生长;步冷和过冷是先将溶液与衬底降温至 $T < T_1$,使溶液过饱和但又不出现自发成

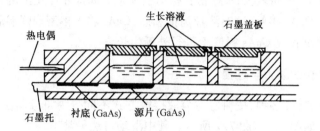

图 7.7　多层液相外延生长的滑动舟

核,然后与衬底接触,步冷法不再降温,在此过冷温度下进行生长;过冷法则进一步再以相同的速率降温生长;两相溶液法是先将溶液过冷并自发成核(长在溶液上方平衡片上),然后将此溶液与衬底接触并继续降温生长。

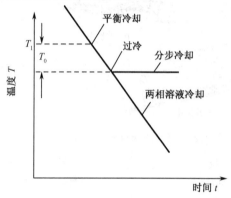

图 7.8　四种不同的瞬态液相外延生长技术的溶解冷却过程(指示线处表示生长溶液开始与衬底接触的时间)

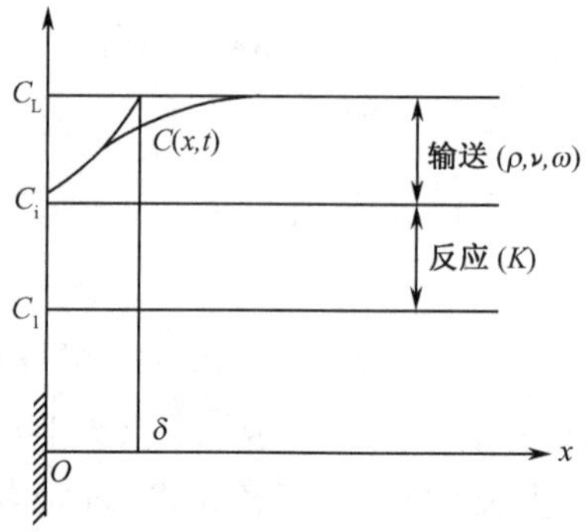

图 7.9　液相中一维溶质浓度分布

液相外延生长膜的过程可分为两步:①物质输运,液相中溶质通过扩散,对流输运到生长界面。②界面反应,包括溶质在衬底表面上的吸附、反应、成核、迁移、在台阶处被俘获、副产物的脱附等步骤。

生长速度由上述这些接连进行的步骤中最慢的步骤控制。图 7.9 示出了固-液界面处溶质的分布。图中假设远离界面的溶质浓度接近输入浓度 C_L 即

$$C(\infty, t) = C_L \tag{7.4}$$

引入籽晶(衬底)前是均匀的,$C(x, 0) = C_L$。

结晶时,由于消耗溶质,界面处溶质的浓度要下降到某一值 C_i,则 $C_L > C_i > C_1$。C_1 是在该温度下固-液两相平衡的溶液浓度。它由相图决定。C_L 与 C_i 的浓度差促使溶液内的溶质通过扩散不断输运到界面处。另一方面,界面处 $C_i > C_1$,即有一过饱和度存在,保证晶体不断进行生长,其界面生长速率与 $(C_i - C_1)$ 的大小成比例。在稳态时,由溶液中通过扩散和对流输运到界面处的溶质和溶质生长到晶体上的速度相等。故

$$D\left(\frac{\partial C}{\partial x}\right)_{x=0} = K(C_i - C_1)^n \tag{7.5}$$

式中,n 是反应级数;D 是扩散系数;K 为反应常数,它是描述在界面上发生的溶质吸附与脱附、溶解和化学反应、成核、表面迁移、被俘获在生长点上等过程的总参量。

当界面反应速度快,即 $K \to \infty$ 时式(7.5)左边为有限值,$C_i \to C_1$ 过程受质量输运控制,如动力学过程很慢,$K \to 0$,$C_i \to C_L$ 过程受反应控制。

对于多数液相外延过程,界面反应的速度都很快,其生长过程都是受扩散限制的。

7.3.3 GaAs 液相外延的掺杂

1. 外延层的纯度

影响外延层中杂质的因素很多,如源、器具的纯度,系统的密封性,接触温度,采用的工艺条件等。液相外延的器具要用高纯石墨制造并在外延前经高真空高温处理,可除去 Cr、Mn、Fe、Ni、Cu、Zn、Se 等杂质。高温烘烤还有利于除去能产生深能级的氧。另外系统要严密,外延系统磨口接头用纯 N_2 保护,这些都有助于减少氧沾污。残留杂质对生长层的纯度也有影响。虽然杂质在 GaAs 中的分凝系数一般较小,但受生长速度和衬底极性的影响,使不同的外延生长速度和不同的衬底取向纯度发生差异。另外生长气氛中的 As 压还影响外延层载流子浓度,如在 GaAs 外延舟前放一 As 源舟控制系统的 As 压,则发现 As 压增大时,外延层载流子浓度下降,迁移率升高,还观察到外延层中深能级中心密度也随 As 压变化,这可能是由于 As 压增大,减少了与 V_{As} 有关的深能级中心所致。延长溶剂 Ga 在 H_2 中热处理时间也能降低挥发性杂质,但时间不可过长,否则 H_2 将与石英反应室发生反应引起 Si 沾污。最好的 LPE 生长GaAs 外延层中残余杂质浓度可达 $10^{13}/cm^3$ 的水平。

2. GaAs 液相外延的掺杂

可作为 GaAs LPE 的掺杂剂,N 型的有 Te、Sn、Se;P 型用 Zn、Ge。

Sn 在 GaAs 中溶解度大,蒸气压低,分凝系数很小($K \approx 10^{-4}$),因此用它可生长掺杂浓度很宽的均匀的 N 型 GaAs 外延层。掺杂浓度可达 $8 \times 10^{18}/cm^3$,且不受生长温度和衬底晶向的影响,所以它是 GaAs LPE 生长最常用的 N 型掺杂剂。

Te 的蒸气压比 Sn 高,分凝系数也比 Sn 大($K \approx 1$),致使它很难进行均匀掺杂。Se 的分凝系数也较高($K \approx 5$),其蒸气压比 Te 还高,所以在一般情况下不使用 Te 和 Se 掺杂。

P 型杂质 Ge 的蒸气压、分凝系数和扩散系数都比 Zn 低,因而是最常用的掺杂剂。Zn 虽不如 Ge 理想,但它在 GaAs 中溶解度和分凝系数大,为了获取陡峭的杂质分布和形成良好的电极接触材料,也常用来做掺杂剂。

Si 在 GaAs 中是两性杂质,它替代 Ga 时起施主作用,替代 As 时起受主作用,施主与受主的浓度差与生长温度有关。当生长温度高于转型温度 T_C 时析出 N 型 GaAs,低于 T_C 时析出 P 型 GaAs。T_C 因衬底晶向,冷却速度,掺 Si 浓度不同而略有差异。如在(100)衬底上生长时,T_C 约为 900℃。若用含 As 量为 7% ~8%,含 Si 为 0.5% ~1% 的 Ga 溶液与 N 型 GaAs 衬底在920℃接触,然后缓慢降温至 880℃,则可生长出具有只掺 Si 形成的 PN 结的 GaAs 外延层。

一般情况下,LPE 生长的掺杂 GaAs 外延层中载流子浓度与生长温度、生长速率和衬底晶向有关。生长温度降低 Sn 和 Zn 的分凝系数减小,而 Te 和 Se 则增大。掺 Cr 可得到电阻率高达 $10^7 \Omega \cdot cm$ 的半绝缘 GaAs。利用补偿掺杂和高纯自补偿 LPE 也可以得到半绝缘 GaAs。

7.3.4 GaAs 液相外延的形貌

液相外延层有多种不同的表面形貌。表 7.3 列出了几种类型的表面形貌和可能的成因。

但由于影响表面形貌的因素很多,许多形貌又不易描述,因而对某些特征形貌的命名和成因的阐述并不一致。

表7.3　各种常见的 LPE 表面形貌特点和可能的成因

表面形貌	特点	成因
生长台阶和表面波	生长台阶的方向与衬底取向的偏离有关,台阶宽度与生长参数有关	衬底与低指数面偏离,组分过冷,热起伏,低指数面的连接,晶核形成,表面重建等
生长螺线	螺线台阶高为晶格常数量级,螺线台阶之间的距离随生长温度而增加,被 Si 或 Cr 缀饰的生长螺线易用光学显微镜观察	螺位错在表面的露头作为二维生长晶核
交叉的纹理	与层的组分比有关,仅在某些组分比下,使外延层与衬底晶格匹配时才能得到光滑的表面,否则就会出现交叉的纹理	与晶格失配和倾斜位错有关,不对称的交叉纹理与闪锌矿的结构不对称性有关
弯月线	与滑动舟的滑动方向有关	在滑动过程中溶液脱离外延层表面的退缩痕迹
表面坑	有"尖形坑"和"发散坑"两种,前者直径和深度为几千埃,后者为零点几到几个微米	堆垛层错或位错
斑点与夹杂	与掺杂浓度和生长温度有关	高掺杂引起第二相折出

一般说来,表面台阶与衬底晶向的偏离有关。衬底表面与光滑面(奇异面)之间的关系对台阶的形成和取向都起作用。例如,在(100)GaAs 衬底上生长 GaAs 外延层。当衬底偏离(100)面 30′形成台阶,台阶的梯面是(100)面,台阶的边一般平行于(100)面与衬底表面的交截线。但是当衬底偏离(100)面小于 5′时,就可以得到表面平整、光滑的外延片。台阶的形成也与 GaAs 表面重构有关。在形成台阶的(100)、(111)A、(111)B 的 GaAs 衬底上都有表面重构,而那些不发生表面重构的(110)、(211)A、(211)B、(511)面则无台阶生成,这主要是某些密勒指数低的光滑表面(奇异面)表面自由能很低,因此在接近这一晶面的其他非奇异面是不稳定的,它们将通过表面重构分解成一个奇异面和一个非奇异面,并产生同一的平均晶向,如图 7.10 所示,其台面为奇异面。φ 为衬底与奇异面的晶向偏离角。若 $\varphi = 0$ 时,衬底表面就是奇异面,台阶将消失。而奇异面与台高夹角 $\theta = \varphi$ 时,台阶将消失。这已为 GaAs/GaAlAs 外延所证实,如在 775℃,只要衬底偏离(100)面在(0.8°±0.1°)这一临界值以内,就可以得到平滑的表面。

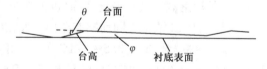

图 7.10　在低指数面上的台阶

表面波与组分过冷造成的界面不稳定性有关,那么提高固-液界面的温度梯度将应有利于得到光滑的形貌。但事实是有时降低 dT/dx,反而得到光滑的表面,而且采用过冷工艺也可以得到光滑的表面。另一种意见认为表面波是台阶周期性汇集的结果。汇集的周期长度大于台阶间距,并且发现表面波波长与生长速率平方根的倒数成比例。

生长螺线是用 Si、Cr 作掺杂剂。在(111)、($\bar{1}\,\bar{1}\,\bar{1}$)和(100)面上进行 GaAs 外延生长时容

易观察到的一种形貌,其起源于螺位错。它们阶梯高度与 GaAs 晶格常数数量级相当。阶梯边间距因生长温度增高而增加。

7.3.5 GaP 的液相外延生长

GaP 的外延生长有很多种方法,其中主要的是 LPE 和 MOVPE。在 LPE 法中有滑动舟法和移动法。目前制备 GaP 发光二极管主要用转动法,下面简要介绍这种方法。

这种方法使用的设备如图 7.11 所示。采用自动控温的电阻加热炉。靠转动反应管或与石英舟相连的操作杆来实现外延中的转动过程。反应管和石英舟均用高纯石英制成,石英舟结构如图 7.12 所示。

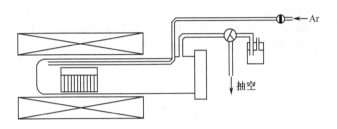

图 7.11 旋转式 GaP 液相外延装置示意图

石英舟下部有两个室,分别装 Ga 溶液和衬底。上盖和下部接触面用石英砂仔细研磨,若接触面足够大时,舟的气密性比较好,可以防止 Zn、O 的大量逸出,衬底背面贴在石英片夹具两边,竖直排放在舟内,两片衬底间距为 1.5 ~ 2mm,使 Ga 溶液保持适当厚度,此舟可容纳 $\phi45 \sim 50mm$ 的衬底 10 片,若是适当再增加舟的长度,可容纳更多的片数,这是此法的优点。装片应在 Ar 气氛中进行,舟中充满纯 Ar 后,方可盖上盖,用螺丝拧紧,否则残余空气会腐蚀衬底表面,杂质会混入溶液中。

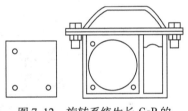

图 7.12 旋转系统生长 GaP 的石英舟简图

N 型 GaP 外延层是在掺有 Te 的 GaP 的溶液中进行的,首先将源加热至 1040℃,恒温 1h 熔源,转动石英舟使溶液与衬底接触10min,然后以 1℃/min 的速率降温,进行外延生长,生长到预定厚度时再转动石英舟使其恢复到原来状态,Ga 溶液与衬底脱离接触,生长终止。

P 型 GaP 外延层是在掺有 Zn 和 Ga_2O_3 的 GaP 的 Ga 溶液中进行的。生长温度和过程同 N 型外延层生长一样,只是降温速率为 3℃/min。

7.4 分子束外延生长(MBE)

微课

分子束外延(molecular beam epitaxy,MBE)是在超高真空条件下,用分子束或原子束输运源进行外延生长的方法。在超高真空中,分子束中的分子之间以及分子束的分子与背景分子之间几乎不发生碰撞。

分子束外延与其他外延方法相比具有如下的特点:①源和衬底分别进行加热和控制,生长温度低,如 GaAs 可在 500℃ 左右生长,可减少生长过程中产生的热缺陷及衬底与外延层中杂质的扩散,可得到杂质分布陡峭的外延层;②生长速度低(0.1 ~ 1nm/s),可利用快门精密地控制掺杂、组分和厚度,是一种原子级的生长技术,有利于生长多层异质结构;③MBE 生长不是在热平衡条件下进行的,是一个动力学过程,因此可以生长一般热平衡生长难以得到的晶体;④生长过程中,表面处于真空中,利用附设的设备可进行原位(即时)观测,分析、研究生长过程、组分、表面状态等。

MBE 作为重要的超薄层生长技术,已广泛用于生长 III-V、II-VI、IV-VI 族等化合物及其多元化合物的单晶层,制作结构复杂、性能优异的各种器件。

但 MBE 设备比较复杂,价格昂贵,使用时消耗大量液氮。某些元素如 Zn 的黏附系数较小,用这类元素掺杂尚有困难。

过去,由于 MBE 生长速率慢,每次只生长一片,因此只限于研究使用,最近有了突破,生产型的 MBE 已投入市场,如法国 Ribor 公司的 MBE-48 型可同时生长 ϕ10cm 的 3 片、ϕ7.5cm 的 5 片,ϕ5cm 的 12 片。其真空度可达 3×10^{-9}Pa,缺陷密度 $<50/cm^2$,厚度、组分不均度 $<1\%$,这些性能足以满足器件生产的要求。

7.4.1 MBE 的设备

MBE 设备种类很多,但主要由真空系统、生长系统及监控系统等组成。图 7.13 为生长系统的示意图。

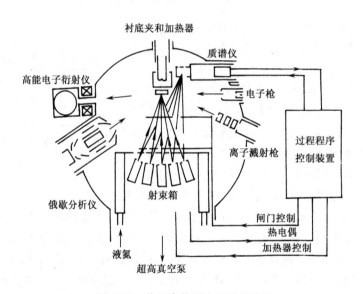

图 7.13 分子束外延生长系统略图

MBE 生长系统以不锈钢结构为主体,由三个真空室连接而成,分别为衬底取放室、衬底存储传送室和生长室。三个室之间用高真空阀门联结,各室都能独立地做到常压和高真空转换而不影响其他室内的真空状态。这三个室均与由标准机械泵、吸附泵、离子泵、液 N_2 冷阱、钛升华泵等构成的真空系统相连,以保证各室的真空度均可达到 $1 \times 10^{-8} \sim 1 \times 10^{-9}$Pa,外延生长时,也能维持在 10^{-7}Pa 的水平。为了获得超高真空,生长系统要进行烘烤,所以生长系统内的附属机件应能承受 $200 \sim 250$℃的高温,并且具有很高的气密性。

生长室内设有多个内有 BN 或石英、石墨制的坩埚,外绕钨加热丝并用热电偶测温的温控炉。分别用来装 Ga、In、Al 和 As 以及掺杂元素 Si(N 型掺杂)、Be(P 型掺杂)。近来也有的设有 P 的温控炉以用来生长含 P 的化合物。温度控制精度为 ±0.5℃。在热平衡时气态分子(或原子)从坩埚开口处射出形成分子束射向衬底。由在炉口的快门控制分子束的发射与中止。

在分子束发射炉对面设置带有加热器的衬底架,利用 In 或 Ga 将衬底黏附在衬底架上。为了对衬底表面清洁处理还装有离子枪。

监控系统一般包括四极质谱仪,俄歇谱仪和高、低能电子衍射仪等。四极质谱仪用来监测残余气体和分子束流的成分。低能电子衍射仪可分析晶体表面结构,高能电子衍射仪还可以观察生长表面光洁平整度。俄歇谱仪用来检测表面成分、化学计量比、表面沾污等。

各监测仪器所得信号、分子束发射炉温度信号等输入微机进行处理,自动显示并调节温度和快门,按编制的程序控制生长,以获得结构、组分、厚度等均符合要求的外延片。

7.4.2 MBE 生长原理

MBE 生长过程可分为两个步骤,一是源蒸发形成具有一定束流密度的分子束并在高真空条件下射向衬底;二是分子束在衬底上进行外延生长。

1. 源的蒸发

MBE 使用的分子束是将固态源装在发射炉中靠加热蒸发而得到的。这对于元素比较简单,但对于化合物半导体则比较复杂,如一个二元化合物 MX(M 为金属,X 为非金属),在蒸发源处于热平衡状态时,挥发性组分的束流比难挥发组分要大得多,因此用化合物作挥发性组分的源比较合适,比如用 GaAs 做 As 源就能提供合适的分子束流,而 Ga 及掺杂元素一般用其本身作源。

由发射炉发射的分子束,在单位时间内到达单位面积衬底上的分子数目(也就是分子束通量密度),可由统计热力学求得为

$$R = 3.51 \times 10^{22} (p_{\text{平}} - p_{\text{背}}) (1/MT)^{1/2} \tag{7.6}$$

式中,$p_{\text{平}}$ 为生长室内平衡气压;$p_{\text{背}}$ 为背景蒸气压;M 为分子束分子的分子量;T 为温度。由于 MBE 中 $p_{\text{平}} \gg p_{\text{背}}$,因此上式简化为

$$R = 3.51 \times 10^{22} p_{\text{平}} (1/MT)^{1/2} \tag{7.7}$$

2. 生长过程

入射到衬底表面的分子(或原子)与衬底表面相互作用,有一部分分子生长在衬底上,这部分分子数与入射的分子数之比称为黏附系数。不同种类的分子与衬底表面作用是不同的,例如Ⅲ族(Ga)原子与 GaAs 衬底表面发生化学吸附作用,因此,在一般的生长温度,其黏附系数为 1。而Ⅴ族(As)分(原)子则先是物理吸附,经过一系列物理化学过程后一部分转为化学吸附,因此,它的黏附系数与衬底表面的分子(原子)状态及温度等密切相关。

下面以 GaAs 的 MBE 生长为例说明其生长动力学过程。

以 As 为源形成分子束时,一般得到的是 As$_4$ 分子束,而以 GaAs 为源或在高温下分解 As$_4$ 时可得到 As$_2$ 分子束。这两种分子束在 GaAs 衬底上的行为好像相同,先被物理吸附形成弱束缚状况,然后再进行化学吸附结合到晶格格点上。但这两者的具体过程上却是不同的,所生长的 GaAs 的性质也有一些差别。

当 As$_2$ 束入射到 GaAs 上时,通常先形成物理吸附,并以 As$_2$ 的形式在表面移动,遇到 As 空位时(有 Ga 原子时),As$_2$ 便分解成 As,变为化学吸附,形成 Ga—As 键,生长在晶格点上。如果没有 As 空位(没有 Ga 原子)时,As$_2$ 不分解并且脱附或在 600K 的温度下形成 As$_4$ 而脱

附,如图 7.14(a)。若表面有很多空位(Ga 原子)时,As_2 的黏附系数将接近 1。

如果衬底温度在 775 ~ 800K 时,按 Ga : As = 1 : 10 发射 Ga、As 束,可得到 Ga : As 约为1 : 1 的 GaAs,此时 As_2 的黏附系数为 0.1 ~ 0.15。

若入射的是 As_4 束时,则情况就复杂得多了。这时,如衬底温度为 300 ~ 450K,并且没有 Ga 束入射,As_4 的黏附系数为零。当 Ga 束入射时,As_4 的黏附系数增大,这时虽然发生了 As_4 的化学吸附,但由于 As_4 不分解,不能生成符合化学计量比的 GaAs。

当衬底为 450 ~ 600K 时,如仍不入射 Ga 束,As_4 的黏附系数仍为零。当入射 Ga 束时,As_4 的黏附系数也增加,但不会超过 0.5,如图 7.14(b)所示。入射的 As_4 主要处于物理吸附状态并在表面上进行迁移。一部分 As_4 进入化学吸附,另一部分移动的 As_4 与被化学吸附的 As_4 结合,分解成 As 原子,有的生成新的 As_4 而脱附,这就是 As_4 的附着系数不会超过 0.5 的原因。由于在这个温度范围内,As_4 能发生分解反应而生成 As,因此能生长 Ga : As = 1 : 1 的 GaAs。

在 600K 以上温度时,其表面动力学行为与 450 ~ 600K 温度范围内相同。这时应另加一 Ga 束源,以提高表面 Ga 的浓度。Ga 表面浓度还与衬底温度有关,由于提高温度 As_2 因脱附而损失。损失的 As_2 可由 As_4 的入射束来补充,以便在稳定的条件下生长 GaAs。

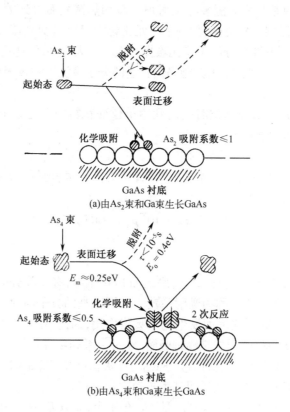

图 7.14　Ga 和 As 分子束外延生长 GaAs 的模型

7.4.3　MBE 生长 GaAs

1. 一般生长过程

抛光好的 GaAs 的衬底,经常规清洁处理后装入衬底取放室中。为了避免在装片过程中空气也随着进入生长室,因此抽真空。在衬底取放室、存储传送室、生长室都处于高真空的条件下,将衬底分步送入生长室中。然后对所有的源进行加热排气处理。待真空达到要求后,对衬底进行处理。这是因为经常规清洁处理后的衬底表面,用俄歇谱仪分析时,发现有氧和碳沾污。氧在高真空下加热很容易被除去,但除碳比较困难。因此,在外延生长前用 Ar^+ 溅射处理以除去碳等沾污。但要注意防止 Ar^+ 溅射带来的新的沾污,同时溅射后还要进行热处理以消除由溅射引起的损伤,至少要减少到不影响外延生长质量的程度。

如果使用 Ga 和 As 为源,在 Ga:As 束流比为 1:10,生长速率为 0.1~0.2nm/s 的条件下生长 GaAs,则 Ga 炉温为约 950℃,而 As 炉温约 300℃,Ga 炉温度必须精确控制,衬底温度一般为 500℃,以 Ga 和 As 为源其束流可单独控制,并可保证 As 源能在较长的时间内使用。利用 GaAs 作为 As_2 源,虽然较元素 As 便于控制束流,其缺点是 As 很快耗尽。当然选择哪种 As源还和器件方面的应用有关。

在外延生长过程中,系统内的监测设备都要进行工作,以获得有关生长的各种信息,保证在微机控制下,按程序进行正常生长。

2. GaAs 的特性

在半绝缘的衬底上生长非掺杂的 GaAs 外延层,本底杂质浓度取决于外延系统的清洁度、生长室残余杂质及源的纯度等,一般杂质浓度在 $1 \times 10^{15}/cm^3$,并且常常是高阻。

作为 N 型掺杂剂有 Si、Ge、Sn。它们的黏附系数都接近于 1。常使用 Sn,它的缺点是在表面有一定程度的分凝。不过 Sn 比 Ge 容易获得高的迁移率,Sn 也比 Si 容易处理。但 Si 和 Ge 具有较强的两性特性,既可做施主又可以作受主,这取决于 GaAs 是在 As 稳定还是在 Ga 稳定条件生长的。除 Sn 之外,Si 也常用来做施主掺杂剂。

作为 P 型掺杂剂的有 Zn 和 Cd,但它们的黏附系数太小,在 MBE 生长 GaAs 时不易掺入。所以一般采用 Ge 和 Mg,Ge 只能在 Ga 稳定条件下,被强制掺入,因此很难保证表面平滑,Mg 掺杂效率很低。为了寻找更好的 P 型掺杂剂,人们试用离化的 Zn,可把黏附系数提高到 10^{-2}。Be 的黏附系数接近于 1,而且掺 Be 可获得光滑生长表面,因此,目前用 Be 做 P 型掺杂剂的较多。

在合适的生长条件下,生长的 GaAs 表面平整光滑,这和 MBE 生长属于二维成核侧向生长的机制有关。抛光后的衬底表面微观看来是凹凸不平的,MBE 生长 GaAs 时将首先在凹处的台阶处生长,因此在生长约 100nm 后,表面才会变成平整光洁。

7.5 化学束外延生长(CBE)

上面介绍了分子束外延生长,它使用的是固体源,在生长过程中存在着源补充的问题。此外,由于含磷Ⅲ-Ⅴ族化合物及其固溶体和Ⅱ-Ⅵ族化合物的固态源在形成射束时难以控制,给这类化合物的 MBE 生长带来困难。为了解决这些问题,提出了用气态源代替固态源进行MBE 生长,即所谓的气态源 MBE(gas source MBE,GSMBE)。

气态源 MBE 是一个通称,根据使用源的组合不同,其命名也不同,如表 7.4 所示,当然它们的生长机制也不相同。尽管如此,人们习惯上常把这类气态源 MBE 称为化学束外延生长(chemical beam epitaxy,CBE)。

表 7.4　气态源 MBE 的分类

	Ⅲ族金属源	V族源	研究者命名
(1)	固体金属(如 Ga 等)	氢化物(如 AsH_3 等)	气态源 MBE
(2)	有机金属化合物(TMG 等)	氢化物(如 AsH_3 等)	
(3)	有机金属化合物(TMG 等)	烷基化合物(如 TMAs)	MO-MBE / CBE
(4)	有机金属化合物(TMG 等)	固体(As 等)	

　　近年来,特别是 1986 年以来,以 InGaAs/InP 为中心,用 CBE 生长材料制作器件的也多起来了。CBE 兼有 MBE 和 MOVPE 的优点。

7.5.1　CBE 生长设备

　　CBE 所用的设备从结构上看,多数是把固态源 MBE 设备的源炉加以改造而成。气态源输入生长室的管路中使用了 MOVPE 系统的控制系统,具体结构依研究者或厂家而异。图 7.15 示出在 GaAs 衬底上生长 InP 的一种 CBE 设备。

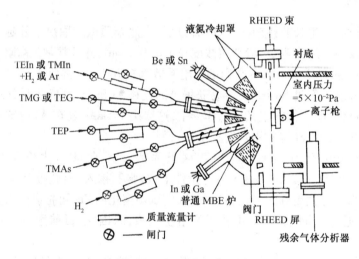

图 7.15　CBE 生长装置图

7.5.2　CBE 的生长机理

　　虽然都统称为 CBE 或气态源 MBE,但由于有几种源的结合(表 7.4 所列),因此,它们的生长机理是不一样的。其中(1)是以固态金属为Ⅲ族源,以 V 族氢化物经预先热分解成 As_2 或 P_2 等 V 族气态源通入生长室,在衬底上进行生长,其生长机理与 7.4 小节中介绍的固态源 MBE 几乎没有什么差别。

　　但是,在(2)、(3)、(4)的情况下则不同,它们的Ⅲ族组分是以该Ⅲ族元素的有机化合物为源,在通入生长室前,金属有机物不经热解,而是以化合物的分子束直接射向加热的衬底表面,进行外延生长的。图 7.16 示出 MBE、MOVPE 和 CBE 的生长机理。

　　固态源 MBE,如前面所介绍,Ⅲ族元素是以原子或分子束的形式射向衬底表面,并在其上面移动,占据适当的格点位置,在一般生长温度下,Ⅲ族元素的吸附系数看做是 1,因此,生长速度取决于Ⅲ族供给量,即受限制于固态源形成分子束流的速度。

　　在 MOVPE 外延生长中,金属有机化合物在反应管中到达衬底之前已经部分热分解,有一

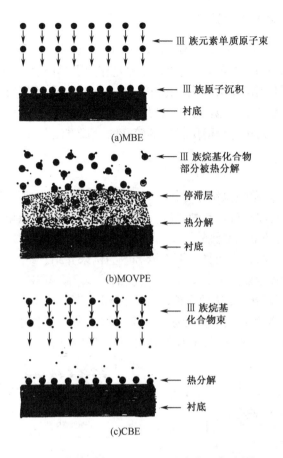

图 7.16　MBE、MOVPE、CBE 生长机理概念图

定程度热分解的金属有机化合物及分解产物通过扩散穿过衬底表面上的边界层,再在被加热的衬底上完成全部分解成Ⅲ族元素原子。一般说来,MOVPE 法外延生长时,金属有机化合物的热分解是在气流中和衬底表面两处进行的。因此,在通常的生长温度下,通过控制边界层的扩散速度来控制生长速度。

对于 CBE,金属有机化合物分子束像普通 MBE 的分子束一样,直接射到衬底表面,衬底表面上没有边界层,金属有机化合物在衬底表面以外也不发生热分解。在这种情况下,生长速率主要由金属有机化合物的供给速率和衬底表面热分解的速率决定。当然衬底温度与Ⅴ族源供给的状况对生长速率也是有影响的。

关于 CBE 的生长操作基本上与 MBE 相同。

7.6　其他外延生长技术

除了以上介绍的化合物外延生长技术外,还有一些正在发展中的外延技术,如原子层、分子层外延生长,利用光、离子的化合物外延生长技术,电外延等外延生长技术。这里简单介绍其中几种外延生长技术。

7.6.1 原子层、分子层外延生长技术

原子层外延(atomic layer epitaxy, ALE)或分子层外延(molecular layer epitaxy, MLE)的概念,前者是由 T. Suntola 于 1974 年提出来的,开始是作为 Ⅱ-Ⅵ 族化合物外延生长技术加以应用的,后来应用到 Ⅲ-Ⅴ 族化合物半导体的生长。由于 ALE(或 MLE)能以单原子(或分子)层为单位进行外延生长,可较精确地控制外延层厚度和异质结的界面,因此成为制作超晶格、量子阱,低维结构等所需要的化合物薄层材料的较好的生长方法。

1. ALE 的原理与特点

ALE 法是向衬底交替单独供给半导体组成元素的源,使各组成元素以单原子层在衬底上进行一层一层地生长的方法,对于这种方法,每供给一次源生长一层单原子层或者由一个周期供给源生长一层分子层是至关重要的。

ALE 按供给源的方式,分为两种。下面以 ZnS 为例来介绍。

第一种是由组成化合物的元素以直接蒸发的形式,像 MBE 那样供给源进行生长,如图 7.17 所示。从图可以看出,在这种生长过程中,分别供给 Zn 和 S,在温度为 T_s 的衬底上交替进行单原子层生长。每次供给过量的原子不会黏附在所生长的单原子层上,而被排除生长系统。这样一次生长一个单原子层,ALE 外延层的厚度则取决于所生长的层数与晶格常数。

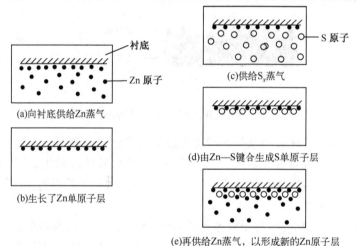

图 7.17 以元素为源的 ALE 生长过程

上述的生长过程是理想的 ALE 过程,实际上生长的结果并不是理想的 ALE。实验结果表明,即使选择最佳的生长温度 T_s 也难以实现完整的一层一层的生长,至少目前还没有做到这一点,只是近似做到。

第二种 ALE 生长方式,像 MOVPE 那样用含有组成元素的气体为源,在生长过程中周期变换气体,如图 7.18 所示用 $ZnCl_2$ 和 H_2S 生长 ZnS。

用这第二种 ALE 生长 ZnS,生长过程虽然不像上述模型那么简单,但每一个生长周期也不能形成一个完整的单层 ZnS。但用新发展的 ALE 生长工艺,生长 GaAs 的研究结果表明,完全可以按一层一层的方式来生长。

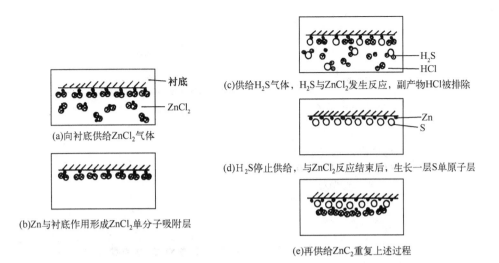

(a)向衬底供给ZnCl₂气体

(b)Zn与衬底作用形成ZnCl₂单分子吸附层

(c)供给H₂S气体，H₂S与ZnCl₂发生反应，副产物HCl被排除

(d)H₂S停止供给，与ZnCl₂反应结束后，生长一层S单原子层

(e)再供给ZnC₂重复上述过程

图 7.18　以化合物气体为源的 ALE 生长过程

2. Ⅲ-Ⅴ族化合物半导体的原子层外延

在Ⅲ-Ⅴ族化合物半导体薄膜生长中最先使用 ALE 技术的是西泽润一,他称这种生长为 MLE。生长 GaAs 时源用 TEG(或 TMG)和 AsH₃。交替向衬底输送 MO 源和 AsH₃,每更换一次源抽一次空。衬底温度为 500℃时,即使输入量变化 60 倍,每一周期生长层厚恒定在 2.2 ~ 2.3Å。在 550℃以上时,每生长一个周期层厚比单分子层厚一些。这是由于 MO 源分解的 Ga 在衬底上形成多层吸附所致。为了进行单分子层生长,选择合适的衬底温度及 TMG(MO)源输入量是必要的。

利用 MO 源和 AsH₃ 进行 ALE 生长,存在着两个主要问题,一个是 C 沾污,另一个是实现原子层外延生长的条件选择范围比较窄。对此在生长自动停止机构(self limiting mechanism, SLM)基础上,采用脉冲输送源技术加以解决。

下面简要介绍 SLM。从上面分析,ALE 在生长一层(或 i 层)后,应该自动停止生长。在生长 GaAs、InP 等Ⅲ-Ⅴ族化合物薄层时,Ⅲ族 Ga,In 和Ⅴ族的 As、P 层应分别起 SLM 作用。在 300℃以上较高温度下,GaAs 上的 As 或 InP 上的 P,由于它们的蒸气压较高,重叠堆积二三个原子层是难以实现的,因此它们生长一层后就会自动停止生长。另一方面Ⅲ族原子 Ga、In 原子,对于 GaAs、InP 晶体表面黏附系数是 1,它不能像 As、P 那样起 SLM 作用,这时如果供给过量的源的话,最后 Ga、In 将以小滴的形式留在晶体表面上。因此,对于 GaAs、InP 的 ALE 来说,实现Ⅲ族原子层的 SLM 是至关重要的。

如果以 TMG 为原料,用 ALE 生长 GaAs 时可能有如图 7.19 所示的三种 SLM。

TMG 的分子是电子的接受体,而 GaAs(100)面的 As 是电子的给予体。因此,在气相中未分解的 TMG 来到 As 原子终止的 GaAs(100)面上,TMG 与表面上 As 结合。与 As 结合的 TMG 的烷基 R 阻碍 TMG 的一步吸附,因此起了 SLM 作用(图 7.19(a))。

另一方面,构成表面的 Ga 原子也难与 TMG 结合,也就是说只有表面 As 原子才吸附 TMG 分子,但两者结合并不牢,TMG 易脱附,它在表面上停留时间很短,例如,在 GaAs(100)面 TMG 吸附时间,在 500℃时为 0.01s。然而,在吸附过程中从衬底吸热,TMG 将分解成 Ga 和 R 基,在 600℃以下,Ga 的蒸发可以忽略,Ga 原子则留在 GaAs 表面上,参与生长,最后晶体表面完全

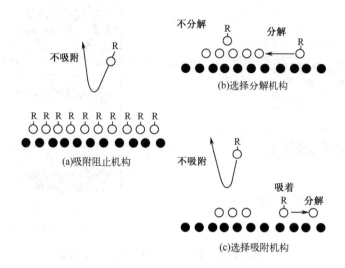

图 7.19 使用 TMG 的 GaAs ALE 的三种 SLM 模式

○为Ⅲ族原子;●为Ⅴ族原子;R 为烷基

被 Ga 原子覆盖,阻碍 TMG 的进一步吸附,因此起了 SLM 作用(图 7.19(b)和图 7.19(c)),中止了生长。在实际生长中可采用图 7.20 所示的脉冲输送源的方式。

ALE(MLE)具有原子(分子)层为单位的厚度可控性,为此可进行数字化生长。在低温下可取得大面积原子级平坦度和陡峭的界面。这是其他外延方法所不具备的。目前 ALE 法还在发展之中,还有诸如提高生长速率,改善晶体质量及混晶的生长,掺杂的控制及其机理等还需要深入研究。

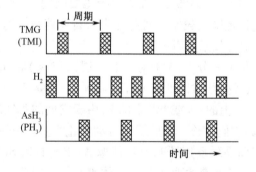

图 7.20 用脉冲供给源气体程序

7.6.2 利用光的化合物半导体外延生长

目前还没有在室温下利用光照射实现外延生长的报导,因此所谓利用光进行外延生长,只是在已有的外延生长技术中加光照作为辅助手段来进行外延生长。在化合物半导体材料外延生长中,主要是在 MOVPE、MBE、CBE 等外延生长中加光照进行外延生长。目前这一技术在单分子层外延生长、组分控制、掺杂控制、选择外延、增加生长速率等方面广泛地开展了研究。

被使用的光源主要是准分子激光器(excimer laser)、Ar^+ 激光器、水银灯等从可见光到紫外的光,但要根据具体的生长体系选择合适的波长,光照射的效果主要有以下几个方面。

(1)使气相中源气体激发,分解或化合。

(2)使晶体表面气体的吸附或解吸。

(3)促进晶体表面吸附的分子激发、分解、化合反应的进行。

(4)增加吸附分子,原子在晶体表面的扩散作用。

(5)光催化作用。

现在,大多数人认为光的作用是反应过程中的催化和促进表面反应。

光照射 GaAs、GaAlAs 单分子层生长的研究非常活跃。在300℃,以 TM(E)G-AsH$_3$ 为源的 MOVPE 已实现了 GaAs 的单分子层生长,而且表面形貌和杂质浓度控制都相当好,图7.21示出了利用 Ar$^+$ 激光器照射进行 GaAs 分子层生长时,源的供给与光照的关系。

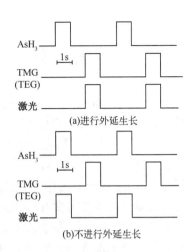

图 7.21　GaAs 分子层外延生长时,源的供给与光照的程序

作为生长机理,如图7.22所示,由于激光照射促进了光表面催化反应,使 TMG 分解,产生的 Ga 覆盖在(100) GaAs 衬底表面上,与 AsH$_3$ 分解得到的 As 结合,进行外延生长。还可以用 ArF 准分子激光器照射 TEG-AsH$_3$ 源 MOVPE 生长体系,生长 GaAs 时,光照射衬底比只照射气相源时生长速度增加的事实来说明光照射促进表面反应的机理。

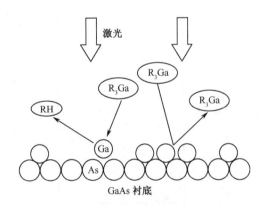

图 7.22　光照促进 TMG 分解进行分子层外延生长 GaAs 模型

利用光照射降低了反应温度,改善了表面形貌,并进行单分子层外延生长,实现数字化生长,这些是令人感兴趣的。关键的问题是选择波长合适的光源。进一步提高晶体质量,以达到实用化的目的,是人们所期待的。

第8章　Ⅲ-Ⅴ族多元化合物半导体

Ⅲ-Ⅴ族二元化合物的晶格常数和禁带宽度等都是一定的,在应用时常受到限制,如光电器件的发射波长由材料的禁带宽度限定。但由两种Ⅲ-Ⅴ族化合物形成的三元或四元化合物,其晶格常数、禁带宽度等随组分变化而改变,并且可以使用维戈(Vegard)公式及禁带宽度与组分的关系式求得它们。此外,如果组成多元化合物的两个二元化合物分别为直接跃迁与间接跃迁型时,所组成的多元化合物也会因组分不同而属于直接跃迁或间接跃迁型,而且多元化合物的直接跃迁的禁带宽度有可能大于组成该多元化合物的二元化合物的禁带宽度。图8.1示出了 $GaAs_{1-x}P_x$ 的能带结构随组分 x 的变化,其间接跃迁与直接跃迁转换点的组分 $x_c = 0.46$,其对应的禁带宽度 $E_c = 1.99eV$。类似材料的 x_c 和 E_e 分别如下:

材料	x_c	E_c/eV
$Ga_{1-x}Al_xAs$	0.31	1.90
$In_{1-x}Ga_xP$	0.70	2.18
$In_{1-x}Al_xP$	0.40	2.23

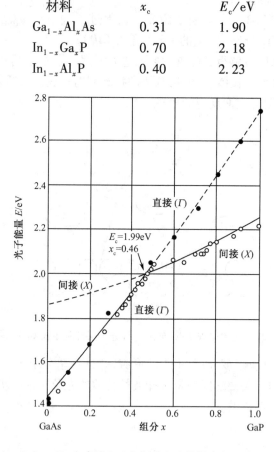

图 8.1　$GaAs_{1-x}P_x$ 中直接(Γ)与间接(X)导带底与组分 x 的关系

多元化合物的这些特性对于半导体器件,特别是光电器件的设计及制作是十分有利的。如根据器件的发光波长可确定材料的组分。当然,要做出良好的发光器件材料,只有这一点是不够的,还应该考虑材料的其他特征,如制备的可能性、稳定性、能带结构的变化等。特别是目前还不能制备多元化合物的体单晶,而是利用其外延材料制作器件,因此还要注意它与衬底晶格匹配的情况等。本章介绍一些Ⅲ-Ⅴ族多元化合物、多层异质结构、超晶格、应变超晶格等的制备及其特性控制等。

8.1 异质结与晶格失配

异质结是由两种半导体单晶联结起来构成的。按其导电类型,可分为同型(NN^+、PP^+)和异型(PN)两种。理想的异质结的交界面应该是突变的,但实际上用一般的外延生长方法制备的异质结,常常是有一定厚度的缓变区(过渡区),它会影响异质结的某些特性,但通常不会改变其有用特性。利用 MBE、MOVPE、ALE 等外延技术可以生长过渡区很窄或突变的异质结。

在器件,特别是光电器件的设计和制作中常利用异质结如下的特性。

(1)由低阻衬底和含有器件有源区的外延层构成的同型异质结,衬底与外延层的交界面在无源区,衬底只起支撑外延层的作用。

(2)同型异质结在靠近有源区处能提供一个带隙较高的透明层,可消除复合速度很高的自由表面,而异质结界面则起钝化作用。

(3)同型异质结也能形成限制载流子的势垒,可缩短载流子的扩散长度,从而减少了复合区宽度。

(4)异型异质结可利用改变结两侧禁带宽度的相对大小来提高电子或空穴的注入效率。

(5)同型和异型异质结都能提供一个折射率阶跃,形成光波导的界面。

(6)同型异质结还可以为形成金属化欧姆接触提供一个禁带宽度小的称作"盖层"的材料层。

不论采用什么外延方法,在异质的外延层和衬底或相邻的两个外延层之间,如果存在着晶格常数的差异,总是有晶格失配的问题,其大小由下式给出,

$$f = \frac{a_1 - a_2}{a_2} \tag{8.1}$$

式中,f 为失配率(度);a_1 和 a_2 分别为外延层材料和衬底材料的晶格常数。

晶格失配的存在,常给器件制作和性能带来不利的影响,因此在外延生长异质结时,应尽量限制和降低晶格失配的影响。

若想使两种晶格常数不同的材料间在原子尺寸范围内达到相互近似匹配,只有在晶格处在弹性应变状态,即在两种晶体交界面附近处的每个原子偏离其正常位置时才能实现。当这种应变比较大时,即存储在晶体中的应变能量足够大时,将通过在界面处形成位错而释放,所形成的位错称为失配位错。实验表明,在异质结外延层中,晶格失配引起的位错密度可达 10^7 ~ $10^8/cm^2$,甚至达到 $10^{10}/cm^2$。如果发光器件的有源区中有如此之高密度的位错,其发光效率将大大降低。

对于如何减少失配位错人们很早就进行了研究。在异质外延生长时,应变能是随着外延层的厚度增加而增加的。通常把外延层即将释放应变能形成失配位错时的厚度称之为"临界厚度"。因此在进行异质外延生长时,如果其厚度不超过临界厚度,那么外延层是完整的,没有失配位错,除此之外,还可以通过界面缓变和突变两种方法来减少失配位错。

缓变法是在异质外延生长时,缓慢地改变其多元化合物的组分,使晶格常数逐渐变化到要求值。即在生长一个组分缓变的过渡层之后再生长所要求的恒定组分层。这种方法虽然不能

消除失配位错,但能有效地将位错分散到比较厚的外延层中,使外延层横截面内的平均位错密度下降,从而改善那些利用外延层表面制作的器件性能。例如,在 GaAs 衬底上生长 GaAs$_{0.6}$P$_{0.4}$时,先生长一层 12μm 厚的过渡层,在此层内的组分 P 由 0 变到 0.4。结果使靠近 GaAs 与过渡层交界面的位错密度从 $>1\times10^8$cm^2 降至 P 的恒组分等于 0.4 生长时的 1×10^6/cm^2,虽然位错密度仍然较高,但用它已能制作性能较好的发光二极管、探测器等器件。

组分突变法也能降低外延层的位错密度。在液相外延生长时发现,如果是晶格匹配材料生长时,外延层中的位错密度通常只是衬底的 1/3 ~ 1/10,这是因为许多位错有拐弯进入交界面里的倾向。根据这一现象提出,在外延生长时,不是一次生长出厚的外延层,而是生长几个不同厚度的薄外延层,利用两层间的交界面,使部分位错拐弯,降低外延层表面位错密度。但应指出的是,如果所生长的多层厚度较厚时,处在压应变状态(即衬底晶格常数小于外延层时)这种方法有效。反之处于伸张状态时,不但位错密度不能降低反而增加。近年来,由于超薄层外延生长技术的发展,生长超晶格可有效地降低位错,特别是应变超晶格能更有效地降低失配位错。

8.2　GaAlAs 外延生长

Ga$_{1-x}$Al$_x$As 是由 GaAs 和 AlAs 组成的三元化合物,其晶格常数与密度随组分的变化如图 8.2所示。GaAlAs 最突出的优点是 GaAs 和 AlAs 的晶格常数相差很小,所以 GaAlAs 和 GaAs 可以构成晶格匹配很好的异质结。正是由于这一点使得 GaAs/GaAlAs 超晶格成为研究最早的超晶格。当 Ga$_{1-x}$Al$_x$As 中 Al 组分 $x\geqslant0.4$ 时,其能带结构由直接跃迁型转变间接跃迁。用 GaAlAs 可以制备激光器、光波导耦合器、调制器、高迁移率晶体管、高亮度红色发光管、太阳电池、集成光电子器件等,是目前很受重视的一种材料。

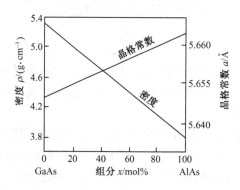

图 8.2　GaAlAs 的晶格常数、密度随组分的变化

GaAlAs 材料可用 LPE、MOVPE 和 MBE 来制备,制备较厚的外延层主要用 LPE 和 MOVPE 法,而制备超薄层、超晶格等则多使用 MOVPE 法和 MBE 法。

下面介绍 LPE 法和 MOVPE 法生长 GaAlAs。

8.2.1　LPE 法生长 GaAlAs

以 GaAlAs 双异质结激光器材料的制备为例介绍 GaAlAs 的 LPE 生长。

图 8.3 为 GaAlAs 双异质结激光器结构。第 I 层是衬底(N-GaAs),第 V 层是做欧姆接触

用的 P-GaAs,第 Ⅲ 层是 P-GaAs,为激光器的有源区,第 Ⅱ、Ⅳ 层分别为 N-Ga$_{1-x}$Al$_x$As 和 P-Ga$_{1-x}$Al$_x$As,它们分别起载流子限制和光限制作用。

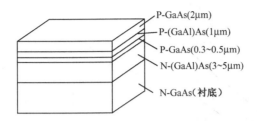

图 8.3　Ga$_{1-x}$Al$_x$As 双异质结激光器结构

若进行 GaAlAs 的 LPE 生长,必须了解 Ga—Al—As 体系相图。图 8.4 是该体系相图富 Ga 部分的平面图。该图除示出三元系液相等温线外,还示出与该等温线各组分液相成平衡的固相组分 x。如图中 A 点表示 Al 为 0.5%(原子%),Ga 为 89.8%,As 为 9.7%,A 点还在 1000℃ 的液相线上,表明具有该组分的液相在低于 1000℃ 时将有 GaAlAs 析出,因为 A 点还在 x=0.3 的固相线上,也就是由此组分的液相中析出的固相组分是(GaAs)$_{0.7}$(AlAs)$_{0.3}$即 Ga$_{0.7}$Al$_{0.3}$As。

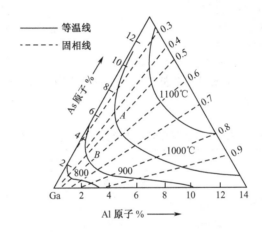

图 8.4　Ga—Al—As 体系部分相图

换句话说,要想得到 x=0.3 的 Ga$_{1-x}$Al$_x$As 外延层,外延起始温度为 1000℃ 时,则液相应配制成图 8.4 中的 A 点所示的成分。当温度低于 1000℃ 时,此溶液过饱和,如与衬底接触便能生长出 Ga$_{0.7}$Al$_{0.3}$As 的外延层,如果温度高于 1000℃,则溶液未饱和可发生溶液腐蚀 GaAs 衬底片的作用,出现溶衬底现象。

由于存在着分凝现象,固相中 Al 的含量与液相中 Al 的含量是不同的。对于 A 点,固相中 Al 原子分数为 0.15,液相中 Al 的原子分数为 0.005。此外 Al 的分凝系数 K 还是液相中 Al 浓度的函数。当液相中铝的含量少于 0.8 原子% 时,K 随 Al 的浓度下降而迅速增高,K 也是生长温度函数,温度愈高,K 愈小。在双异质结激光器结构材料液相外延生长时,温度为 800~850℃,液相中 Al 含量也很少(0.2~0.3 原子%),所以控制组成均匀性是相当困难的。

生长图 8.3 所示的 GaAlAs 双异质结激光器结构所使用的液相外延装置是有五个溶液池的滑动舟,分别装入外延生长各层的溶液和 Al∶Ga=1∶10 的溶液,作为中止 P 型 GaAs 层生长用。并用在最前面的液池中装未饱和 GaAs 的 Ga 溶液,目的是在生长 GaAlAs 之前,使衬底与此溶液接触,将衬底回溶 10~20μm,以获得纯净完整的 GaAs 表面,然后再依次生长各外延层。

图 8.5 和图 8.6 是为配制生长不同组分 $Ga_{1-x}Al_xAs$ 体系的溶解度曲线。

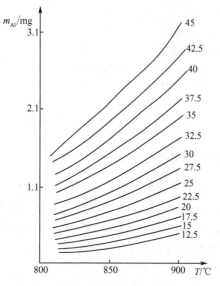

图 8.5 生长不同含 Al 量外延层时,
每克 Ga 中加入的 Al 量
随温度的变化

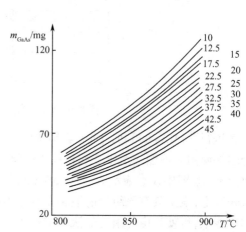

图 8.6 生长不同含 Al 量外延层时,
每克 Ga 中加入的 GaAs 量
随温度的变化

表 8.1 是一组生长 GaAlAs 双异质结激光器时,溶液池中溶液组分的具体数据。N 型掺杂剂用 Sn、Te;P 型掺杂剂用 Si、Ge、Zn。

表 8.1 GaAlAs 双异质结激光器结构外延生长溶液组成

溶液池	Ga	GaAs	Al	Sn	Si	Ge
1	2g	120mg	2.5mg	40mg		
2	2g	136g			14mg	
3	2g	120mg	2.5mg			31mg
4	2g	135mg			30mg	
5	1.5g	150mg				

外延生长前先配制溶液,将 GaAs 按量装入溶液池中,再加入 Ga,然后装入生长室中,抽空,通 H_2 升温至 900℃ 恒温 20min 后,冷却至室温。在 N_2 气氛下将 Al 及各种掺杂剂加入 Ga-GaAs 溶液中,放好已处理好的 GaAs 衬底,再装入生长室中,抽空、通 H_2,加热至 900℃,恒温 10min,使所有组分混合好。然后按图 8.7 所示的温度曲线降温,并移动液池,开始快速将温度降至 850℃ 之后,再以 0.5℃/min 的速率降温,降至 840℃ 时,把第一溶液池推到衬底上,停留在 830℃,然后将第二溶液池推到衬底上,保持 1~2s 以生长 0.5μm 厚的有源区。在相同的降温速度下进行第Ⅲ 和第Ⅳ层生长。第Ⅲ 层生长温度为 830℃(或略低于 830℃),第Ⅳ 层生长温度为 829℃,第Ⅴ 层生长温度为 826℃,停留 20s,然后停止加热,冷却后取出外延片。用水:盐酸 = 1:1 混合液煮去残留在外延片上的溶液,即可得到表面光洁,平坦的外延片。用解理法解理后,再用 $K_3[Fe(CN)_6]$:KOH:H_2O = 1:1:10(重量比)腐蚀液,在 60℃,腐蚀 10s,用显微镜测各外延层的厚度。

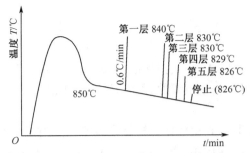

图 8.7 外延生长 GaAlAs 双异质结激光器结构时,
外延炉的温度-时间变化示意图

8.2.2 MOVPE 法生长 GaAlAs

用 MOVPE 生长 $Ga_{1-x}Al_xAs$,也是以 GaAs 为衬底,以 TMG(TEG),TMAl 为Ⅲ族源,AsH_3 为 As 源。在生长 GaAs 的 MOVPE 系统中加上一条 TMAl 输运及控制系统。其生长工艺程序基本上与 GaAs 生长工艺相似,但其生长温度稍高于 GaAs 生长温度,一般选在 700~750℃。同时,在生长期间还要根据所生长 $Ga_{1-x}Al_xAs$ 的 x 值调整 TMAl 与 TMG 之比,即Ⅲ/Ⅲ比,同时还要考虑 AsH_3 与Ⅲ族源 TMAl 和 TMG 的输入比,即 V/Ⅲ 比。x 值的控制通常是先依据 x 值计算出应输入的 TMAl 和 TMG 量,然后进行生长,测其 x 值,再进行校正,直到符合要求为止。表 8.2 给出一组生长 $x=0.3$ 的 $Ga_{1-x}Al_xAs$ 层的参考数据。

表 8.2　MOVPE 法生长 $x=0.3$ 的 $Ga_{1-x}Al_xAs$ 外延层的参考数据

设备	冷壁系统	热壁系统
TMAl	$2.5 \times 10^{-4}\,mol/min$	$3.6 \times 10^{-4}\,mol/min$
TMG	$7.5 \times 10^{-4}\,mol/min$	$6.4 \times 10^{-4}\,mol/min$
AsH_3	$4.0 \times 10^{-3}\,mol/min$	$1 \times 10^{-3}\,mol/min$
总流量	2445 ml/min	2445 ml/min
生长温度	700℃	740℃

在实际生长中,利用微机控制生长的 MOVPE 设备,可以进行在给定的厚度范围内,x 值可由某一个值连续或台阶式地变化到另一个值,这对于量子阱及应变量子阱等材料的制备是非常有利的。

由于 Al 易氧化,其化合物易水解,所以生长 x 值较大的 $Ga_{1-x}Al_xAs$ 是比较困难的,所以要特别注意系统的密闭性,以防氧和 H_2O 渗入。

应用 MOVPE 生长掺杂的 $Ga_{1-x}Al_xAs$ 时,常用 DEZn 为 P 型掺杂剂,但 Zn 是快扩散杂质,在生长超晶格、量子阱时控制 Zn 掺杂比较困难,近年来人们研究以 C 掺杂来代替 Zn 掺杂。应说明的是,这种 C 掺杂与金属有机源热解时引入的 C 玷污的概念是有区别的。前者是人为控制其量的,后者则属于反应体系引入的自掺杂。

掺 N 型杂质时,通常以 H_2Se 等为掺杂剂,但其记忆效应比较大,因此多半利用 SiH_4 为源进行掺杂,以获得较好的 N 型材料。

8.3 InGaAsP 外延生长

由于光纤传输在 1.3 和 1.55 μm 处损耗最低,并且 1.3 μm 处色散几乎为零,所以波长 1.3 和 1.55 μm 的系统对于光纤通信是重要的,因此,研究制作相应波长的光源和探测器材料的外延生长就成为重要的课题。

在元素半导体和二元Ⅲ-Ⅴ族化合物半导体中找不到发射波长为 1.3 μm 和 1.55 μm 的材料。在三元Ⅲ-Ⅴ族化合物半导体中,由 GaSb—GaAs、GaAs—InAs、InP—InAs 组成的三元系材料可满足上述要求(图 8.8)。但是当改变组分以调整带隙能量时,组分一经确定,其晶格常数也随之确定了。在三元Ⅲ-Ⅴ族化合物中除已介绍的 GaAlAs/GaAs,由于 GaAs 和 AlAs 的晶格常数相近而被称为自匹配体系外,其他Ⅲ-Ⅴ族三元化合物与Ⅲ-Ⅴ族二元化合物单晶衬底材料之间均存在着一定晶格失配的问题。虽然采用在外延层和衬底间生长组分渐变过渡层的方法可以将失配位错分散,但在工艺上比较麻烦,并且用液相外延法很难实现,如果再考虑到制作双异质结激光器时还需要选择能起载流子限制和光限制作用的限制层,并且同时还要满足晶格匹配条件则更难实现。在这种情况下,人们把注意力转到Ⅲ-Ⅴ族四元系化合物上,因为四元系比三元系多一个自由度,能在相当宽的范围内独立地调节晶格常数和带隙能量,因而能较容易地满足上述制作激光器结构材料的要求。从图 8.8 中可以看出Ⅲ-Ⅴ族化合物的晶格常数、带隙能量值和发射波长。图中二元化合物之间的连线是三元化合物,连线所包围的区域为四元化合物。由图可知,InGaAsP 四元化合物在室温下可提供 0.55～3.4 μm 的发射波长,GaAlAsSb 为 0.57～1.7 μm,对照光纤的低损耗区,可以看出 InGaAsP/InP 和 GaAlAsSb/GaSb 二者都符合要求,但后者以 GaSb 为衬底,它的带隙与 GaAlAsSb 相差很小,不能作为限制层,

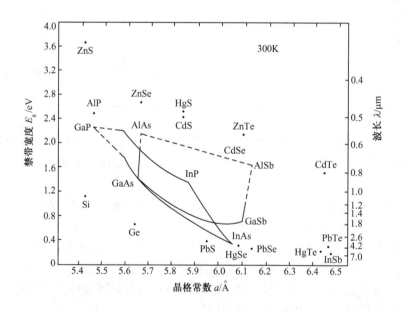

图 8.8　某些元素半导体及化合物半导体的禁带宽度(E_g)和相应的波长(λ)
与晶格常数(a)的关系(实线和虚线所围成的区域表示 InGaAsP 和 GaAlAsSb 四元固溶体
的这种性质范围,实线和虚线分别表示直接跃迁和间接跃迁禁带宽度)

必须生长比有源层 $Ga_{1-x'}Al_{x'}As_{1-y'}Sb_{y'}$ 带隙宽的 $Ga_{1-x}Al_xAs_{1-y}Sb_y$ 作为限制层,此外这种材料在 $1.3\mu m$ 附近存在混溶隙,结果使异质结外延层的制备非常困难。InGaAsP/InP 体系则没有混溶隙,在整个波长范围内均可实现发射,这个体系不含 Al,不会生成难挥发的氧化铝而妨碍外延生长。此外 InP 在硬度、导热性和热膨胀系数等方面均比 GaSb 做衬底好。并且它还具有与 InGsAsP 晶格匹配,较高的带隙和较低的折射率等优点,符合激光器对载流子限制和光限制的要求。

对于 $A_xB_{1-x}C_yD_{1-y}$ 四元体系的晶格常数,可用维戈定律求得

$$a_0(\text{Å}) = xya_{AC} + x(1-y)a_{AD} + (1-x)ya_{BC} + (1-x)(1-y)a_{BD} \qquad (8.2)$$

当取 $a_{GaAs} = 5.6536\text{Å}, a_{GaP} = 5.4512\text{Å}, a_{InAs} = 6.0590\text{Å}, a_{InP} = 5.8696\text{Å}$,根据上式可算出 $Ga_xIn_{1-x}As_yP_{1-y}$ 的晶格常数为

$$a_{GaInAsP}(\text{Å}) = 0.1894y - 0.4184x + 0.0130xy + 5.8696 \qquad (8.3)$$

四元系化合物的带隙能量,不完全符合维戈定律,需进行修正。与 InP 匹配的 $Ga_xIn_{1-x}As_yP_{1-y}$ 的禁带宽度

$$E_g(\text{eV}) = 1.35 - 0.72y + 0.12y^2 \qquad (8.4)$$

图 8.9 示出 $Ga_xIn_{1-x}As_yP_{1-y}$ 四元系等晶格常数、等禁带宽度曲线,图中任意一点对应着一个组分确定的 $Ga_xIn_{1-x}As_yP_{1-y}$ 四元化合物及其晶格常数和禁带宽度。

$In_{1-x}Ga_xAs_yP_{1-y}$ 的外延生长方法、主要是 LPE 和 MOVPE 法,下面分别加以介绍。

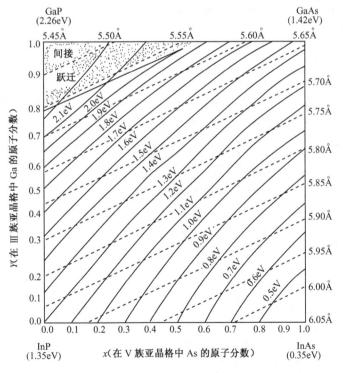

图 8.9 $Ga_xIn_{1-x}As_yP_{1-y}$ 四元合金的等晶格常数线和等禁带宽度线
------ 等晶格常数线;—— 等禁带宽度线

8.3.1 LPE 生长 InGaAsP

$In_{1-x}Ga_xAs_yP_{1-y}$ 外延生长是以 InP 为衬底。在进行生长时,首先要考虑两个问题,一个是怎样生长组分确定的 InGaAsP;另一个是与衬底晶格匹配的问题。这都要依据 InGaAsP 的有关相图来解决。

因为 InGaAsP 是在 InP 衬底上生长,在 580℃ 以下的温度,以 In 为溶剂 P 的溶解度很小,而在高于 750℃ 的温度生长,InP 衬底会受到严重的热腐蚀,因此 InGaAsP 液相外延生长温度选在 600~650℃ 的范围内。为此对这一温度范围的 InGaAsP 的有关相图数据进行了详细地研究。表 8.3 列出在 635℃,InP(100) 衬底上生长 InGaAsP 的液相、固相组成及其他相关的数据。

表 8.3 InGaAsP 体系液相、固相组成关系

x^l_{In}	x^l_{Ga}	x^l_{As}	x^l_{P}	x	y	$\Delta\alpha/\alpha/\%$	$\lambda_g/\mu m$
0.9954	0.0000	0.0000	0.0046	0.000	0.000	0.00	0.920
0.9810	0.0020	0.0170	0.0039	0.083	0.155	-0.09	1.005
0.9623	0.0047	0.0330	0.0030	0.171	0.373	0.00	1.125
0.9555	0.0065	0.0380	0.0025	0.226	0.472	-0.06	1.176
0.9495	0.0085	0.0420	0.0020	0.250	0.531	-0.04	1.225
0.9455	0.0095	0.0450	0.0019	0.270	0.585	-0.03	1.275
0.9413	0.0107	0.0480	0.0017	0.300	0.636	-0.04	1.298
0.9355	0.0125	0.0520	0.0014	0.305	0.658	-0.01	1.343
0.9275	0.0175	0.0550	0.0008	0.358	0.790	+0.05	1.452
0.9210	0.0225	0.0565	0.0006	0.406	0.880	+0.02	1.513
0.9135	0.0275	0.0590	0.0000	0.475	1.000	-0.05	1.656

图 8.10 示出的是在 635℃,InP(100) 衬底上进行外延生长 $In_{1-x}Ga_xAs_yP_{1-y}$ 时的液相组成与固相组成的关系。图 8.11 是液相中 Ga 原子分数 x^l_{Ga} 与 $In_{1-x}Ga_xAs_yP_{1-y}$ 室温禁带宽度的关系。由这两个图就可以确定生长波长范围在 0.92~1.65μm 的与 InP(100) 衬底晶格匹配的 $In_{1-x}Ga_xAs_yP_{1-y}$ 固体所需要的溶液组成。

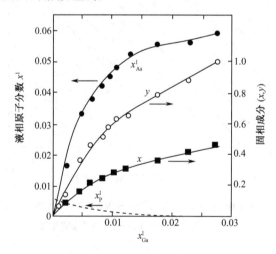

图 8.10 在 InP(100) 衬底上,液相外延生长 $In_{1-x}Ga_xAs_yP_{1-y}$ 时,
液相组成与固相组成的关系

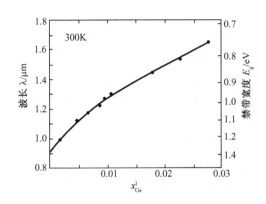

图 8.11　液相中 Ga 原子分数 x_{Ga}^l 与 $In_{1-x}Ga_xAs_yP_{1-y}$
室温的禁带宽度关系

在实际外延生长时,由于 P 蒸气压高,P 含量低,很难控制,所以一般采用两相溶液法来生长,它是把 InP 晶片放在溶液上部作为 P 源来饱和 InGaAs 溶液,形成 InGaAsP 生长溶液。

外延生长的衬底是载流子浓度为 $(1 \sim 2) \times 10^{18}/cm^3$ 的掺 S 的〈100〉晶向的 InP。为了得到良好的表面形貌,衬底偏要〈100〉要小于 $\pm 5°$。

若生长 InGaAsP 双异质结激光器结构,原则上只要在 InP 衬底上连续生长 InGaAsP 和 InP 外延层就可以。但在高温下,InP 受热腐蚀,为了解决这个问题,采用回熔的办法,即在生长前,先用 In 或未饱和的 InP 溶液与衬底接触,熔掉一层衬底,接着再生长一层 InP 缓冲层,再接着生长 InGaAsP 和 InP。生长这种连续多层的结构,使用的是多溶液池的滑动舟。

在滑动舟的溶液池中分别装入 In(或未饱和的 InP 溶液)、InP,根据相图确定的 Ga、In、As(实际上装的是 In、InAs 和 GaAs)并用 InP 晶片盖在上面,最后一个装 InP(掺 Zn)。然后在 H_2 气氛下加热至 675℃,恒温 1h,使物料熔化均匀。以 $0.6 \sim 0.7$℃/min 速率降温至 665℃,将第一个溶液池(In 池)与 InP 衬底接触 $10 \sim 15s$。回熔掉被热蚀的 InP 层,再在 $665 \sim 635$℃下与 InP 溶液池接触,生长一层 InP 缓冲层,接着在 635℃下与 InGaAsP 溶液池接触并以 $0.3 \sim 0.5$℃/min 速率降温,生长 InGaAsP 到要求的厚度,最后与 InP + Zn 的溶液池接触以便生长 P-InP 层。

所生长的外延层解理后,用配比为 $6gKOH + 4gK_3[Fe(CN)_6] + 50ml\ H_2O$ 的溶液染色,在显微镜下观察厚度,用 X 射线衍射仪测四元系的晶格参数,用电子探针测其组分,用光荧光谱测其光学特性等。

8.3.2　MOVPE 法生长 InGaAsP

近年来由于 MOVPE 的发展,生长 InGaAsP 材料已由液相外延为主转移到以 MOVPE,特别是低压 MOVPE(LP-MOVPE)法为主。下面以 LP-MOVPE 为主介绍 InGaAsP 的外延生长。

生长 InGaAsP 的设备原则上只比第七章中介绍的生长 GaAs 多两条输送 In 和 P 源的气路。使用的 Ga 源是 TMG(或 TEG),In 源是 TMIn 或 TEI,TMIn 是固体,使用时随着使用时间的增加其蒸气压变化,输运量不好控制,使用 TEIn 为源时,它虽然是液体,但分解温度低且容易与 PH_3 生成络合物 $In(C_2H_5) \cdot PH_3$,它不易分解,影响外延生长的质量,V 族源目前主要使用 PH_3 和 AsH_3,这两种源毒性很大,近来采用毒性小的 V 族有机化合物,如(叔)丁基砷、磷(tertiarybutyarsine, TBAs; tertiarybutyphosphine, TBP)为 As 和 P 源的正在增加。这里仍然以

PH$_3$ 和 AsH$_3$ 为 V 族源来介绍 InGaAsP 的外延生长。

在生长时,由于各种源分解程度和生长速率的不同,因此在输送各种源时,既要根据 x、y 值确定输送量,又要考虑它们的分解效率生长难易来调整 TMG/TMIn,即 Ⅲ/Ⅲ 比和 AsH$_3$/PH$_3$,V/V 比及 (AsH$_3$ + PH$_3$)/(TMG + TMIn) 的 V/Ⅲ 比。通常固定 TMIn,调整 TMG 来控制 x 值,改变 PH$_3$/AsH$_3$ 来改变 y 值,一般 V/Ⅲ 控制在 200 左右,但不能过大,过大影响表面质量,生长温度一般选在 625~640℃。

由于 PH$_3$ 分解温度高,所以也有人把 PH$_3$ 在 800℃ 下预分解成 P 再输入反应室中。

具体生长方法是,在衬底片装入反应室后,抽真空,充 H$_2$ 并恒压在 1×10^4 Pa 下,升温至 300℃ 时通 PH$_3$ 保护 InP 以防分解,待温度达到 625℃ 时,恒温 5min,然后通 In 源,生长一层 InP 缓冲层,再通 Ga 源和 AsH$_3$ 生长 InGaAsP。生长结束时先停止通 Ga、In 源并降温,当温度降至 300℃ 时,再停止通 PH$_3$ 和 AsH$_3$。待温度降至室温时,再充气将反应室内压力恢复至常压,开炉取出外延片。由于生长时有残余的 P 存在,它遇到空气中的氧迅速氧化,容易发生燃料,引起爆炸。所以,在有条件的情况下,应在高纯 N$_2$ 的气氛下取外延片。

生长的 InGaAsP 外延片,可用 X 射线双晶衍射测其晶体质量、组分、晶格失配;用光荧光谱(photoluminescence,PL)测其光学特性等。

第9章　Ⅱ-Ⅵ族化合物半导体

Ⅱ-Ⅵ族化合物半导体是由Ⅱ族元素 Zn、Cd、Hg 和Ⅵ族元素 S、Se、Te 组成的二元化合物及其多元化合物材料。Ⅱ-Ⅵ族二元化合物的晶体结构分为两类,一类是闪锌矿结构,如 ZnSe、HgSe、ZnTe、CdTe、HgTe 等;另一类除具有闪锌矿结构外还具有纤锌矿结构,即有两种晶体结构类型,这类Ⅱ-Ⅵ族化合物包括 ZnS、CdS、HgS、CdSe 等。与Ⅲ-Ⅴ族化合物半导体材料相比,Ⅱ-Ⅵ族化合物中离子键成分较大。Ⅱ-Ⅵ族化合物的能带结构都是直接跃迁型,而且由 Zn 和 Cd 组成的Ⅱ-Ⅵ族化合物其禁带宽度比同一周期的Ⅲ-Ⅴ族化合物及元素半导体的禁带宽度都大。如 ZnSe 的 E_g 为 2.7eV,GaAs 为 1.43eV,Ge 为 0.66eV。宽禁带Ⅱ-Ⅵ族化合物的物理性质列于表9.1。但含 Hg 的Ⅱ-Ⅵ族化合物禁带宽度却较小。

表9.1　宽禁带Ⅱ-Ⅵ族化合物物理性质

| 化合物 | 熔点/℃ | 禁带宽度/eV | 晶格常数/Å | 迁移率 | | 有效质量 | | 电容率 ε | 德拜温度 θ/K | 熔点下的最小蒸气压/kPa |
				电子 μ_n cm²/(V·s)	空穴 μ_p cm²/(V·s)	电子 m_n^*/m_n	空穴 m_p^*/m_p			
ZnS	1850	3.6	5.4093	140				10	336	374.9
ZnSe	1500	2.7	5.6676	200	15	0.1		8	400	53.7
ZnTe	1240	2.26	6.101	100	7	0.2		19	250	64.8
CdS	1475	2.4	5.582	150	1.5	0.2	0.07	11.6		385.0
CdSe	1250	1.67	6.05	500		0.3		11	230	41.5
CdTe	1090	1.6	6.477	600			0.3	10.4	200	23.3

Ⅱ-Ⅵ族化合物半导体材料主要用在光电器件领域。宽禁带的Ⅱ-Ⅵ族材料 ZnS、ZnSe、CdS 和 ZnTe 都是重要的蓝—绿光半导体器件材料,用这些材料及其固溶体已制出蓝光发光管和电注入蓝光激光器。Ⅱ-Ⅵ族宽禁带材料的光学双稳态性质,使其用于光开关、光计算机等领域。CdS、CdSe 等是熟知的制备太阳能电池的半导体材料。以 HgTe 和 $Hg_{1-x}Cd_xTe$ 为代表的窄禁带Ⅱ-Ⅵ族化合物及其多元化合物在光探测器方面有广泛的应用前景。

9.1　Ⅱ-Ⅵ族化合物单晶材料的制备

从表9.1中可以看出,Ⅱ-Ⅵ族化合物熔点高,熔化时还具有较高的蒸气压,组成它们的两个元素的单质蒸气压也较高,因此要制备它们完整的单晶体比元素半导体和Ⅲ-Ⅴ族化合物半导体要困难得多。

9.1.1　Ⅱ-Ⅵ族化合物体系的相平衡

在制备Ⅱ-Ⅵ族化合物时,气相的性质、气相与固相、气相与液相和固相之间的平衡是很重要的甚至是决定性的因素。对于二元Ⅱ-Ⅵ族化合物 $A^{Ⅱ}B^{Ⅵ}$,当固相和气相平衡时主要的平衡

方程为

$$AB \Longrightarrow A\uparrow + \frac{1}{2}B_2\uparrow$$

由于气相中 AB 分子的浓度很小,所以假定气相中只有组成元素 A 的单质分子或原子,而且元素 B 只以双原子分子 B_2 的形式存在。实验证明这种假定对 CdTe、CdSe、ZnTe 及 ZnSe 是适合的。上面方程的平衡常数

$$K_p = p_A p_{B_2}^{\frac{1}{2}} \tag{9.1}$$

式(9.1)给出了组分 A 和 B 的分压 p_A 和 p_{B_2} 的关系。由于 K_p 为常数,因此当一个组分的分压增大时,另一个组分的分压就会减小,在一定温度下存在着一个总压的最小值 p_{min}。如果用 $p_{A(min)}$ 和 $p_{B_2(min)}$ 分别表示总压为 p_{min} 时 A 和 B_2 的蒸气压,则二者的关系为

$$p_{A(min)} = 2p_{B_2(min)} \tag{9.2}$$

图 9.1 给出一些 II-VI 族化合物的平衡常数 K_p 与 $\frac{1}{T}$ 的关系。图 9.2 为 Zn—Te 体系的 Zn 和 Te 分压与 $\frac{1}{T}$ 的关系。图中 p_{Zn}^0、$p_{Te_2}^0$ 为纯 Zn、Te 的蒸气压-温度曲线,是固相稳定存在范围上限的渐近直线。而

$$p'_{Zn} = (K_p/p_{Te}^o)^{1/2}$$
$$p'_{Te} = (K_p/p_{Zn}^o)^2 \tag{9.3}$$

分别为固相稳定存在下限的渐近直线。上限和下限两条直线之间的曲线为与液相线相对应的蒸气压-温度关系曲线。如果把一定温度下与 ZnTe 固相平衡的气相分压下限用 $(p_{Zn})_{min}$ 与 $(p_{Te_2})_{min}$ 来表示,则 ZnTe 固相处于 $p_{Zn} < (p_{Zn})_{min}$ 或者 $p_{Te_2} < (p_{Te_2})_{min}$ 的情况下,ZnTe 固相将分解,直到 p_{Zn} 和 p_{Te_2} 增加到分别等于 $(p_{Zn})_{min}$ 和 $(p_{Te_2})_{min}$ 时为止。只有当 $p_{Zn} > (p_{Zn})_{min}$,$(p_{Te_2}) < (p_{Te_2})_{min}$,或 $(p_{Te_2}) > (p_{Te_2})_{min}$,$p_{Zn} < (p_{Zn})_{min}$ 时,才能通过 p_{Zn} 和 p_{Te_2} 的变化来改变晶体的化学计量比偏离和控制晶体中的缺陷。

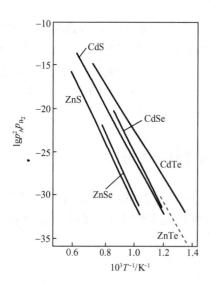

图 9.1　II-VI 族化合物 K_p 与 $\frac{1}{T}$ 的关系

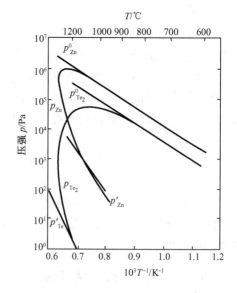

图 9.2　Zn—Te 体系 Zn 和 Te 分压与 $\frac{1}{T}$ 的关系

9.1.2　Ⅱ-Ⅵ族化合物单晶的制备

Ⅱ-Ⅵ族化合物单晶的生长方法有垂直布里奇曼法、升华法、移动加热法等。

1. 垂直布里奇曼法(高压熔融法)

由于Ⅱ-Ⅵ族化合物在熔点时的蒸气压和离解度都较大,若从熔体中生长晶体必须在高压单晶炉内进行。以生长 CdTe 单晶为例,将提纯好的 Cd 和 Te 真空密封在洁净的石英管内(石英管直径 40～50mm,长 200mm)。石英管放入如图 9.3 所示的垂直高压炉内。首先将真空密封的石英管加热到 800℃,恒温 24h,以使 Cd 和 Te 进行反应生成 CdTe。然后将生成的 CdTe 加热到 1150℃使其熔化。再以 1～5mm/h 的速度将反应管降到低温区,从石英管底部开始进行单晶生长。也可以用已合成的Ⅱ-Ⅵ族化合物的非晶材料或多晶材料进行单晶生长。用此方法也可以制备 ZnSe、CdSe、CdS 等的单晶。

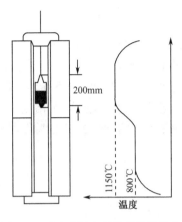

图 9.3　垂直布里奇曼炉及炉温分布

2. 升华法

升华法是利用Ⅱ-Ⅵ族化合物固体在某一温度、压力下可以发生升华的现象,使升华的蒸气冷凝生成晶体。根据气体动力学理论,物质在真空条件下的挥发速度 v 与挥发物的饱和蒸气压 p 的关系为

$$v = 4.375 \times 10^{-4} p \sqrt{M/T} \tag{9.4}$$

式中,v 为挥发速度(g/(cm²·s));M 为挥发物的分子量;T 为挥发的温度(K)。

对 CdS 固相,升华时其饱和蒸气压与温度的关系为

$$\log p_{CdS} = 11.49 - \frac{10.39 \times 10^3}{T} \tag{9.5}$$

在 1200℃时,CdS 的饱和蒸气压为 2.7×10^4Pa。高温时 CdS 具有较大的蒸气压,利用温度控制 CdS 在气相中的过饱和度来沉积 CdS。在 1200℃时 CdS 的挥发速度 $v_{CdS} = 3.73$(g/(cm²·s)),升华是相当快的。在 CdS 升华生长晶体中发现,生长温度不能过高,否则会发生 CdS 的离解。

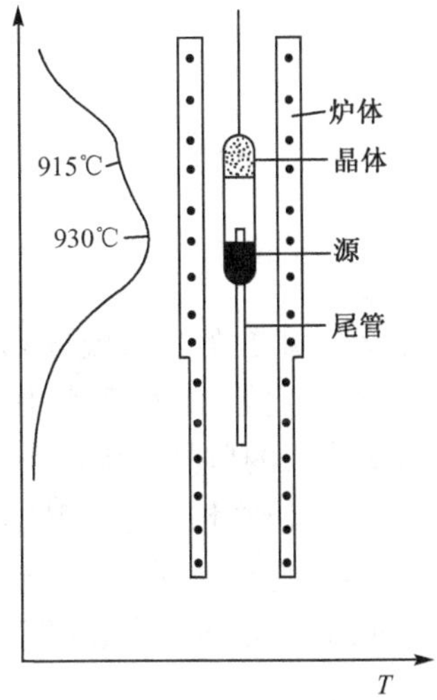

图 9.4 为用升华法制备Ⅱ-Ⅵ族化合物单晶材料的装置及温度分布图。以制备 CdSe 单晶为例加以说明。炉体为双温区管式电阻炉。反应器由直径不同的两段石英管焊接构成。粗管用于盛源和生长晶体,下部细长尾管在整个生长过程中处于较低温度。由于Ⅱ-Ⅵ族化合物存在化学比偏离的问题,过剩组分及其他易挥发杂质会优先进入尾管,有利于消除引起组分偏离的因素,使晶体生长趋近满足 CdSe 蒸气压最小条件($p_{Cd} = 2p_{Se_2}$),获得较大生长速率。即用控制尾管温度的方法来抑制源升华时的分解,保证晶体生长并控制化学比偏离。CdSe 多晶封入真空石英管中,

图 9.4　升华法生长Ⅱ-Ⅵ族化合物单晶装置及温度分布图

置于炉内。管锥部由温度最高处匀速上升,移向低温区,CdSe 在锥部首先冷却成核,随后晶体逐渐长大。一般生长周期为几天到十几天。目前用此法已生长出大尺寸的 CdSe、CdS、ZnSe 等Ⅱ-Ⅵ族化合物单晶。

升华法也可以采用水平炉,生长方法与垂直炉类似。已制备出 CdS、ZnS、ZnTe、ZnSe 等大尺寸晶体。

3. 移动加热法

移动加热法(travelling heater method,THM)可分为移动溶液法(solution THM)和移动升华法(sublimation THM)。移动溶液法是生长高质量单晶的最简单、最可靠的方法之一。这种方法的装置和温度分布如图9.5 所示。以 Te 为溶剂生长 CdTe 单晶时,生长温度为700℃。随着反应管向下移动,CdTe 源溶入 Te 溶液中,在下面的固液界面 CdTe 单晶从反应管下端向上生长。移动溶液法与前两种方法相比,除了具有生长温度较低的优点外,溶剂材料还具有吸杂作用。

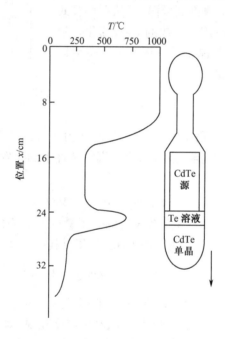

图9.5　移动溶液法示意图

因为 ZnTe 在 Te 中的溶解度小于 CdTe,所以从 Te 溶剂中生长 ZnTe 单晶的生长温度高于 CdTe 的生长温度。Te 溶液区的温度在 760～860℃ 之间,这个温度也远低于 ZnTe 的熔点(1240℃)。反应管以每天 3mm 的速度逐渐下降进行生长。这种方法生长的单晶体积较小。

移动升华法与移动溶液法相似,只是生长反应管中溶液区为真空,以便固相多晶料升华生长单晶。用这种方法生长 ZnTe 单晶的典型条件是:升华面温度 815℃,生长面温度在 785～800℃ 之间,生长速度每天 3mm。与移动溶液法相比,移动升华法生长的单晶体积大、纯度高、位错密度低、晶体完整性较好。

9.1.3　Ⅱ-Ⅵ族化合物的外延生长

Ⅲ-Ⅴ族化合物外延生长方法,几乎都可以用来生长Ⅱ-Ⅵ族化合物薄膜。这里简单介绍液相外延(LPE)、分子束外延(MBE)、金属有机物气相外延(MOVPE)和热壁外延法(HWE)。

1. LPE 法

LPE 法生长Ⅱ-Ⅵ族化合物薄膜是制作发光管工艺中较成熟的方法。但由于Ⅱ-Ⅵ族化合物的组成元素蒸气压较高,液相外延溶剂的选择远比生长Ⅲ-Ⅴ族化合物困难。目前应用最多的溶剂是 Te。图9.6为部分Ⅱ-Ⅵ族化合物在 Te 中的溶解度曲线。除了 Te 以外,Bi、Zn、Se、Sn、Ga、In 以及 Zn—Ga、Zn—Ga—In、Se—Te 等元素或合金也可以作为 LPE 生长Ⅱ-Ⅵ族化合物的溶剂。生长设备一般采用倾斜或水平滑动舟式外延炉。ZnS、ZnSe、ZnTe、CdS、CdSe 都可以用 LPE 法生长薄膜。

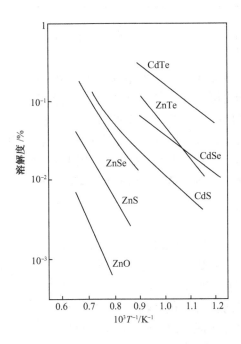

图 9.6　Ⅱ-Ⅵ族化合物在 Te 中的溶解度

LPE 既可以进行Ⅱ-Ⅵ族化合物的同质外延,也可以进行异质外延生长,如在 ZnS 或 ZnTe 衬底上生长 ZnSe,在 ZnSe 衬底上生长 ZnTe 等。

2. MOVPE 法

用普通的气相外延法制备Ⅱ-Ⅵ族化合物,生长温度都较高,材料中会出现高密度的空位,材料的电学性质不易控制。用非热平衡态外延生长法和低温生长法如 MOVPE 和 MBE 等方法有助于克服这些缺点。用 MOVPE 法制备的 ZnSe 薄膜在纯度和晶体完整性上均优于普通的气相外延法。MOVPE 法的生长速率高,生长温度低,是当前Ⅱ-Ⅵ族化合物外延生长常用的方法之一。使用的设备和Ⅲ-Ⅴ族化合物 MOVPE 生长所用设备一样。表9.2给出部分用 MOVPE 法生长Ⅱ-Ⅵ族化合物薄膜的条件。

表 9.2　MOVPE 法生长Ⅱ-Ⅵ族化合物薄膜的条件

化合物	衬底	反应物	生长温度/℃
ZnS	Al_2O_3、$MgAl_2O_4$、BeO	$(C_2H_5)_2Zn + H_2S$	750
ZnSe	Al_2O_3、$MgAl_2O_4$、BeO、GaAs	$(C_2H_5)_2Zn + H_2Se$	725~750
ZnTe	Al_2O_3	$(C_2H_5)_2Zn + (CH_3)_2Te$	500
CdS	Al_2O_3、GaAs、CdS	$(CH_3)_2Cd + H_2S$	475~560(常压) 300~350(低压)
CdSe	Al_2O_3、玻璃	$(CH_3)_2Cd + H_2Se$	600
CdTe	Al_2O_3、$MgAl_2O_4$、BeO	$(CH_3)_2Cd + (CH_3)_2Te$	500
HgTe	CdTe	$(C_2H_5)_2Te + Hg + H_2$	

3. MBE 法

由于分子束外延生长主要是由反应动力学因素来控制,不需要在热平衡条件下进行生长。因此,在制备Ⅱ-Ⅵ族化合物时可以抑制其自补偿效应,使薄膜材料具有较好的电学性能。由于 MBE 生长是在超高真空中进行,材料的纯度可以大大提高,结晶学质量好,表面光亮、平坦。在生长Ⅱ-Ⅵ族化合物时,防止有害杂质的掺入是个重要问题。MBE 法生长的Ⅱ-Ⅵ族材料经质谱仪分析没有 Cu 和其他电活性金属掺入外延层。用 MBE 法可制备 ZnTe、ZnSe、ZnS 等薄膜材料。它也是当前应用比较广泛的Ⅱ-Ⅵ族化合物外延生长法。

4. HWE 法

热壁外延(hot wall epitaxy,HWE)法也是一种气相外延生长技术。源材料在真空(~10^{-4}Pa)中加热蒸发,在一封闭系统中保持生长室壁温度与源温度相近,化合物气体分子或其组分原子蒸发到衬底上,沉积、成核、长大,形成外延薄膜。这种方法具有设备简单、造价低、节省源材料等优点。图 9.7 为 HWE 设备的简图。热壁外延技术在生长Ⅱ-Ⅵ族和Ⅳ-Ⅵ族化合物薄膜材料时被广泛采用。

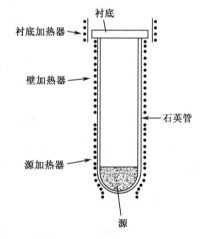

图 9.7　HWE 设备简图

HWE 法的主要特点是,由于热壁的作用使得外延生长是在与源温度接近的情况下进行,它是在与热力学平衡条件接近的条件下的外延生长。如生长 CdS 薄膜时,衬底温度为 450℃,源温仅比衬底温度高 25℃。因此这种方法生长的外延层中含有较低的杂质和缺陷。

实验表明,外延层的生长速率 R 随沉积温度升高而指数式增大:

$$R = C\exp(-E/kT) \tag{9.6}$$

式中,E 为激活能;C 为常数;k 为玻尔兹曼常数。对于 CdS 材料,E 和 C 的典型值分别为 400J·mol^{-1}和 120μm·h^{-1}。R 随衬底温度的这种变化关系,是由于温度升高加速了组分 A 和 B 的反应,促进形成其化合物 AB 的速度。

人们对热壁外延设备已做了多种改进。比如采用两个热壁源管,分别盛放两种不同材料,旋转样品托就可以进行异质结构或多层结构的生长。这种设备已制备出多种Ⅱ-Ⅵ族异质结材料,如 ZnS/ZnSe/GaAs、ZnSSe/ZnSe/GaAs 等,以及超薄层多层结构材料如 ZnS/ZnSe…/GaAs、ZnSSe/ZnSe…/GaAs 等。经分析测试证明材料具有良好的结晶学和光学性质。

9.2 Ⅱ-Ⅵ族化合物的点缺陷与自补偿现象

Ⅱ-Ⅵ族化合物晶体比Ⅲ-Ⅴ族化合物晶体容易产生缺陷。有些缺陷严重影响Ⅱ-Ⅵ族化合物材料的性能。比如Ⅱ-Ⅵ族化合物晶体中的点缺陷会造成其组成化学计量比的偏离,引起导电类型发生变化。

用 MX 表示Ⅱ-Ⅵ族化合物,在 MX 中的点缺陷有:空位 V_M、V_X,间隙原子 M_i、X_i,反结构缺陷 M_X、X_M,以及外来杂质 F 等。这些点缺陷在一定条件下会发生电离,放出电子或空穴呈现施主或受主性质。起施主作用的点缺陷有 M_i、V_X、X_M、F_i(F 是金属元素)、F_M(F 原子价 > M 原子价)、F_X(F 原子价 < X 原子价);起受主作用的点缺陷为 X_i、V_M、M_X、F_i(F 为负电性元素)、F_M(F 原子价 < M 原子价)、F_X(F 原子价 > X 原子价)。

9.2.1 两性半导体

晶体中点缺陷的存在会引起晶体化学计量比的偏离。在 MX 晶体中,若 X_i、V_M 的浓度大,X 的量就会大于 M,材料的化学计量比发生正偏离;而当组分 M 的量过剩即 M_i、V_X、浓度大时,发生化学计量比的负偏离。由于不同的点缺陷在晶体中所起的电学作用不同,正、负偏离会使材料形成不同的导电类型。在某些Ⅱ-Ⅵ、Ⅳ-Ⅵ族化合物中,组分会随着与之平衡的蒸气压变化而变化,化学计量比从一种偏离变到另一种偏离,材料的导电类型也随之变化。这种由于组成变化而显示不同导电类型的半导体称为两性半导体。如 CdTe、PbS、PbSe、SiC 等半导体材料就是随着气相中平衡分压的变化,组成从负偏离变到正偏离,其导电类型从 N 型变成 P 型。从而看出,对有些半导体材料不仅可以通过掺杂来改变其电学性质,也可以通过改变气相的平衡分压来改变其电学性质。

下面以 PbS 的实验为例加以说明,将装有 PbS 的容器升温(即升高硫蒸气分压)时,PbS 晶体的霍尔系数和电阻率会发生变化,如图9.8所示。当容器温度达到某一个值(约100℃)时,PbS 晶体的霍尔系数从负值下降到极小点后突然变为正值;晶体的电阻率随容器温度的升高即随 S 分压的增大升高到一极大值,然后迅速降低,材料从 N 型变为 P 型。在 PbS 的热处理过程中,存在着以下的反应及相应的平衡常数。生成肖特基缺陷,

$$PbS \Longrightarrow V_{Pb} + V_S$$

或者写成

$$O \Longrightarrow V_{Pb} + V_S$$

O 表示电中性或完整晶体,其平衡常数为

$$K_S = [V_{Pb}][V_S] \tag{9.7}$$

K_S 为肖特基常数。空位电离反应

$$V_{Pb} \Longrightarrow V'_{Pb} + h^{\cdot}$$

$$K_A = [V'_{Pb}] \cdot p/[V_{Pb}] \tag{9.8}$$

$$V_S \Longrightarrow V_S^{\cdot} + e'$$

$$K_D = [V_S^{\cdot}] \cdot n/[V_S] \tag{9.9}$$

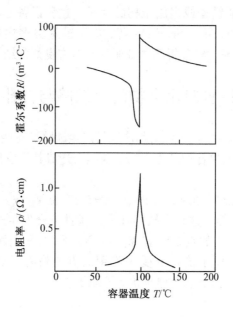

图9.8 PbS 电阻率、霍尔系数与容器温度
(硫蒸气分压)的关系

上角标 ˙ 和 ′ 分别表示正和负电荷,h 和 e 分别表示空穴和电子,其浓度分别为 p 和 n,〔 〕为缺陷浓度。电子空穴对的产生表示为

$$O \rightleftharpoons e' + h˙$$
$$K_i = np \tag{9.10}$$

PbS 的热分解反应

$$PbS = PbS_{1-\delta}(V_S)_\delta + \frac{\delta}{2}S_2 \uparrow$$
$$K_g = [V_S] \cdot p_{S_2}^{\delta/2} \tag{9.11}$$

p_{S_2} 为 S_2 的蒸气压。晶体中的电中性条件为

$$[V'_{Pb}] + n = [V_S˙] + p \tag{9.12}$$

由式(9.12)、式(9.13)及式(9.11)得

$$[V'_{Pb}] \cdot [V_S˙] = K_A K_D K_S / K_i = K'_S \tag{9.13}$$

将上面的方程用克罗格(Krøger)方法简化,可解出各种缺陷浓度随 S 分压 p_{S_2} 的变化关系。这种关系可以分为三个区,在 p_{S_2} 较小时,$n = [V_S˙]$,PbS 晶体中 Pb 多,晶体呈 N 型;p_{S_2} 中等时,$n = p$,PbS 晶体为本征半导体;p_{S_2} 大时,PbS 晶体中 S 多,有 $p = [V'_{Pb}]$,晶体呈 P 型。只有在 p_{S_2} 中等区的某一值($p_{S_2} = K_D^2 K_g^2 (K'_S K_i)^{-1}$)时,PbS 才符合严格的化学计量比。

图9.9 为 PbS 的 p-T 相图。图中 O 线为化学计量比的 PbS。虚线 10^{17}S 表示晶体中超过化学计量比的 S 为 $10^{17}/cm^3$,以此类推。p_{min} 线为某一温度 T 时总压($p_{Pb} + p_{S_2}$)为最小时的 p_{S_2} 值。S—L—V 线为固液气三相平衡线。从图中看出,化学计量比材料线(O 线)和最小压力线 p_{min} 并不重合,也就是说在最小压力条件下生长的 PbS 或在真空或惰性气氛下处理的 PbS 都会显示 Pb 组分的过量。另外,化学计量比 PbS 的熔点(1360K)并不是 Pb—S 体系的最高熔点(1400K)。这一点可从图9.10 PbS 的 T-x 图中看出。这种固液相异组成的体系一般很难直接

从溶液中得到正化学比的晶体。通常是先生长非化学计量比的晶体,再采用高温气氛热处理等方法来改变其化学计量比的偏离。

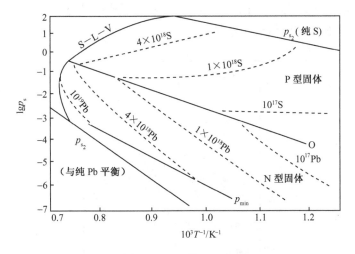

图9.9 PbS的p-T相图

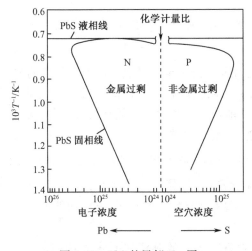

图9.10 PbS的局部T-x图

9.2.2 自补偿现象

用Ⅱ-Ⅵ族化合物制备发光器件时,用通常的掺杂方法很难获得低阻两性掺杂晶体。如ZnS、CdS、ZnSe、CdSe只能做成N型,而ZnTe只能做成P型,只有CdTe可以做成低阻N型和P型晶体。这是因为晶体中存在电荷不同的杂质和晶格缺陷,它们之间发生补偿。掺入的杂质被由于杂质的掺入而形成的相反电荷类型的缺陷中心所补偿,这种现象称作自补偿现象。只有一种导电类型的材料称为单性材料,CdTe为两(双)性材料。

自补偿现象在化合物半导体中是广泛存在的,特别是在Ⅱ-Ⅵ族、Ⅳ-Ⅵ族材料中,当掺入易电离的杂质(如施主)时,总是伴随出现起相反作用的缺陷(如受主型空位),施主电子被受主捕获而不能进入导带,对导电不起作用,因而使掺杂"失效"。由经典的自补偿理论得出结论,自补偿程度与化合物材料的禁带宽度E_g、空位的生成能E_v及空位浓度$[V_M]$有关,E_g越大，E_v越小，空位浓度越大，自补偿越严重。为方便起见，可用E_g与空位的形成热焓ΔH_v的比值$E_g/\Delta H_v$来判断自补偿的大小。用E_g和$E_g/\Delta H_v$这两个参数来观察化合物半导体自补偿的程度，如图9.11所示。当$E_g/\Delta H_v \geqslant 1$时，自补偿大，不易做成两性材料；而$E_g/\Delta H_v < 1$（确切地说$E_g/\Delta H_v < 0.75$）的材料可以做成两性材料。

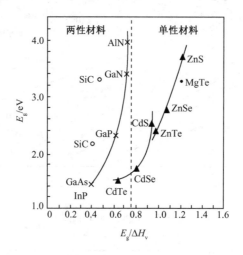

图9.11　能做成两性的和不能做成两性的半
导体化合物分布图

另外，化合物的化学键和元素的离子半径也是影响自补偿的因素。一般来说，共价键成分大的化合物自补偿轻，如Ⅲ-Ⅴ族化合物材料；而离子键成分大的化合物自补偿重，如Ⅱ-Ⅵ族化合物材料。由于空位生成能与元素的离子半径有关，也可以从离子半径的大小来解释单、两性材料的形成：离子半径越小，空位生成能就越小，易生成空位。如CdS材料，$r_{S^{2-}} < r_{Cd^{2+}}$，易生成V_S，电离出电子，$V_S \Longleftrightarrow V_S^{\cdot\cdot} + 2e'$。在CdS中掺入受主杂质时，将被补偿，所以CdS为N型单性材料。对于ZnTe，有$r_{Zn^{2+}} < r_{Te^{2-}}$，易生成$V_{Zn}$，电离出空穴，$V_{Zn} \Longleftrightarrow V_{Zn}^{\cdot\cdot} + 2h^{\cdot}$，掺入施主杂质时会被补偿，所以ZnTe为P型单性材料。而CdTe材料的禁带宽度E_g较小，正、负离子半径相近，自补偿弱，为两性材料。

杂质的补偿是由材料制备所需要的高温热平衡直接引起的，所以采用非平衡掺杂过程（如离子注入等）制备PN结可以对自补偿有所限制。离子注入法使所掺入的杂质只取决于被注入离子的能量及束流的大小，避开了杂质溶解度的限制。另外，掺杂可以在低温下完成，避免了补偿中心的形成。

9.3　Ⅱ-Ⅵ族多元化合物材料

9.3.1　Ⅱ-Ⅵ族多元化合物的性质

和Ⅲ-Ⅴ族多元化合物一样，Ⅱ-Ⅵ族二元化合物也可以组成三元、四元等多元化合物。多元化合物的各种物理性质如晶体结构、禁带宽度、晶格常数、密度等都是随着多元化合物组分的变化而变化的。

多元化合物的晶体性质与晶体制备的条件及含有的杂质有关。ZnS—SnSe，ZnS—ZnTe，CdTe—HgTe可以形成闪锌矿结构的替代式三、四元化合物，它们在整个组分范围内服从维戈定律。HgTe 和 CdTe 可以在一个有限的范围内形成立方三元化合物,但在富 CdTe 区却形成纤锌矿结构。HgS 和 HgSe 在 30% ~ 100% HgSe 范围内形成立方型,但在高浓度的 HgS 区可形成一硫化汞结构。CdS—CdSe,ZnS—CdS 之间可形成具有纤锌矿型的三元化合物。

典型的Ⅱ-Ⅵ族三元化合物 $Hg_{1-x}Cd_xTe$ 材料的禁带宽度是从半金属 HgTe 的 $E_g(= -0.3eV)$ 随组分 x 的增大连续变化到半导体 CdTe 的 $E_g(= 1.6eV)$。禁带宽度随组分 x 及温度 T 的变化关系式为

$$E_g(x,T) = -0.302 + 1.93x + 5.35 \times 10^4 T(1 - 2x)$$
$$- 0.810x^2 + 0.832x^3 \tag{9.14}$$

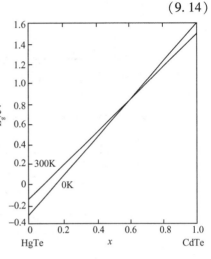

图 9.12 $Hg_{1-x}Cd_xTe$ 能带随组分的变化

在 $x < 0.5$ 时,$dE_g/dT > 0$,禁带宽度随温度的升高而变大;在 $x > 0.5$ 时,$dE_g/dT < 0$,禁带宽度随温度的升高而变小;在 $x = 0.5$ 这一点,$dE_g/dT = 0$,$Hg_{1-x}Cd_xTe$ 的禁带宽度不随温度变化。图 9.12 为 $Hg_{1-x}Cd_xTe$ 禁带宽度随 x 值变化关系。

Ⅱ-Ⅵ族三元化合物的晶格常数 a 随组分 x 的变化关系服从维戈定律。例如 $Hg_{1-x}Cd_xTe$ 的晶格常数为

$$a_{HgCdTe} = 6.4614 + 0.0084x$$
$$+ 0.0163x^2 + 0.0057x^3 \tag{9.15}$$

$CdTe_{1-y}Se_y$ 的晶格常数为

$$a_{CdTeSe} = 6.4819 - 0.3966y \tag{9.16}$$

$Cd_xZn_{1-x}Te$ 的晶格常数表达式为

$$a_{CdZnTe} = 6.101 + 0.381x \tag{9.17}$$

图 9.13 为 Ⅱ-Ⅵ族三元化合物晶格常数与组分关系。图 9.13(a) 为 $Hg_{1-x}Cd_xTe$ 和 $CdTe_{1-y}Se_y$ 材料,图 9.13(b) 为 $Cd_xZn_{1-x}Te$ 材料和 $Hg_xZn_{1-x}Te$ 材料。

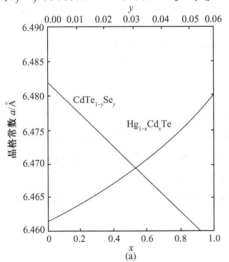

(a)

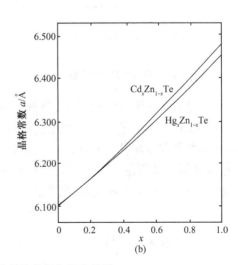

(b)

图 9.13 Ⅱ-Ⅵ族三元化合物晶格常数与组分关系

图 9.14 为固溶体 $Hg_{1-x}Cd_xTe$ 密度 d 随组分 x 的变化关系,曲线方程为

$$d(x) = 8.0766 - 2.226x \tag{9.18}$$

相图是晶体生长的重要依据。图 9.15 给出 HgTe—CdTe 体系的 T-x 相图。图 9.16 和

图 9.17 分别为 HgTe – HgSe 体系和 ZnTe—ZnSe 体系的 T-x 相图。可以看出,这两个相图中 L – S 两相区很窄。实验测定与理论计算的液相线和固相线都符合得较好。

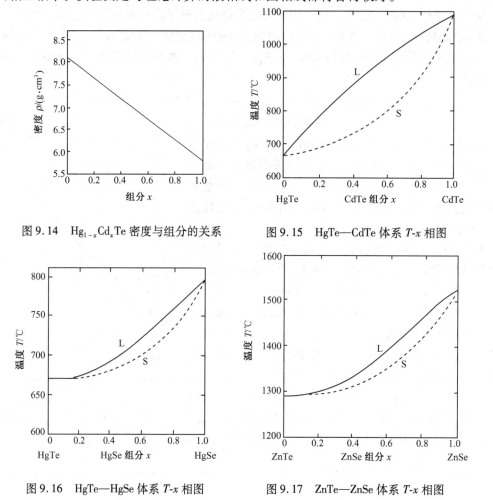

图 9.14　$Hg_{1-x}Cd_xTe$ 密度与组分的关系　　　图 9.15　HgTe—CdTe 体系 T-x 相图

图 9.16　HgTe—HgSe 体系 T-x 相图　　　图 9.17　ZnTe—ZnSe 体系 T-x 相图

9.3.2　$Hg_{1-x}Cd_xTe$ 材料的制备

在 II -VI族多元化合物材料中,目前研究与应用最多的是 $Hg_{1-x}Cd_xTe$(mercury cadmium tellurium,MCT)材料。它主要是用来制作光电压和光电导红外探测器。从图 9.12 中可以看到,该体系的禁带宽度从 – 0.3eV 随 x 值的增大变化到 1.6eV,可做成 1 ~ 40μm 之间的各种波段红外探测器。特别是可以制作 8 ~ 14μm 大气透明窗口探测器。

制备 MCT 材料的方法很多,这里介绍制备体单晶的移动加热法和生长薄膜材料的 MBE 和 MOVPE 法。

1. 移动加热法(THM)

从图 9.15 所示的 $Hg_{1-x}Cd_xTe$ 相图中可以看出,在液相线和固相线之间存在较宽的空间。这意味着若从熔体中凝固生长体单晶,分凝现象十分严重,晶体中的组分很不均匀。因此通常使用的制备半导体体单晶的主要方法在制备高质量 MCT 体单晶时都遇到了困难。

用 THM 法制备 MCT 体单晶,较好地解决了其在"冶金学"中的困难。比如晶体的均匀性、纯度、生长晶向等。THM 法能形成稳态生长,由于生长温度低,避免了高温、高蒸气压带来的弊端,还可以对物料进行纯化,并可以利用籽晶定向生长。这些优点使 THM 法成为制备 MCT 体单晶材料的一种突破。THM 方法可以看成是一种连续的液相外延过程。具体操作是将反应器缓慢通过加热器,在均匀的固态物料上形成一个熔区。图 9.18 为 THM 生长 MCT 材料的示意图。在上面的固液界面,温度高,固相(浓度 C_0)溶入溶剂区,在温度较低的固液下界面即生长界面,材料以同一浓度 C_0 结晶。这是一种近平衡的生长过程,结晶生长是在恒温下进行的。这一生长温度低于材料生长的最高固相线温度,具有低温生长的优点。

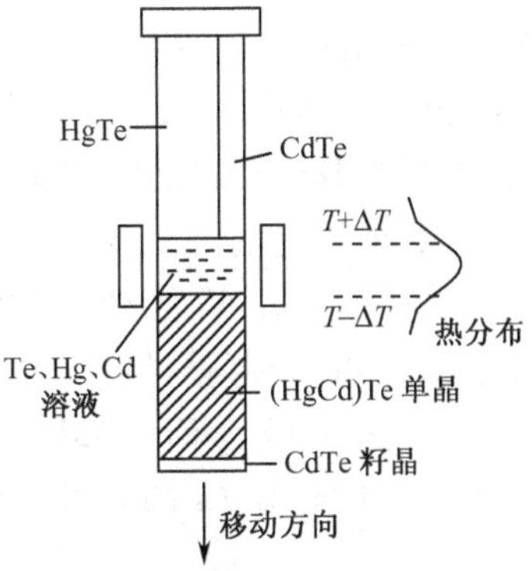

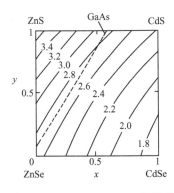

图 9.18 THM 生长 HgCdTe 单晶示意图

用 THM 生长 MCT 材料时的重要参数有:源材料的组成(图 9.18 中 CdTe 与 HgTe 原料柱截面的比要与设计生长的 $Hg_{1-x}Cd_xTe$ 单晶的组分 x 值相对应)、熔区的组成(溶液浓度)、生长温度及生长速率。另外,其他技术参数也要考虑,如温度梯度、熔区宽度、锭料直径与熔区宽度的最佳比值、生长温度下溶质的分凝系数、反应器在炉中的起始位置、移动开始前温度的稳定时间、在反应器中锭料的适应状况、汞的气压以及惰性气体的最佳气压等。

THM 生长 MCT 单晶的生长温度一般为 $600\sim700℃$,生长速度较慢,一般为每天 $1.5\sim5mm$。为了加快生长速率,可以旋转反应器,起到搅拌作用,促进溶质向生长界面的输运,可使生长速率达到 $8.5mm/d$。用水平 THM 法生长 HgCdTe 单晶时,旋转反应器,对单晶组分均匀性的改善也有促进作用。

2. MBE 和 MOVPE 法

尽管用液相外延生长 HgCdTe 薄膜的研究在过去的十几年中取得了进展,但是今后的发展无疑是要用 MBE 和 MOVPE 法代替 LPE 法。原因在于:第一,MBE 和 MOVPE 法更适合于在"原位"生长异质结和 PN 结结构,克服那些由于材料不同所造成的困难,而且代替了离子注入和扩散等较难对 MCT 薄膜实施的工艺过程;第二,可以实现在面积大、质量好、实用性强的衬底如 GaAs 甚至 Si 上生长 MCT 薄膜,以便实现集成化;第三,进行薄层、超薄层、甚至原子层外延;第四,要建立对实际生长过程的监测,MBE 比 MOVPE 法更可行;第五,从批量生产的角度来看,LPE 法受到限制。

分子束外延的方法和设备与生长Ⅲ-Ⅴ族材料的方法基本相同。在直径 5cm 的(100)GaAs 衬底上 MBE 生长 $Hg_{1-x}Cd_xTe$、$Hg_{1-x}Zn_xTe$ 及 $Hg_{1-x}Mn_xTe$ 三元化合物薄膜的生长温度为 $185\sim190℃$;生长 $Cd_{1-x}Zn_xTe$ 薄膜的温度为 $300℃$。都得到了高质量的外延层,其霍尔迁移率在 $10^4\sim10^5cm^2/(V\cdot s)$ 范围,并能按要求获得 P 型和 N 型高质量的化合物薄膜。

图 9.19 $Zn_{1-x}Cd_xS_ySe_{1-y}$ 禁带宽度 E_g 与组分的关系(虚线为与 GaAs 晶格匹配)

MOVPE 方法比 MBE 法可获得更大面积的薄膜,并且由于系统不需要超高真空,Hg 的消耗量少,可降低成本,因此更便于向实用化推进。目前,用 MOVPE 方法已在 CdTe、GaAs、蓝宝

石等衬底上生长了 $Hg_{1-x}Cd_xTe$ 外延薄膜。有机源采用 DMCd 和 DETe,Hg 的纯度为 7 个"9", 载气为高纯氢气。生长温度约 300℃。MOVPE 生长 MCT 材料的方法有两种,一种是直接合成法,另一种是互扩散多层生长法。由于 Cd 强烈地优先进入晶格,直接合成时在气流方向上会形成组分梯度。多层生长是分别交替生长 CdTe 和 HgTe 层,利用二者的互扩散来形成组分均匀、稳定性较好的 HgCdTe 层。也可以采用低汞压直接合成生长法来改善 MCT 外延层中纵向组分均匀性。目前制备的 $Hg_{1-x}Cd_xTe$ 外延层液氮温度下电子迁移率 $\mu_{77K} = 10^4 \sim 10^5 \, cm^2/(V \cdot s)$。

除了三元 II-VI 族化合物外,四元 II-VI 族化合物也列入了研究范畴。已制备出 $Hg_{1-x-y}Cd_xZn_yTe$ 薄膜材料,$Zn_{1-x}Cd_xS_ySe_{1-y}$ 外延薄膜的特性也得到了测量并进行了应用方面的实验。图 9.19 为 $Zn_{1-x}Cd_xS_ySe_{1-y}$ 四元固溶体禁带宽度 E_g(eV)随固相组分 x 和 y 的变化关系,图中还给出 GaAs 的晶格常数线。

第10章 低维结构半导体材料

维是空间理论的基本概念,组成空间的每一个要素(如长、宽、高)叫做一维。通常空间是三维的,理想的平面是二维的,直线是一维的,而理想的点是零维的。低维结构半导体材料,亦称为纳米半导体材料或量子工程材料。目前,在传统的半导体材料分类中,它还没有合适的位置;但从发展的角度来看,它确实占有极为重要的地位。

低维结构半导体材料是指三维体材料以外的二维的半导体量子阱和超晶格材料、一维的半导体量子线材料及零维的半导体量子点材料。按照载流子在低维结构材料中受限制维度来分类,则一维受限制的是量子阱、超晶格材料,二维受限制的是量子线材料,三维受限制的是量子点材料。本章将介绍上述几种低维结构半导体材料的基本特性、制备方法与应用。

10.1 低维结构半导体材料的基本特性

在量子阱、超晶格材料中,载流子在与生长平面垂直方向上运动受限制,而在其生长平面内的两个方向的运动是自由的,所谓限制是指材料在这个方向上的特征尺寸与电子的德布洛意波长 λ_α 或与电子的平均自由程 L_{2DEG} 相比拟或更小时,电子沿这个空间方向不能自由运动,它在这个方向运动能量是量子化的。$\lambda_\alpha = h / \sqrt{2m^* E}$,式中,$h$ 是普朗克常数;m^* 是电子有效质量;E 为电子能量。如 GaAs 导带附近能量 E 约为 0.1 eV 时,相应的德布洛意波长 $\lambda_\alpha \approx 20$ nm;$L_{2DEG} = h\mu / \sqrt{2\pi n_s}/q$。式中,$L_{2DEG}$ 和 μ 分别是二维电子气(2DEG)的电子平均自由程和电子迁移率;n_s 是 2DEG 的面密度;q 是电子电荷。一维量子线材料,指载流子仅在一个空间方向上可以自由运动,而在另外两个方向上的运动是受限制的。零维量子点材料,是指载流子在空间三个方向上运动都受限制的材料,载流子在三个维度上运动的能量都是量子化的。不同限制维度的半导体材料及相应的电子状态密度函数如图 10.1 所示。

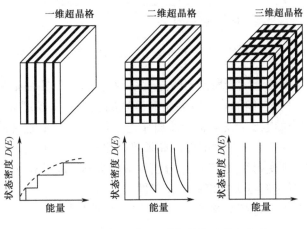

图 10.1 一维、二维、三维超晶格及状态密度

正是由于低维结构半导体特有的电子状态密度分布,才使得它们具有体半导体材料所没有的众多优异特性,成为新型量子器件研制的理论基础。随着材料维度的降低(或限制维度的增加)和材料结构特征尺寸的减小,量子尺寸效应、量子隧穿效应、量子干涉效应等多体相关和非线性光学以及表面、界面效应都越来越明显地表现出来。基于量子效应的低维结构半导体电子和光电子器件,表现出其特有的超高速、超高频、超高集成度、高效、低功耗和低阈值电流密度、极高量子效率和调制速度、极窄线宽和高的特征温度等特性,有极为重要的应用价值。

10.2 半导体超晶格与量子阱

半导体超晶格的概念是江崎等于 1969 年提出的。它是利用超薄层生长技术制备的一种新型的人工材料。由于它具有很多体材料不具备的特性和广阔的应用前景,深受人们的重视。几十年来,在超晶格物理、材料制备、特性检测与分析及器件制作等方面都发展得十分迅速,取得了惊人的成果,成为半导体科学最活跃的领域之一,为器件制作由"杂质工程"走向"能带工程"奠定了基础。这里先介绍关于超晶格的一些基本知识,然后介绍它的制备。

半导体超晶格是由两种不同材料交替生长而成的多层异质结构晶体。相邻两层不同材料的厚度之和称为超晶格的周期长度,一般来说这个周期长度比各层单晶的晶格常数大几倍或更长,因此这种结构获得了"超晶格"的名称。由于这两种材料的禁带宽度不同,其能带结构出现了势阱和势垒(图 10.2)。称窄禁带材料厚度为阱宽 L_W,宽禁带材料厚度为垒宽 L_B,则 $L_W + L_B$ 就是周期长度。当这两种薄层材料的厚度和周期长度小于电子平均自由程时,整个电子系统进入了量子领域,产生量子尺寸效应。这时夹在两个垒层间的阱就是量子阱。

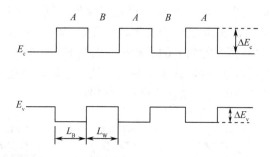

图 10.2 超晶格结构能带不连续 ΔE_c、ΔE_v 及势阱宽 L_W、势垒宽 L_B

多量子阱和超晶格都是连续周期排列的异质结构材料,人们往往把它们混淆起来。但由于势垒的厚度和高度不同,它们的物理特性是有区别的。当势垒厚度大于 20nm 且高度大于 0.5eV 时,那么多个阱中的电子行为如同单个阱中电子行为的总和,这种结构材料称为多量子阱,它适合制作低阈值、锐谱线的发光器件。如果势垒比较薄或高度比较低,由于隧道效应,使阱中电子隧穿势垒的几率变得很大,势阱中分立的子能级就形成了具有一定宽度的子能带,这种材料称为超晶格,它适于制备大功率的发光器件。

目前已设计和制备出多种超晶格结构,下面将介绍组分超晶格、掺杂超晶格以及应变超晶格。

10.2.1 组分超晶格

如果超晶格材料的一个重复单元是由两种不同材料的薄层构成,则称为组分超晶格。在组分超晶格中,由于组成的材料具有不同的电子亲和势和禁带宽度,在异质界面处发生能带不连续,根据不同材料的电子亲和势的差可以确定导带的不连续能量值 ΔE_c。再考虑禁带宽度,就可以确定价带不连续值 ΔE_v。这样超晶格从能带结构上来划分可分为四种类型(图10.3)。其中第 Ⅰ 种类型的超晶格的电子势阱和空穴势阱都处在同一薄层材料中,这种类型的超晶格结构,适于制作激光器。

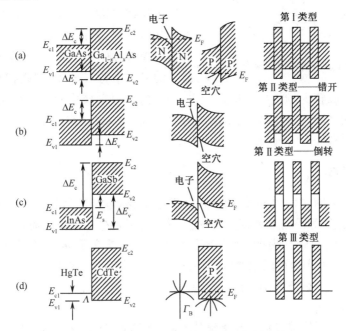

图 10.3　四种类型异质界面的能带边不连续性

(a)Ⅰ型;(b)Ⅱ型—错开;(c)Ⅱ型—倒转;(d)Ⅲ型

从上面对组分超晶格的介绍可知,制备组分超晶格时应满足如下要求。

(1)组分超晶格是超薄层异质周期排列结构,因此制备时生长速率应能精确地控制,以保证各层厚度的重复性。

(2)异质界面应该平坦,粗糙度低,组分变化陡峭。这就要求生长时源的变化要快,且在保证晶体质量的条件下,生长温度应尽可能地低,以防止层间组分的互扩散。

(3)晶格完整性要好,失配度小,失配位错少,表面形貌要好。

(4)各层化合物组分控制要精确,特别是多元化合物的组分还应均匀。

(5)如果需要掺杂,掺杂量及其均匀分布也应精确控制。

从上述的要求来看,目前可用来制备超晶格的方法主要是 MBE、MOVPE、CBE 和 ALE 法等。

10.2.2 掺杂超晶格

掺杂超晶格是在同一种材料中,用交替改变掺杂类型的方法获得的一种新的周期性结构半导体材料(图10.4)。在 n 型掺杂层,施主原子提供电子,在 p 型掺杂层中,受主原子束缚电子,这样电子电荷的分布结果形成一系列抛物线形势阱。掺杂超晶格的势能来源于在层序列

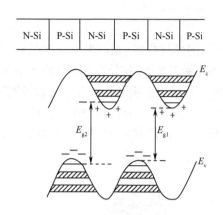

| N-Si | P-Si | N-Si | P-Si | N-Si | P-Si |

图 10.4 掺杂超晶格半导体能带结构

方向上周期性改变的电离杂质的正负空间电荷。这与组分超晶格不同,在掺杂超晶格中,电离杂质的空间电荷场在层的序列方向上变化,产生周期性能带平行调制,这种调制使得电子和空穴在空间中分离,适当选择掺杂浓度和层厚,则可以实现电子和空穴的完全分离。因此这种调制使材料具有特殊的电学和光学特性。

掺杂超晶格的一个优点是,任何一种双极性半导体材料,只要能很好地控制掺杂类型,都可以作为基体材料,制作这种超晶格。目前研究最多的是用 MBE 制备 Si、GaAs 掺杂超晶格。这种超晶格的另一个特点是,多层结构晶体完整性非常好。由于掺杂量一般较少(通常为 10^{17} ~ 10^{19} cm^{-3}),所以杂质引起的晶格畸变也较小,它没有组分超晶格的明显的异质界面。掺杂超晶格的有效能隙通过掺杂浓度和各层厚度的选择,可以在零到基体材料能隙间调制。

10.2.3 应变超晶格

超晶格研究的初期,除了 GaAs/AlGaAs 体系超晶格以外,对其他体系的超晶格的研究工作开展得很少,这是因为晶格常数相差大,在异质界面处产生失配位错而得不到高质量的超晶格。但是对应变效应的研究表明,当异质结构中,每层厚度足够薄,且晶格失配度不大于 7% ~ 9% 时,界面上的应力可以把两侧晶格连在一起而不产生界面失配位错,此时晶格完全处在弹性应变状态。巧妙地利用这种应变特性,开展了制备晶格失配度较大材料体系的超晶格——应变超晶格的研究。

由于应变超晶格中原组成材料晶格常数不同,在异质晶体生长时受应变的影响,因此应变超晶格中的晶格常数与原组成材料是不一样的,如图 10.5 所示。在生长超晶格时形成与两种原材料界面垂直和平行的新晶格常数,其中对晶体特性起重要作用的是与界面平行的晶格常数,其值可由下式求得。

$$a_{//} = a_1\left[1 + \frac{fG_2h_2}{G_1h_1 + G_2h_2}\right] = a_2\left[1 - \frac{fG_1h_1}{G_1h_1 + G_2h_2}\right] \tag{10.1}$$

式中,a_i、G_i、h_i 分别为原材料的晶格常数、刚性系数、薄层厚度;f 为晶格失配度,由 f 值的正、负可知应变超晶格属于压缩应变或伸张应变超晶格。例如,对 $In_xGa_{1-x}As/InP$ 来说,这两种材料间有一个晶格匹配点,$x = 0.53$。当 $x > 0.53$ 时 $f > 0$ 产生压缩应变;$x < 0.53$ 时 $f < 0$ 为伸张应变,所以,利用 $In_xGa_{1-x}As/InP$ 体系,可以生长伸张应变、压缩应变和补偿应变超晶格。

应变超晶格的制备在原则上与一般超晶格制备没有什么差别,但由于应变超晶格的厚度一般来说更薄一些,因此优化生长条件,保证界面的平整度和厚度的精确控制及重复性就显得更为重要。

应变超晶格(图 10.5)的出现,不仅增加了超晶格原材料选择的自由度和超晶格的数量,而且在应变超晶格中还发现许多一般超晶格不具备的特性。特别是应变量子阱在激光器制作中的应用,可以人工拓宽激光器的波长,降低阈值电流密度,提高光输出功率,改善温度特性,减小线宽增强因子,提高调制特性等;利用伸张应变量子阱结构的激光放大器还具有对偏振不灵敏的特性。

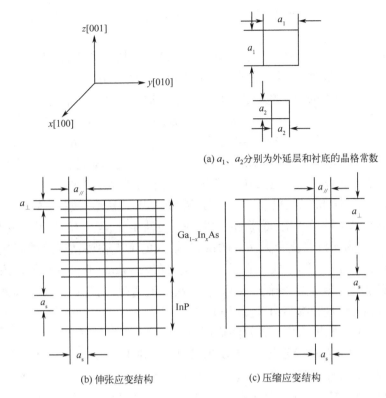

(a) a_1、a_2分别为外延层和衬底的晶格常数

(b) 伸张应变结构

(c) 压缩应变结构

图10.5 应变结构示意图

应变超晶格、量子阱为能带工程的发展提供了有利的条件。除Ⅲ-Ⅴ族、Ⅱ-Ⅵ族应变超晶格外,人们也在积极开展 Si/GeSi 应变超晶格的研制工作。Si 和 Ge 虽然都是间接跃迁型材料,但制成 Si/GeSi 应变超晶格结构将实现直接跃迁,成为良好的硅基光电器件材料。

10.2.4 半导体量子阱和超晶格材料的制备与表征

1. 量子阱和超晶格的制备

用 MBE 和 MOVPE 生长量子阱、超晶格是从晶格匹配的Ⅲ-Ⅴ族材料系开始的。

首先,介绍通过 MBE 方法生长这类材料。在 GaAs 衬底上生长 AlGaAs 时是层状生长模式,其生长 GaAs/AlGaAs 量子阱的具体过程是:将表面处理好的 GaAs(001)衬底装在样品托上送入预处理室,在这里加热至 480 ℃,除气 2h 之后,用样品托把衬底送入生长室,在这里固定在加热器上,打开 As 源炉挡板,保持 As 束流平衡压强为 $0.8 \times 10^{-3} \sim 1.0 \times 10^{-3}$ Pa,预热衬底到 580 ℃,使衬底表面上的氧化层挥发掉,10min 后氧化层被完全除干净。脱氧后的衬底表面不平整(用原子力显微镜可以观察到),有许多小孔。为获得良好的衬底表面,通常以 1nm/s 的生长速度生长一层厚度为几百纳米的 GaAs 缓冲层,就可得到非常平整的表面,并且可以降低外延层的位错和缺陷密度。然后开始生长量子阱材料。首先生长 100 nm 的 GaAlAs 势垒层,接着生长 1~10 nm 的 GaAs 阱层,再生长 100 nm 的势垒层。最后为防止 GaAlAs 在空气中被氧化,再生长 10 nm 的 GaAs 盖层。生长结束后,关闭加热器,使样品降温,当温度降至 300 ℃时,关闭 As 束流,接着继续降温至室温。这样就制得一个 GaAs/GaAlAs 单量子阱样品,重复上述 GaAlAs 和 GaAs 生长过程,可以得到多量子阱材料。当势垒层(GaAlAs 层)较薄,如小于 10 nm 时,GaAs 阱中电子或空穴可以隧穿至相邻的势阱中时,就得到 GaAs/GaAlAs 超晶格材料。

若在生长 GaAs 缓冲层后,依次生长未掺杂的 GaAs 层,均匀掺杂的 n-GaAlAs 层,这就是调制掺杂结构。由于导带带边不连续,在异质结界面形成三角形势阱。这时 GaAlAs 层中的电子向 GaAs 层中移动,使两者的费米能级达到同一水平。这样一来的结果是,在异质界面 GaAlAs 一侧形成电子耗尽层,而在 GaAs 一侧形成电子积累层。电子沿生长方向的运动被限制在三角形势阱中,但在沿着其平行于界面方向上的运动是自由的,这是准二维电子气(2DEG)结构。由于 GaAs 层中的电子和 GaAlAs 层中的电离施主在空间上是分离的,使在低温下起主导作用的电离杂质散射得以消除,因此,在低温下电子迁移率得到显著的提高。

下面以生长 GaInAs/InP 组分超晶格为例介绍 MOVPE 方法生长超晶格材料。

GaInAs/InP 超晶格可用常压、低压 MOVPE 两种方法生长,但生长时为了获得陡峭的异质结界面,要求生长室内保持气流为无涡流的层状,输入的反应物要精确地控制流量和快速变换,绝大多数使用带有压力平衡,无死区的排空-生长(Run-Vent)开关的系统。采用低压系统有利于消除反应室内的热对流,降低生长温度,提高气流速度,实现快速切换和减少寄生反应等。因此,生长超晶格、量子阱结构多使用 LP-MOVPE 系统。此外,为了保持切换时源流量的平稳,还采用多管路系统,即采用二条管路输运同一种源进入生长室。

生长 GaInAs/InP 超晶格通常使用 TMG、TEG、TMIn 和 TEIn 为Ⅲ族源,PH₃ 和 AsH₃ 为Ⅴ族源。TMIn 为固体,使用时重现性较差,但可以采用一些方法(如使用两个源瓶等)加以改进。TEIn 虽然是液体,但它极易与 PH₃ 发生寄生反应,且分解温度低,不易控制 GaInAs 的组分均匀性,因此使用得比较少。多数使用 TMG 和 TMIn 或 TEG 与 TMIn 为Ⅲ族源。

由于 $Ga_{1-x}In_xAs$ 与衬底 InP 在 $x = 0.53$ 时两者晶格匹配,偏离这一点都将产生失配,偏离越大,失配越大。$x > 0.53$ 时产生压缩应变,$x < 0.53$ 时产生伸张应变。为了生长无失配的 GaInAs/InP 界面,必须严格控制 $x = 0.53$,其办法是调制 TMG/TMIn,即Ⅲ／Ⅲ,当然Ⅴ／Ⅲ也应该控制好。生长速率是由反应物输入总量决定,一般生长 InP 和 GaInAs 分别控制在 0.1～0.3 nm/s 和 0.2～0.5 nm/s 为宜。

在生长超晶格前要先试生长 InP/InP 和 $Ga_{0.47}In_{0.53}As$/InP,掌握了这两种材料的生长条件后,再利用这些条件去生长超晶格中的 InP 和 GaInAs 层。在生长 $Ga_{0.47}In_{0.53}As$ 时,先固定 TMIn 流量,改变 TMG 流量进行生长,用 X 射线双晶衍射线来测量外延层中的 Ga 含量,直到合适为止。一般生长温度选在 630 ℃左右,反应室压力为 10^4 Pa。

生长 GaInAs/InP 超晶格的程序如下。

(1)装入衬底后系统抽真空,通 H_2 并恒压在 1×10^4 Pa。

(2)升温至 300 ℃,通 PH₃ 保护 InP 衬底不分解。

(3)继续升温至 650 ℃,在继续通 PH₃ 的条件下,处理 InP 衬底约 10 min。

(4)降温至 625～630 ℃,通 TMIn 并调整 PH₃ 流量在 InP 衬底上生长一层 InP 缓冲层。

(5)按预先试验获得条件交替生长 GaInAs 层和 InP 层,在两层交换生长时,可以采用中断生长工艺,直到生长到预计的阱层、垒层数为止。

(6)最后一般生长一层约 0.2 μm 的 InP 盖层。

(7)在继续通 PH₃ 的条件降温至 300 ℃,停止通 PH₃,直到降至室温,停止通 H_2,通高纯 N_2 并调整反应室气压为常压,开炉取片。

2. GaInAs/InP 量子阱结构的组分、层厚及界面的控制

生长超晶格的关键在于严格控制阱和垒层的厚度、组分及界面的陡度,下面介绍在生长工艺上所采取的措施。

(1)中断生长。从上面叙述的生长 GaInAs/InP 超晶格程序可知,阱层 GaInAs 两侧都终止于 As 原子面,在实际生长中,很难从生长 InP 的气氛突变到生长 GaInAs 组分,反之也是如此,结果造成界面的 GaInAs 层中有 P,在 InP 中有 As。用通常连续生长法生长的 GaInAs/InP 超晶格结构,通过透射电子显微镜(TEM)可以观察到界面处的过渡区,尤其是由 GaInAs 到 InP 的界面的过渡区较大,光荧光谱(PL 谱)谱线峰的半高宽(full width at half maximum,FWHM)较宽,且峰值能量移动比预期的大。为了改善这种情况,采用了中断生长的方法。中断生长指的是,在生长异质界面时,切断Ⅲ族源,停止一段生长时间后,再输入Ⅲ族源开始后续外延层生长。在中断生长时,既可以不通Ⅴ族源(只通 H₂),也可以根据需要分别通入不同的Ⅴ族源。关于中断生长人们进行过很多实验研究工作,虽然结果不尽相同,但总的结论是,为了生长界面质量较好的超晶格结构,选择合适的短时间的中断方式是必要的。

(2)组分的控制。由于阱层很薄,直接进行组分分析比较困难,因此关于超晶格的组分控制的数据主要是从研究一般微米级厚度外延层的数据外推得来的。如在生长 GaInAs 时,通常认为固相中 Ga/In 与气相中的 P_{TMG}/P_{TMIn} 相关,即

$$P_{TMG}/P_{TMIn} = \frac{x}{c}(1-x)$$

式中,比例常数 $c = 1/3$,它是由测量晶格匹配的 GaInAs/InP 材料的 X 射线衍射图中零级卫星峰和衬底峰之间的角间距求出的。当然也可以用位置灵敏的原子探针或飞行时间质谱仪等特殊的微区分析仪进行组分分析,然后在工艺上采取措施控制组分。如调整Ⅲ/Ⅲ比,可调整 x 值;加大气流流速,采用低压生长,设计合适的反应室等来改进组分的均匀性等。

(3)阱层厚度的控制。在一定生长条件下,外延层的厚度等于生长速率与时间的乘积。生长速率通常是由微米级外延层生长求得的,实验表明,这个生长速率也适用于极薄层的厚度控制。尽管有的实验结果显示出在连续生长一系列不同阱层厚度材料时,在生长每个阱的初期,生长速率有一个超过正常体材料生长速率 3 ~ 4 倍的速率极大值,然后才能稳定到正常值。但目前人们在实际生长中仍然采用在固定生长条件下,严格控制生长时间的方法,来控制厚度。

(4)超晶格结构的界面应该是平整光滑的,界面平整光滑与否和生长时晶体成核机制、衬底质量及生长中断方式有关。衬底应高度平整、光洁,生长时应控制在层状生长,防止岛状生长并且采用合适中断生长工艺,以防止界面处组分的互掺等。界面的特性可利用 PL 谱和 X 射线双晶衍射技术来研究。

(5)原位控制(监测)。早期 MOVPE 生长,无法对其进行原位控制,与 MBE 相比可谓是 MOVPE 的不足。近年来,为了改进 MOVPE 系统的性能和提高产品质量,对原位控制技术开展了研究,取得很大的进展,使我们在保证外延层的组成、厚度(生长速度)的均匀性、重复性方面所采用的方法,由传统的保持生长参数稳定和不断地做优化生长条件的试验转到原位控制。原位控制的应用不仅提高了产品质量,降低了成本,同时通过配以机械手装片系统为外延生长实现自动控制打下基础。

目前应用的原位控制技术主要是光反射和椭圆偏振技术。图 10.6 是高速旋转盘式

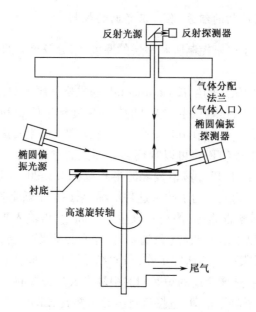

图 10.6　高速旋转盘式 MOVPE 系统光反射和椭圆偏振技术原位控制的光路图

MOVPE 系统光反射和椭圆偏振技术原位控制的光路图。光反射运用的是美国贝尔实验室的 Aspnes 提出的虚界面法,为了得到高的测量精度,在生长过程中要保持窗口的清洁和选择合适的光波长。而椭圆偏振控制技术在 MBE 中已广泛得到应用,它的设备比光反射复杂并且窗口不能有应力。它比光反射得到生长参数快,对薄层组分精确控制有优势,但在厚度超过几十纳米时两者控制的精确水平不相上下。原位控制不仅对一般结构材料生长,而且对超晶格等低维结构材料的制备都有重要意义。

3. 超晶格结构的测试与评价

　　超晶格是按人们设计生长的结构,但生长之后是否符合原来设计的要求,了解这个问题是比较困难的,因为晶体的电学和光学性质显示的是晶体的宏观性质,它们不能完全反映出超晶格的周期、层厚、界面的突变性等微观性质。一般说来,组成超晶格的阱层厚多在 10 nm 以下,因此用来分析和测试的仪器的分辨率必须在 10 nm 以下才能达到分析和观察的目的。目前除电子显微镜以外,其他仪器分辨率的极限值未必能满足分析超晶格的要求,因此开展分析评价超晶格的研究工作也是促进超晶格发展的一个重要课题。

　　目前用于超晶格分析和评价的方法有很多,如:反射高能电子衍射(RHEED)、俄歇电子能谱(AES)、二次离子质量分析(SIMS)、X 射线光电子谱(XPS)等。但最常用的方法是 X 射线双晶衍射摇摆曲线;光致发光(PL)谱;吸收光谱;透射电子显微镜(TEM)。

　　X 射线双晶衍射摇摆曲线可以提供超晶格结构与化学组分的信息,从超晶格衬底的 (400) 衍射峰与超晶格的零级峰之间的角间距可以求出超晶格的平均失配度。

　　超晶格的周期 d 可以从卫星峰的角间距依下式求得,

$$d = L_W + L_B = \lambda / 2\cos\theta_B \Delta\theta$$

式中,λ 为 X 射线波长;θ_B 为布拉格角;$\Delta\theta$ 为两相邻卫星峰的角间距;L_W 和 L_B 分别为阱层和垒层厚度。

　　此外,从卫星峰的强度和宽度还可以确定超晶格界面的粗糙度。

PL 谱是研究超晶格最常用的方法。它的优点在于是非破坏性的，不需要专门制备样品。PL 谱能给出子带 E_1 和重空穴带 H_1 之间的跃迁能，特别是低温 PL 谱，能清楚地显示出由于量子尺寸效应引起的不同阱宽的能量移动。PL 谱线峰的宽度也与界面的粗糙度有关。低温 PL 谱还能提供有关激子特性的信息等。

光吸收谱可以提供高能量跃迁 E_nH_n 与 E_nL_n（$n = 1, 2, 3, \cdots$；L_n 为轻空穴子能带）的信息。

TEM 可以提供超晶格结构各层厚度和界面情况，包括过渡层、台阶及位错等缺陷的信息，但制备测试样品有难度。

原子力显微镜（AFM）和扫描隧道电子显微镜（STM）也被用来研究超晶格表面形貌。

在评价超晶格时，用一种方法往往很难得到令人确信的结果，所以常用几种方法来评价，互相参考以取得比较可靠的结果。目前，超晶格的评价方法尚处于完善和发展之中。

10.2.5　能带工程

半导体光电子器件的发展和性能的提高与半导体材料的几何空间和能量空间（K 空间）的设计和制备是分不开的，通常把这种设计称为"能带工程"。其基本内容大体上可分为带隙工程、带结构工程和带偏移工程。

1. 带隙工程

带隙工程亦称为量子尺寸工程或能带裁剪工程。它指将不同带隙材料在量子尺寸内人工进行异质匹配，有序生长成新结构材料。这种新材料中具有许多对光电子器件和光子集成回路有益的特性。如量子阱结构的量子尺寸效应，使量子阱结构材料的状态密度由体材料的抛物线形变为台阶状（图 10.1）。这种改变使半导体量子阱结构激光器的性能与一般结构半导体激光器相比有如下很大的改善。

（1）使量子阱结构激光器有较低的阈值电流密度和阈值电流。

（2）状态密度台阶状分布，使量子阱激光器比普通结构激光器有更窄的增益谱、更高的调制速率和更窄的线宽。

（3）在量子阱激光器的有源区中，电子（空穴）状态密度呈台阶状，限制了注入载流子热扩散效应。因此，量子阱激光器的温度特性好。

2. 带结构工程

带隙工程的基本点是通过超薄层匹配外延生长技术在实空间实现带隙的人工裁剪，在整体上获得优良特性，但它没有涉及能带结构的人工改变。能带结构工程则是通过量子阱超晶格材料的设计和生长，实现能带的人工改变。应变超晶格是其重要代表。在应变超晶格中，应力能引起能带结构的变化，特别是对价带的影响更大。

当进行失配外延生长，外延厚度很薄时，外延层和衬底间的失配应力可由外延层的弹性形变来补偿，但外延层中存在的内应力，将影响半导体能带结构。

前面已提到，在 InP 衬底上生长 $In_xGa_{1-x}As/InP$，当 $x = 0.53$ 时是没有应变的匹配生长。如 $x > 0.53$，则 InGaAs 外延层的晶格常数比 InP 衬底的大，处于正失配状态下是压应变。这时，在弹性范围内，InGaAs 生长层的晶格发生四方畸变，在水平方向晶格常数被压缩至与 InP 晶格常数相同，产生压应变。与此同时在垂直方向的晶格常数被拉伸变大产生张应变。反之，$x < 0.53$，则相反，外延层的晶格常数比 InP 衬底小，处于负失配状态下是张应变。

应变效应可以改变量子阱结构的能带结构。对于应变量子阱中的应变,可以分解为在 z 轴方向上的单轴应变和垂直于 z 轴的面内双轴应变。面内双轴应变均匀地改变材料的结构,对能带只能引起禁带宽度的变化,而单轴应变将使带边原来简并的能级分裂,并使能带的形状改变。如在量子阱-垒交界面方向受到双轴压应力,则在生长方向受到单轴伸张应力,该材料在生长方向单轴伸张应力作用下,价带顶重空穴能级上升,轻空穴能级下降,重空穴能级曲率变大,轻空穴曲率变小,如图 10.7 所示。

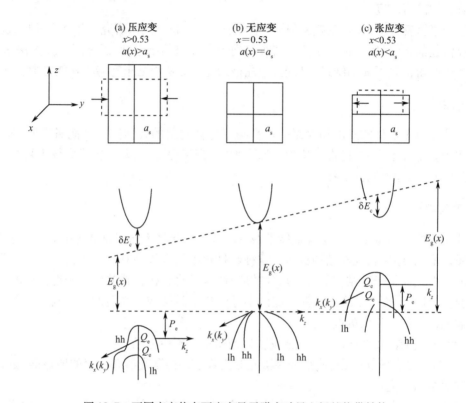

图 10.7　不同应变状态下应变量子阱在动量空间的能带结构

如果在应变量子阱结构的垒层中引入与阱层相反类型的应变,使其阱宽与其应变大小的乘积的绝对值等于垒宽与其应变大小的乘积的绝对值,从而应变量子阱的每个周期的净应变为零,这种结构就是应变补偿量子阱。也可以制成其他类型的应变补偿结构。

带结构工程也给材料带来很多有用的特性,例如,由于应变的引入,使通常的量子阱结构激光器的能带结构发生变化,更加接近理想的半导体激光器的能带结构,使应变量子阱结构半导体激光器的性能比一般量子阱结构的性能又有了提高。特别是利用张应变和应变补偿量子阱结构可以制作出偏振不灵敏的激光放大器。

3. 带偏移工程

由两种材料组成的量子阱、超晶格的导带和价带具有不连续的特性也称带偏移特性。其大小是由组成它的两种材料的电子亲和势决定的。材料的电子亲和势指的是使材料中的自由电子逸出该材料时应赋予的能量。Ⅲ-Ⅴ族化合物半导体材料组成元素的电子亲和势相差较大,所以它们的电子亲和势的差异也较大。例如 GaAs 的电子亲和势比 GaAlAs 的大,它们形

成异质结后,导带偏移可用下式表示:

$$\Delta E_c = X_{GaAs} - X_{Ga_{0.7}Al_{0.3}As} = 0.243 \text{ eV}$$

而价带偏移可由下式得到:

$$\Delta E_v = \Delta E_g - \Delta E_c = 0.131 \text{ eV}$$

式中,E_g为构成异质结的两种材料的带隙差。导带和价带的带偏移是形成量子阱必备的条件之一,但是有些半导体材料,它们的电子亲和势相差不大,有些宽带隙材料的电子亲和势比窄带隙材料的亲和势大。在这种结构材料中,量子阱只对价带中空穴有束缚作用而对导带中电子几乎没有束缚作用,因此不能充分发挥量子阱作用。运用带偏移工程,可指导我们选择制作量子阱的材料,调制量子阱的阱深(垒高),实现人工结构的改性,优化量子阱器件结构,改善器件特性。

能带工程的内容非常丰富,它的建立、运用和完善为光电器件特别是光集成(PIC)和光电集成回路(OEIC)的发展奠定了基础。

10.3 半导体量子线与量子点

10.3.1 半导体量子线和量子点的基本特性

一维超晶格和量子阱与体材料相比具有很多不同的性质,不论是在物理学上,还是在应用方面都有很多令人感兴趣的特性。这些特性来源于它把电子和空穴限制在二维平面内产生的量子力学效应,进一步发展这种思想,把载流子限制在低维空间中,可以出现更多新的光电特性。将载流子进行二维限制,就得到了二维超晶格(或量子线),二维超晶格中运动的电子需要用两个量子数 q、p 来描述;当载流子的限制维度提升至三维,就得到了三维超晶格(或量子点),三维超晶格中运动的电子需要用三个量子数 q、p、m 来描述。图 10.1 为一、二、三维超晶格结构及其电子的状态密度。随着电子自由运动维数的减少,其状态密度分布就越加集中,用数学表达式表示为:

体材料 $\rho(E) \propto E^{1/2}$ (抛物线分布)

一维超晶格 $\rho(E) = \sum_q \dfrac{m_e}{\pi \hbar^2 d_w} H(E - E_q)$ (台阶状分布)

二维超晶格 $\rho(E) = \sum_{q,p} \dfrac{\sqrt{2m_e}}{\pi \hbar^2} (E - E_q - E_p)$ (锯齿状分布)

三维超晶格 $\rho(E) = \sum_{q,p,m} 2\delta(E - E_q - E_p - E_m)$ (δ 函数状分布)

多维超晶格中更窄的状态密度分布可以进一步提高半导体激光器的特性,使其增益谱特性更窄,g_{max} 更大。多维超晶格的模增益谱非常尖锐,因此注入载流子对增益的贡献将得到增强,微分增益系数加大;多维超晶格的微分增益系数 a_g 要比一维超晶格的大得多,因此可以得到极低阈值电流(亚微安级)的激光器,且有望大幅改善激光器的光谱线宽和动态调制速率,并提高激光器温度稳定性。

利用光刻、腐蚀及超薄层生长技术等相结合可以生长多维超晶格。图 10.8 为利用 MBE 生长量子阱后,再用光刻、化学腐蚀制作出三角形断面台型结构,然后再用 MBE 在其上生长禁带宽度 E_g 大的 $Al_{0.31}Ga_{0.69}As$ 覆盖层。这种结构是断面横向尺寸不同的多层细线结构。最上面的量子细线,可显示出二维限制载流子的量子效应。

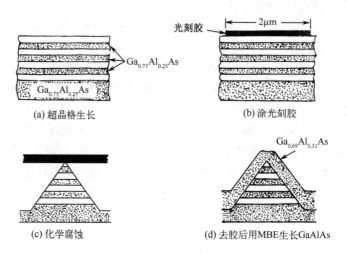

图 10.8　半导体量子阱细线的制作

　　目前,量子线半导体激光器已经实现室温连续激射,量子点器件也试制出来。特别是基于 S-K(Stranski-Krastanow)外延生长模型的自组装量子点的制备及其特性、器件的制作研究是当前的热点课题。

10.3.2　半导体量子线和量子点的制备

　　从 20 世纪 70 年代起,以 MBE 和 MOVPE 为代表的外延生长技术,以及超精细原子级加工和电子束光刻技术不断的发展和完善为低维结构半导体材料生长和量子器件制备创造了条件。目前量子阱、超晶格材料的工业化制备技术已经相当成熟,基于它们的量子器件,如高电子迁移率晶体管(HEMT),双异质结晶体管(HBT)和量子阱激光器(QWLD)等在光纤通信和移动通信领域得到广泛应用,已形成高技术产业。但低维结构半导体量子点(线)的材料制备遇到困难,以层状模式生长的 MBE 和 MOVPE 对此也感到困难。虽然可以采用量子阱、超晶格材料生长与高空间分辨率的刻蚀工艺相结合,即所谓的"自上而下"的技术制备低维结构半导体量子点(线),并可以在设备空间分辨率的范围内对其形状、密度和分布及尺寸进行人工控制来得到希望的结构材料,但由于加工带来的边缘损伤和杂质沾污等,致使器件的性能与理论预测值相差甚远。为此,人们在过去的 30 多年里,又探索发展了以半导体应变自组装和(气-液-固)生长等为代表的所谓"自下而上"的生长技术。近年来,采用这些技术,在制备无缺陷的低维结构半导体量子点(线)材料方面获得相当大的成功,展示了潜在的应用前景。

　　1. 层状异质结构生长和精细加工相结合制备量子点线

　　由 MBE、MOVPE 生长的量子阱、超晶格只在一个方向上限制电子的运动。人们很自然想到进一步减少电子自由运动的维数,使其展示一维或零维结构的性能。所以,利用成熟的半导体平面刻蚀工艺在量子阱、超晶格材料上制备出量子点(线)。这是"自上而下"的制备技术,它利用电子束、光子束或聚焦离子束作为曝光源进行曝光和用湿法或干法刻蚀。这些方法的优点是图形的几何形状密度和分布可控,缺点是图形实际分辨率不高,在加工过程中会引入各种损伤、缺陷和杂质污染。因此,目前它制备出来的量子点(线)材料不适合制作低维结构半导体器件。

2. 量子线的 MBE 生长

利用 MBE 可以在一些结构合适的衬底上生长量子线,在这里举一个生长的例子。它的基本生长步骤如下,首先在 GaAs(001)衬底上生长 GaAs/GaAlAs 超晶格结构,利用 GaAs(001)衬底的自然解理面为(110)面的特性,将已经生长的 GaAs/GaAlAs 超晶格材料在 MBE 生长室内原位解理,可防止 GaAlAs 氧化。随后在解理面上外延生长,如果生长的是调制掺杂结构,那么电子将同时受原来超晶格和调制掺杂效应所形成的三角形势垒的两方面限制,使电子运动为准一维的。量子线的宽度由超晶格中 GaAs 层的厚度决定,如图 10.9 所示。这种生长方法的关键步骤是在真空生长室中进行原位解理及生长,要求解理面应具有较低的台阶密度,以保证在解理面上良好的生长效果。

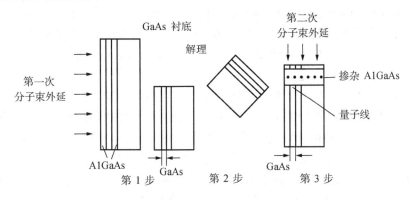

图 10.9 解理面生长量子线过程示意图

3. 应变自组装生长量子点

一维限制的量子阱激光器大幅度提高了激光器性能,促使人们开展更低维结构的研究。量子点的研制就是在这种情况下进行的。如图 10.1 所示,三维限制的量子点的态密度变成一根根直线,导致激光器的光增益增大,增益谱宽变窄,阈值电流降低,特征温度增高等。量子点的制备是量子点激光器研制中的一个重要课题。

最初制备量子点的技术是以微细加工为基础,其工序过程为:在衬底上外延生长量子阱材料,然后经电子束曝光和干法或湿法刻蚀。这种方法不仅需要价格昂贵的电子束曝光设备,增加了制备的难度,而且重要的是在制备过程中会引入大量缺陷和沾污,严重影响所制备的量子点的性能。近年来依据 SK 生长模式,利用应变效应形成的自组装量子点的技术引起了人们的关注。

目前对于异质材料外延生长机制一般认为有三种模式,如图 10.10 所示。

(1)Frank-van der Merwe(FvdM)生长模式。这种模式认为,外延材料是以二维方式一层一层生长的,如图 10.10(a)所示。这种生长模式主要发生在晶格匹配或晶格失配较小的异质结构生长时,如 GaAlAs/GaAs 的生长就是以这种模式进行的。

(2)Volmer-Weber(V-W)生长模式。这种模式为三维生长模式。外延生长初期是以岛状结构进行生长。随着外延生长的进行,岛状结构逐渐长大、合并,直到完全覆盖衬底表面,如图 10.10(b)所示。在外延层与衬底间晶格失配非常大的时候将以这种模式进行生长,如 InAs/GaP 的生长。

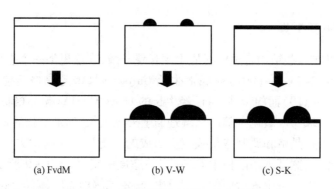

(a) FvdM   (b) V-W   (c) S-K

图 10.10　异质外延生长的三种生长模式

（3）Stranski-Krastanow(S-K)生长模式。这个生长模式其外延生长过程介于前两种生长模式之间，即在外延生长初期，以二维模式一层一层生长，但当外延层生长到某一临界值时，外延过程在失配应力作用下，自发地转变成三维生长，如图 10.10(c)所示，在 GaAs,InP 衬底上外延生长 InAs 时就是这种情况。

目前，依据 S-K 模式已生长了多种自组装量子点。特别是对 InAs/GaAs 量子点研究得更深入，它是在 GaAs 衬底上用 MBE 外延生长 InAs，当生长厚度达到临界值时，按照 S-K 模式，在应力作用下，InAs 自发地由层状生长变成三维的岛状生长，如果接着再生长限制层，就形成了 InAs 自组装量子点。用 InAs/GaAs 量子点已作出性能良好的激光器。

自组装量子点的生长还有一些问题待解决：由于岛状成核是随机的，因此量子点分布是无序的；量子点的大小不一致；量子点的密度低。为了提高自组装量子点激光器的特性，制备出高密度、尺寸均匀、分布有序的自组装量子点还是一个值得深入研究的课题。

4. 量子点(线)的化学合成法

利用化学反应合成得到的量子点(线)材料，通常称为纳米团簇材料，它是由几个到几百个原子或分子或离子结合在一起，形成稳定的非刚性结合体，纳米团簇的合成方法有很多，其中主要有气相沉淀法、溶胶-凝胶法、超声喷注加冷凝法、微乳液法、高能球磨法和模板合成法等。利用这些方法可以很容易制备尺寸足够小、分布均匀的纳米颗粒，而且生长方法简单，不需要复杂的仪器设备，成本低，下面简要介绍两种目前使用较广泛的方法。

1)气相沉淀法

气相沉淀法是在一定温度下，反应产物形成浓度很高的过饱和蒸气压，使其自动凝聚形成大量晶核，晶核在加热后逐渐长大并聚集形成颗粒，然后随气流进入低温区凝结成晶态或非晶态颗粒。通过选择合适浓度、流速、温度和组成配比等生长条件，对纳米团簇的组成、形貌、尺寸和晶相等进行控制。这种方法由于具有加热快，在高温区滞留时间短及冷却快等特点，所以可获得粒径小于 10 nm 的颗粒。利用这种方法制备了氧化锌、氧化镓等材料的纳米带和纳米环。这种带或环状结构具有纯度高、产量大、结构完整、表面干净、内部无缺陷等特点。纳米带的截面是个窄矩形，带宽为 30 ～ 300 nm，厚度为 5 ～ 10 nm，长度可达几毫米，具有比碳纳米管更独特、更优良的物理性能。

2)溶胶-凝胶法

溶胶-凝胶法(Sol-gel 法)是指金属的有机或无机化合物经过溶液、溶胶、凝胶而固化，再经过热处理成为所需要的纳米团簇的方法。它可以实现分子水平的化学的集合控制，从而实现性能裁剪的目的。其中的溶胶是指作为反应起始物的醇盐或金属有机配合物通过水解生成相应的氢氧化物或含水氧化物。经缩聚反应形成具有一定尺寸且稳定地分散在介质中的胶体粒子的分散体系。而凝胶是指经缩合反应所生成的胶体粒子再聚合、黏结形成三维网格结构、略具弹性的半固体状物质。这种方法的关键是控制纳米颗粒的粒度,并保持颗粒之间的分散性。例如,可以在水溶液中用 Cd^{2+} 离子与 H_2S 反应生成 CdS 溶胶,同时加入有机小分子或高分子作为稳定剂来包裹 CdS 纳米颗粒表面,以阻止其继续长大并保证颗粒之间的分散性。随后加入沉淀剂,分步沉淀出大小不同的 CdS 颗粒,这样得到的纳米团簇尺寸分布是很窄的。

5. V-L-S 技术生长量子线

V-L-S(气-液-固)生长技术是 20 世纪 90 年代发展起来的一种制备一些材料的须晶(针状晶体)的技术。它借助于另外一种熔融态的金属(如 Au、Fe、Co、Ni 等)作为晶体生长的介质来生长须晶。下面以在 Si 衬底上生长 Si 须单晶为例,介绍 V-L-S 技术的生长原理。在 Si(111)衬底上镀上一层厚约 10 nm 的 Au 层,在石英管中将其加热至 900 ℃,这时在 Si 表面上形成一薄层 Si-Au 合金熔体。随后由于熔体表面张力作用,薄层熔体破裂形成一滴滴 Si-Au 合金小熔球,这些小熔球就成为气-液-固相反应的介质。这时向石英管内连续通入 H_2 和 $SiCl_4$ 的混合气体,被还原出来的 Si 原子蒸气溶入 Si-Au 合金小熔球中,而不沉积在 Si 衬底表面上,这是因为溶入熔球中的激活能较低所致。当 Si-Au 小熔球中 Si 浓度达到饱和时,Si 就在液-固相界面上沉积下来形成晶体,随着 Si 沉积量增加,Si-Au 小熔球也从原来在 Si 衬底表面上升到生长的须状 Si 晶体的顶端。由于固-液界面能是各向异性的,就限定了 Si 只在(111)面上沿单一方向生长,生长成直径(由小熔球直径决定)约为 0.5 μm 须状硅单晶。由于气相中 Si 浓度大于小熔球表面中 Si 浓度,而后者又大于小熔球内 Si 的浓度,这就是 Si 从气相→液相→固相扩散输运的驱动力。在 Si-Au 小熔球下 Si 衬底上生长出须状硅单晶。

对于大多数材料来说,用 V-L-S 法生长的须晶最小直径为 0.1 μm 的数量级(在热力学平衡条件下),近年来对这种方法进行了改进,利用激光束熔化 Si 和 Au,克服了热力学平衡的限制,可产生具有纳米尺寸的 Si-Au 合金小熔球,并通过调整石英管中的压强来控制小熔球尺寸,用这样的方法成功地制出直径为 10 nm 的 Si 量子线。此外用化学方法制备了直径为纳米量级的金溶胶小球,并将它们黏附在 Si 表面上来进行生长,已生长出直径为纳米级的 Si 量子线。

10.4 低维结构半导体材料的现状及未来

建立在量子力学基础上的单电子器件如单电子晶体管(SET)和单电子存储器(SEM)在实验室已研制成功多年,但现在距实现大规模集成($10^9 \sim 10^{10}/cm^2$)为时尚远,甚至连集成的原理和方法还有待开发,低维固态量子器件所必需的条件是器件的特征尺寸等于或小于电子平均自由程。用现有的工艺制作的 GaAs、InP 基Ⅲ-V族化合物器件,也要求在液氦温度(4.2K)以下工作,若想在 77 K 温度下工作,器件的特征尺寸要小于 50 nm。所以,研制纳米级空间分辨、快速和无损、无污染的加工工艺和相应设备是实现纳米制造必须解决的。第二个难题来自对材料的苛刻要求。CaAs、InP 等Ⅲ-V族化合物半导体材料及其低维结构,虽然有较高的电子迁移率(大的电子平均自由程),但它们的完整性和纯度问题,特别是很高的表面态密度且没有好的介质隔离材料,因此不是理想的制作集成量子器件的材料。硅单晶具有高纯、高完整性

和 SiO_2 作介质膜的优越条件,但 SiO_2 是非晶态,它的无序分布和杂质对量子器件,特别是对用于量子计算的器件会带来致命的损害。有人认为碳基材料,如纳米碳管是很有潜力的纳米电子材料,但怎样控制它的尺寸和空间有序分布以及互连等问题,目前尚无良策。硅基半导体材料如 GeSi/Si 合金具有兼备硅材料和低界面态的优点,如能解决良好的介质隔离问题,倒是有希望成为纳米电子器件和电路的候选材料。

近年来,用物理和化学等多种"自下而上"的方法,在制备低维结构半导体材料方面取得很大进展,特别是以应变自组装生长技术,制备无缺陷量子点作为有源区的量子点激光器的研究方面获得了突破性进展,优异的器件性能令人受到鼓舞,但离预期的理论值还相距甚远。如何实现对自组装量子点(线)形状、尺寸的一致性的控制,提高密度和空间分布的有序性,是材料工作者要解决的科学问题之一。

基于一维受限的超晶格、量子阱材料,如 GaAs、InP、GaN 等微结构材料,也是低维结构半导体材料的一个重要组成部分,由于它们的制备技术,如 MBE、MOVPE 等层状生长模式已经发展得相当成熟,并且广泛用来制备新一代微电子和光电子器件,如高电子迁移率晶体管、异质结双极晶体管、共振隧穿器件和量子阱激光器以及蓝、绿、紫外发光器件等,得到实际应用,进一步提高此类器件的性能,开展多功能集成芯片的研制是今后发展主攻方向之一。

综上,当我们研究体系的特征尺寸与电子平均自由程相比拟或更小时,量子力学则成为研究的物理依据。现在,建立在量子力学基础上的低维结构的电子学的工作原理、工作模式、采用的材料系和工艺等还有争议,没有达成共识。那么,探索量子电子学的工作原理、工作模式,寻找适于制造量子电子器件与电路的基础材料(包括绝缘介质等),开展纳米加工技术,确保量子器件和电路单元的一致性和工作可靠性,是我们应解决的关键问题之一。

目前常用的"自下而上"的物理或化学方法,制备低维结构半导体材料的方法,具有简便、廉价等优点,但其形状、尺寸不均匀,密度和空间分布有序性难以控制;而采用"自上而下"的技术,虽然可以克服上述方法的一些不足,但受空间分辨率和加工损伤以及杂质污染等影响,也不能满足量子电子器件和电路制造的要求。因此,在提高无损纳米加工技术和空间分辨率的基础上,研究如何将"自下而上"和"自上而下"两种技术相结合,取长补短,开发出制备低维结构材料的新技术。

利用半导体量子点所具有的特点,实现固态量子比特的构筑和研制单光子光源,是量子计算机和量子通信的基础,当前还处于探索阶段,但很重要,是低维结构半导体技术发展的另一个方向。

相对于低维结构电子器件,光电子器件的研究进展较快,目前半导体量子点(线)发光器件和探测器等已接近实用。其原因是量子点光电器件所用工艺与技术与量子阱光电器件相容。比如,量子点激光器,只要用量子点有源层代替量子阱就可以了,其他工艺几乎完全相同,当然要充分发挥量子点光电器件的优异性能,还必须进一步提高量子点材料的质量。

低维结构半导体技术的发展和应用将从根本上改变现代微电子技术所依赖的理念基础,将我们带入一个崭新的量子世界。

第 11 章 氧化物半导体材料

近年来,随着传感技术的发展,传感器件的应用,氧化物半导体材料的研究工作越来越引起人们的兴趣和重视。本章主要介绍氧化物半导体材料的制备、特性及在传感器件方面的应用。

11.1 氧化物半导体材料的制备

11.1.1 氧化物半导体材料的合成及提纯

氧化物半导体材料的合成主要有两种方法:一是在含有氧气的气氛中进行金属高温氧化;另一种方法是从含有氧化物的化合物中用化学反应方法制备。

第一种方法典型的例子是 Cu_2O 的制备。首先在干燥的大气气氛中将高纯铜片加热到 1070K,然后在含 1% 氧气的氮气中,1270K 下加热,铜和氧反应可以得到 Cu_2O。在二氧化碳气氛中将铁片加热到 1600K,可以得到 Fe_3O_4。用同样方法也可以制备 NiO 等氧化物材料。选择合成温度要考虑反应速度,氧分压要根据所制备的氧化物来选择。用这种方法得到的氧化物材料,其纯度由金属材料以及反应气体的纯度来决定。

更普遍应用的是从化合物中制备氧化物的方法。如从 CuOH 中制备 Cu_2O,反应为

$$2CuOH \xrightarrow{\triangle} Cu_2O + H_2O$$

或者应用下面的反应

$$2CuCl + Na_2CO_3 \xrightarrow{\triangle} 2NaCl + Cu_2O + CO_2$$

用此方法制备 Cu_2O 时,是将 CuCl 与 Na_2CO_3 按 5:3(重量比)的比例装入一封闭坩埚中加热,冷却后将得到的混合物用水洗,然后在真空中 310~340K 温度下将 Cu_2O 烘干。

常见的合成 ZnO 的方法是基于下面的一系列反应:

$$Zn \longrightarrow Zn(NO_3)_2 \longrightarrow Zn(OH)_2 \longrightarrow ZnO$$

将纯金属锌溶解在稀硝酸中,把此溶液蒸发,使其密度达到 $1.61g/cm^3$,然后冷却。过滤得到 $Zn(NO_3)_2 \cdot 6H_2O$ 晶体,再溶解到水中,边搅拌边将 NH_3 水溶液倒入,过滤出沉淀的 $Zn(OH)_2$,用热水清洗,烘干。在 370~390K 干燥,再在 770K 焙烧 3~4h,可得到 ZnO。

纯氧化铝可以从矾的分解来制备:

$$2NH_4Al(SO_4)_2 \xrightarrow{\hspace{1cm}} Al_2O_3 + 2NH_3 + 4SO_3 + H_2O$$

首先把矾放入瓷坩埚中在 370~470K 加热脱水,然后在 1520~1570K 焙烧可得到 Al_2O_3。也可以在高于 1220K 焙烧 $Al(OH)_3$ 来获得 Al_2O_3,这种条件下制备的 α-Al_2O_3 直到 1770K 都是很稳定的。

制备 SnO_2 是将 $SnCl_4$ 配成水溶液,在一定温度下用 $NH_3 \cdot H_2O$ 沉淀,控制合适的 pH 值,析出白色 α 锡酸,然后充分水洗,烘干,在 600℃ 下烧结 2h 即制得 SnO_2。

氧化物材料的提纯一般采用下面的物理提纯方法:悬浮区熔法、升华法、挥发性杂质的蒸发。这三种方法都不使用坩埚,从而避免了坩埚带来的污染。由于氧化物材料的熔点较高,所

以不论使用何种坩埚对材料的提纯都是不利的。

用悬浮区熔法提纯氧化物材料时,热源通常采用炭弧辐射,激光辐射,等离子体火焰,对低阻氧化物也可以用高频感应作热源。为了获得氧化物的某种特定组分,提纯时要在惰性气氛中进行,并使气氛中保持一定的氧分压。由于悬浮区熔法提纯氧化物的技术较复杂,设备也较昂贵,所以只有金红石和二氧化铀等少数氧化物用此法提纯。

如果氧化物的蒸气压远高于杂质的蒸气压,就可以采用升华和再结晶的方法提纯。升华通常是在含有一定量氧气的惰性气体中进行。MgO、BaO 等氧化物通常用此法提纯。

若杂质的蒸气压远高于氧化物的蒸气压,可以采用蒸发挥发性杂质的方法来提纯氧化物。

一般地说,每种方法只能除去几种杂质,要除去全部杂质就要使用几种方法。以上几种提纯氧化物的方法都有一定不足,所以最常用的还是化学方法提纯,尽管化学方法一般很难给出高纯材料。

11.1.2 氧化物薄膜材料的制备

氧化物薄膜用途广泛,特别是在微电子领域几乎是不可缺少的。制备氧化物薄膜的方法有许多种,这里简单介绍几种常见的方法。

1. 反应溅射

用溅射法制备氧化物薄膜一般包括某种化学反应,所以称之为反应溅射。最简单的反应溅射是两电极的阴极溅射系统,如图11.1 所示。该设备简单,反应室压力一般为 10^{-4}Pa,工作气体为含一定量氧气的氩气。氧化物薄膜的生长速率主要取决于气压和电极功率。薄膜的均匀性与电极形状及其间距离等几何因素有关。薄膜的晶体结构及物理性质由气相沉积反应及衬底温度来决定。设备经改进后,衬底可以旋转(改善薄膜均匀性),也可以冷却(获得无定型材料)。若采用几种不同阴极材料,旋转衬底可以得到这几种材料的混合薄膜。

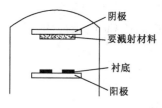

图 11.1　阴极溅射系统示意图

热离子阴极溅射是一种偏压溅射,是获得高纯氧化膜的有效方法之一。图 11.2 为这种方法的示意图。低压交流电加热钨丝的热阴极仅用来发射电子。设在对面的阳极加几百伏正电压,加速了阴极电子辐射,使反应室内气体处于高能量、离子化的状态。带负电的靶受到正离子的轰击,溅射的靶材料沉积在衬底上,由于等离子发生系统与靶是相互独立的,因此可以控制薄膜制备条件,改变阴极发射状况,改变反应室内工作气体的压力或改变磁场及其强度都可以控制等离子体密度。这种溅射方法的重要参数包括靶和衬底电流密度比,掺杂气体的压力或浓度,衬底的几何形状,靶材料(元素或化合物)的特性等。薄膜的电学性质取决于溅射气氛组成的精确控制。掌握好生长条件,就可以在较宽温度范围、较长时间周期内得到性能稳定的氧化物薄膜材料。

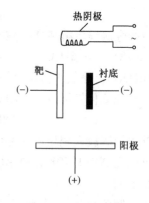

图 11.2　热离子阴极溅射示意图

2. 真空蒸发法

用真空蒸发法制备氧化物膜时真空室压力低于 10^{-3} Pa。在这个压力下,蒸发的原子或分子的自由程通常大于工作室的壁间距,原子或分子形成某一立体角的束流。如果在此角度内即在距蒸发材料一定距离内放置垂直于分子束靶的衬底,分子束材料将沉积在衬底表面上形成薄膜。如果衬底加热,薄膜会稳定和均匀。

图 11.3 为真空蒸发法制氧化膜的设备示意图。把蒸发的源材料加热使其蒸气压达到 10^{-1} Pa。加热方法有电阻加热,电子束轰击,激光辐射等。这种方法不适合制备那些具有较高离解压的氧化物薄膜。用此法制备 Al_2O_3 薄膜时,工作气压为 3×10^{-4} Pa,衬底为硅片,Al_2O_3 薄膜厚度为 $50 \sim 500$ nm,与衬底结合得很好。用电子束或激光辐射进行氧化物材料蒸发时,可以不用坩埚。即使某些材料需要盛放在坩埚内,但由于坩埚并不直接加热,从而防止了对氧化物薄膜的污染。

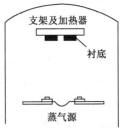

图 11.3 真空蒸发法
示意图

3. 阳极氧化法

金属的阳极氧化法制备氧化物薄膜,是将两个电极插入电解液中,加上直流电压,阳极材料(金属)与阴离子反应在其表面形成一种氧化物薄膜。这层薄膜只有在两种情况下才能生长:一是电解液中的氧离子迁移穿过氧化膜到达氧化物与金属界面,在那里发生阳极氧化反应;二是金属离子沿相反方向移动到氧化膜外表面进行反应。因此薄膜的生长是由氧化物的离子电导性决定的,依赖于氧化物中的电场及加在薄膜上的电压。

电压恒定时,薄膜厚度随反应时间而增大,这就导致氧化物中电场的减小,引起薄膜生长速率降低。已发现,在反应时间不是太长的情况下,氧化膜的厚度是外加电压的函数。因此,氧化膜厚度常表示成 Å/V。薄的氧化膜既可以在恒定离子流的条件下获得,也可以在恒电压下得到。前者在薄膜生长时应逐渐加大电压,后者的情况离子流应随时间而减少。

阳极氧化法可用来制备均匀的薄的金属氧化膜,如 Al_2O_3、Ta_2O_3 等。

4. 等离子阳极反应

这种方法的原理是使金属或半导体元素在氧等离子体中进行氧化反应。可以在较低温度(低于 370K)获得高纯氧化膜。生长时反应室内氧压低于 5Pa,在阴极加 1kV 量级的负压,出现辉光放电,形成等离子体。要获得薄的氧化膜,样品(金属或半导体)要放在阴极辉光内,阳极加正偏压。在较小的恒压时,氧化膜的生长速率为指数规律。氧化膜的生长机制是金属或氧(或二者)的离子或空位扩散,取决于氧化膜中离子的相对迁移率。等离子阳极反应可以应用于下列金属或半导体的氧化:Al、Ta、Mg、Cr、Sb、Bi、Zr、Mn、U、Nb、Ti、Be、Ge、Si、La、Mo 和 W。

5. 化学气相沉积法

用化学气相沉积(CVD)或气相化学反应的方法制备氧化膜是较简单的方法。下面以 TiO_2、SiO_2 和 SnO_2 薄膜的制备来描述这种方法。

TiO_2 的制备:将 $TiCl_4$ 和水蒸气与氮气混合通过喷嘴进入反应室,发生下列反应:

$$TiCl_4 + 2H_2O = TiO_2 + 4HCl$$

该反应生成的 TiO_2 分子沉积在衬底上形成薄膜。典型生长参数为 $TiCl_4$ 和 H_2O 的气流流速为 $0.2L/min$ 和 $1.4L/min$，液态 $TiCl_4$、H_2O 的温度分别为 283K 和 313K，衬底温度为 423K，喷嘴温度 433K，喷嘴到衬底距离 1.5cm，生长速率为 2nm/s。可用的衬底材料较多。TiO_2 薄膜电学性能较好的衬底为 Ge、Si 及 Pt。

SiO_2 薄膜的制备方法与 TiO_2 基本相同，反应为

$$SiH_4 + O_2 = SiO_2 + 2H_2$$

衬底材料可选择 Si 或 Al。

SnO_2 薄膜具有很好的电导性能，可利用 $SnCl_2 \cdot 2H_2O$ 蒸气的气相反应来制备：

$$SnCl_2 \cdot 2H_2O = SnO_2 + 2HCl + H_2$$

衬底温度为 $670 \sim 720K$。

用真空蒸发的气相氧化反应可以制备 ZnO，

$$ZnSe + \frac{3}{2}O_2 = ZnO + SeO_2$$

生长温度为 670K。

气相反应的种类很多，近年来发展很快。如低压 CVD、等离子体 CVD、MOCVD、激光 CVD 等。

6. 溶胶-凝胶法

用溶胶-凝胶法制备氧化物薄膜的特点是：设备简单，工艺过程温度低，易于推广，可以在各种形状，不同材料的基底上制得多元氧化物薄膜。

溶胶-凝胶法是首先把原材料（金属醇盐或无机盐）水解成溶胶，然后将其匀覆在基底表面，由于溶剂的蒸发以及溶胶的缓慢缩合，实现凝胶化，再经干燥烧结制得氧化物薄膜材料。用这种方法已经成功地制得了 35 层 Al_2O_3/SiO_2 多层膜，没有任何因应力造成的裂纹。涂膜的方法很多，如浸渍提拉法、旋覆法、喷涂法以及简单的刷涂法等。溶胶-凝胶薄膜工艺已经在电子学、光学、磁学、化学等许多领域得到广泛应用。

11.2 氧化物半导体材料的电学性质

氧化物材料的禁带宽度一般都比较宽（$E_g \approx 3eV$），属于绝缘体，通常称为陶瓷材料。但是，通过掺杂或造成晶格缺陷可以在氧化物材料的禁带中形成附加能级，由此改变材料的电学性质。这一过程称作金属氧化物的半导化，即陶瓷的半导化。经过半导化的氧化物材料具有了半导体的性能。

11.2.1 氧化物半导体导电类型的形成机理

氧化物材料化学键中离子性成分较强。由于破坏一个离子键比破坏一个共价键所需能量少，所以与元素半导体和 III-V 族化合物相比，氧化物材料含有的点缺陷浓度较大，化学计量比偏离对材料的电学性质影响也较大。

从点缺陷的平衡理论可知道，金属氧化物 MO 中的金属间隙原子和氧空位电离后将提供电子，使材料呈现 N 型。因此把氧化物放在高温下热解或者放在还原性气氛中，氧化物中的氧就会逸出，材料变成 N 型半导体。例如，当 ZnO 中含有过量的 Zn 或者在真空中长时间加

热,会使其呈 N 型,其过程可表示为:

$$ZnO \Longleftrightarrow Zn_i^{\cdot} + e' + \frac{1}{2}O_2 \uparrow$$

$$ZnO \Longleftrightarrow Zn_i^{\cdot\cdot} + 2e' + \frac{1}{2}O_2 \uparrow$$

$$ZnO \Longleftrightarrow Zn_{Zn} + V_o^{\cdot} + e' + \frac{1}{2}O_2 \uparrow$$

$$ZnO \Longleftrightarrow Zn_{Zn} + V\ddot{o} + 2e' + \frac{1}{2}O_2 \uparrow$$

上面各式中,·和′分别代表正、负电荷,M_M 表示正常的 M 格点位置由 M 占据。前两式是生成间隙原子 Zn,它吸收能量后电离释放自由电子 e,后两式中的自由电子是由氧空位电离提供的。由于本征点缺陷的存在使某些氧化物呈电子导电即形成 N 型半导体,这些氧化物包括:ZnO、CdO、CuO、Pb_3O_4、Fe_2O_3、TiO_2、ThO_2、SnO_2、CeO_2、V_2O_5、Nb_2O_5、WO_3、MoO_3、UO_3 等。

相反,如果氧化物中含有过量的氧或金属离子空位 V_M,它们电离后产生空穴 $h^{\cdot}$ 使材料呈 P 型。如 NiO:

$$\frac{1}{2}O_2 \Longleftrightarrow O_0 + V'_{Ni} + h^{\cdot}$$

$$\frac{1}{2}O_2 \Longleftrightarrow O_0 + V''_{Ni} + 2h^{\cdot}$$

NiO 的 P 型导电性还有另一种解释方法,认为一部分二价镍($Ni^{\cdot\cdot}$)变成了三价镍($Ni^{\cdot\cdot\cdot}$)

$$\frac{1}{2}O_2 + 2Ni^{\cdot\cdot} \Longleftrightarrow O_0 + 2Ni^{\cdot\cdot\cdot}$$

即气相中的氧结合进入 NiO 晶格中 O 的位置,引起周围 Ni 离子正价升高使其保持电中性。常见的 P 型氧化物半导体有 Ag_2O、Cu_2O、NiO、CoO、FeO、Co_3O_4、Mn_2O_3、Cr_2O_3、Ti_2O_3 等。

11.2.2 原子价控制原理

在氧化物 MO(泛指一般氧化物,不特别表示原子个数)中掺入与金属或氧不同化学价的原子时,这些杂质电离可以提供自由电子或自由空穴,使材料的电导率发生变化。这种用掺入不同原子价的原子来控制氧化物材料电导率的原理,称作原子价控制原理。

1. N 型半导体的原子价控制

在 N 型氧化物半导体 ZnO 中掺入 Al_2O_3 时,会发生下面反应:

$$2Zn_{Zn} + Al_2O_3 \Longleftrightarrow 2Al_{Zn}^{\cdot} + 2e' + 2ZnO + \frac{1}{2}O_2 \uparrow$$

可以看出,用正 3 价的 Al 代替正 2 价的 Zn 时,为了补偿 Al 替位出现正电荷而产生了自由电子。

相反,在 ZnO 中掺入 Li_2O 时,反应为

$$2Zn_{Zn} + Li_2O + 2e' + \frac{1}{2}O_2 \Longleftrightarrow 2Li'_{Zn} + 2ZnO$$

用正 1 价的 Li 替代正 2 价的 Zn 时,要消耗 N 型材料中的自由电子,使材料中的自由电子浓度降低,电导率下降。

因此,对 N 型氧化物半导体,用高价离子代替低价离子,会产生电子,材料电导率升高;用

低价离子代替高价离子,会消耗自由电子,使材料电导率降低。

2. P型半导体的原子价控制

如果在P型氧化物半导体NiO中加入Li_2O,反应为

$$2Ni_{Ni} + Li_2O + \frac{1}{2}O_2 \Longleftrightarrow 2Li'_{Ni} + 2h^{\cdot} + 2NiO \tag{11.1}$$

用正1价的Li代替2价的Ni,会使材料中自由空穴浓度增大,其电导率升高。

反之在NiO中掺入Cr_2O_3,会有下面反应:

$$2Ni_{Ni} + Cr_2O_3 + h^{\cdot} \Longleftrightarrow 2Cr_{Ni} + 2NiO + \frac{1}{2}O_2 \uparrow \tag{11.2}$$

用正3价的Cr替代正2价的Ni时,Cr_{Ni}产生的电子要消耗掉P型材料的空穴,使空穴浓度减小,电导率降低。

因此,对P型氧化物半导体,用低价离子代替高价离子,会产生空穴,材料电导率增大;用高价离子代替低价离子,会消耗空穴,材料电导率减小。

材料电导率的变化与杂质掺入量有关。如NiO中掺入Li时,未掺杂的NiO中空穴浓度为p_0(相应的电导率为σ_0),$p_0 = 2[V''_{Ni}]$(每个镍空位电离产生2个空穴)。掺入Li后材料的空穴浓度为p(对应电导率σ),$p = 2[V''_{Ni}] + [Li'_{Ni}]$。掺杂后与掺杂前材料电导率的比为

$$\frac{\sigma}{\sigma_0} = \frac{p}{p_0} = \frac{2[V''_{Ni}] + [Li'_{Ni}]}{2[V''_{Ni}]} \tag{11.3}$$

对掺杂半导体,杂质浓度远大于本征点缺陷浓度,即$[Li'_{Ni}] \gg [V''_{Ni}]$,因此

$$\frac{\sigma}{\sigma_0} = \frac{[Li'_{Ni}]}{2[V''_{Ni}]} \tag{11.4}$$

即材料电导率的变化与掺杂量成正比。

3. ABO_3型氧化物的原子价控制

ABO_3型氧化物中,A和B分别为正2价和正4价正离子。如果掺入不同化学价的正离子,不仅会使ABO_3型氧化陶瓷实现半导化,而且会按照人们的要求改变其电导率,达到制作各种不同器件的目的。以$BaTiO_3$为例,$BaTiO_3$的禁带宽度约为3eV,常温下电阻率$\rho \geqslant 10^{10}\Omega \cdot cm$,是绝缘材料。当$BaTiO_3$中掺入三价的La系元素(La、Ce、Sm等)时,La会代替Ba的位置,产生电子。

$$Ba^{2+}Ti^{4+}O_3^{-2} + xLa^{3+} \rightarrow (Ba_{1-x}^{2+}La_x^{3+})Ti^{4+}O_3^{-2} + xBa + xe'$$

掺入La的$BaTiO_3$呈N型导电,电阻率明显降低。但实验指出,当La掺杂量过高时,材料电阻率又升高了。这说明当La掺入浓度过大时,一部分La替代了Ti^{4+}的位置,其作用与上面反应式正好相反,产生空穴,发生补偿现象,使材料电阻率又升高。掺入的杂质取代哪种基质原子,一个重要的参数是原子半径。一般地说,掺入的杂质容易取代离子半径与之相近的离子。比如离子半径大的三价元素(La系)易替代Ba^{2+}离子(Ba^{2+}的离子半径为1.6Å),而离子半径较小的三价元素(Nb、Sb、Ta等)一般替代Ti^{4+}离子位置(Ti^{4+}离子半径为0.6Å)。这些不同价离子的掺入会改善$BaTiO_3$陶瓷的电性质,使这种材料的用途大大展宽。

11.2.3 氧化物半导体电导率与外压的关系

实验发现,氧化物半导体的电导率与材料制备时氧分压p_{O_2}有关。规律为

$$\text{N 型材料}: \sigma = Cp_{O_2}{}^{-\frac{1}{m}} \tag{11.5}$$

$$\text{P 型材料}: \sigma = C'p_{O_2}{}^{\frac{1}{m}} \tag{11.6}$$

式中,C 和 C' 为温度决定的常数;m 为实验值,不同材料 m 值不同。

这种实验规律可以用缺陷化学理论加以解释。ZnO 生成间隙原子 Zn_i 并电离的准化学方程式

$$ZnO \rightleftharpoons Zn_i^{\cdot} + e' + \frac{1}{2}O_2 \uparrow$$

$$K = [Zn_i^{\cdot}]np_{O_2}{}^{1/2}/[ZnO] \tag{11.7}$$

式中,n 为自由电子浓度;p_{O_2} 为氧分压。由于自由电子是由 Zn_i 提供的,$n = [Zn_i]$,ZnO 浓度很大,$[ZnO] \approx 1$,上式简化为

$$n \approx Kp_{O_2}{}^{-1/4} \tag{11.8}$$

由于电导率 σ 正比于载流子浓度 n,所以有

$$\sigma = Cp_{O_2}{}^{-1/4} \tag{11.9}$$

如果用 ZnO 中生成氧空位 V_o 的方程来说明此规律,可以得到同样结果。实验测得 ZnO 的 m 值为 $4.1 \sim 4.5$,与理论值基本符合。

对 P 型氧化物 NiO 的实验规律,也可用缺陷产生方程来讨论,即

$$\frac{1}{2}O_2 \rightleftharpoons O_o + V'_{Ni} + h^{\cdot}$$

$$K = [V'_{Ni}]p/p_{O_2}{}^{1/2} \tag{11.10}$$

p 为空穴浓度,而且有 $p = [V'_{Ni}]$,所以

$$p = Kp_{O_2}{}^{1/4} \tag{11.11}$$

$$\sigma = C'p_{O_2}{}^{1/4} \tag{11.12}$$

实验测得的 NiO 的 m 值约为 4.5。

11.3　氧化物半导体材料的应用

氧化物材料近年来在功能器件应用方面的开发越来越广泛和深入。特别是在敏感元件方面占有非常重要的地位。本节主要介绍氧化物半导体材料在敏感器件方面的应用。

11.3.1　氧化物气敏材料

气敏元件是对可燃、易爆、有毒等气体的检测、监控、报警防灾等的敏感元件。由于氧化物半导体敏感元件有灵敏度高、结构简单、使用方便、价格便宜的特点,所以发展迅速。

当氧化物气敏元件周围环境中某种气体浓度达到一定值时,气敏元件的电阻率会发生很大变化(升高或降低),氧化物半导体气敏元件就是利用这种现象制备的。从半导体物理中知道,当环境气体在半导体表面产生化学吸附时,会引起半导体表面产生表面电荷层,使表面附近能带发生变化。吸附气体和半导体材料的类型不同,表面能带弯曲情况不同,使表面附近载流子浓度发生变化,因此半导体气敏元件的电导率随之变化。当 P 型半导体发生正离子吸附或 N 型半导体发生负离子吸附时,会导致多数载流子减少,表面电导率降低,反之电导率会升高。实际上,常用的氧化物半导体气敏材料不管是 N 型还是 P 型,对于 O_2 多数发生负离子吸附,而对于 H_2、CO,乙醇等还原性气体,多数发生正离子吸附。另外,为了提高对气体的选择

性,增大机械强度,改善稳定性、寿命和温度特性,在氧化物母体材料中多半掺入不同添加物质。常用的氧化物半导体气敏材料是 SnO_2、ZnO、$\alpha\text{-}Fe_2O_3$、$\gamma\text{-}Fe_2O_3$ 等。

11.3.2　氧化物热敏材料

热敏电阻是对热敏感的元件,它是利用温度引起元件电阻变化的原理制作的。若半导体材料的电子和空穴的浓度分别为 n 和 p,迁移率分列为 μ_n 和 μ_p,则其电导 σ 为

$$\sigma = e(n\mu_n + p\mu_p) \tag{11.13}$$

因为 n、p、μ_n 和 μ_p 都是温度的函数,所以 σ 也是温度的函数,因此可以测量 σ 来推算温度 T。这就是半导体热敏电阻的工作原理。从电阻率公式可知元件电阻值与温度之间的关系

$$R = R_0 \exp\left[B\left(\frac{1}{T} - \frac{1}{T_0} \right) \right] \tag{11.14}$$

式中,R 为任意温度 T(K)时热敏电阻的阻值;R_0 为标准温度下 T_0(K)时的阻值;B 为标准温度 T_0 下求出的常数,称为 B 常数。根据式(11.14)可求出热敏电阻的温度系数 α 为

$$\alpha = \frac{1}{R}\frac{\mathrm{d}R}{\mathrm{d}T} = -\frac{B}{T^2} \tag{11.15}$$

半导体热敏电阻大体上分为负温度系数热敏电阻(negative temperature coefficient,NTC)、正温度系数热敏电阻(positive temperature coeffcient,PTC)和临界温度电阻(critical temperature resistor,CTR)三种。

NTC 热敏材料主要包括 Cu、Mn、Co、Ni、Fe 等过渡金属的氧化物的混合物。如 $CuO\text{—}MnO_2$,$CoO\text{—}MnO_2$,$MnO\text{—}CuO\text{—}CoO$,$MnO\text{—}CuO\text{—}NiO$,$MnO\text{—}CoO\text{—}NiO$ 等系列。包含三个金属的三元系氧化物材料,其电导率随材料中阳离子组分变化较小,这个特点有重要的实用价值,可以确保热敏电阻的一致性、重复性和稳定性。PTC 材料主要为 $(BaSr)TiO_3$ 中掺微量的 Yr_2O_3,Mn_2O_3 等。CTR 热敏电阻材料有 V、Ba、P 等的混合氧化物。

11.3.3　氧化物湿敏材料

对湿度进行电学测量的器件为湿敏元件。当湿度增加时,湿敏元件电阻率变化各有不同,电阻率减小的称为负特性湿敏元件,电阻率增高的称为正特性湿敏元件。

湿敏半导体多数是易于吸附水气的多孔性氧化物半导瓷,由于这种半导瓷结构疏松,晶粒体电阻较低,故其晶界电阻往往比体内高得多。吸附水分子后其晶界电阻呈现显著的变化,表现为宏观的湿敏特性。当金属氧化物陶瓷半导体的晶粒表面吸附水分子时,处于晶粒表面最外层的正、负离子就与极性很强的水分子的异号电荷相吸引,并在半导体表面产生新的表面态能级。

水是一种强极性电介质,在它的氢原子附近有很强的正电场,即具有很大的电子亲和力,可直接从半导体内捕获电子,因此水分子吸附形成的表面态起受主作用。所以在 P 型半导体表面形成积累层,而在 N 型半导体表面形成反型层,产生空穴积累,这些空穴不像体内电子要跃过大量势垒,因此容易在表面迁移。结果当湿度增大时,P 型和 N 型半导体表面电导率都升高,电阻率下降。这就是负特性湿敏元件的工作原理。

正特性湿敏材料多为过渡金属氧化物中非饱和过渡金属氧化物,属于 N 型半导体陶瓷,如 Fe_3O_4。在它们的禁带中存在着一个未填满的能级,使部分电子在其中自由运动。当吸附的水分子在半导体表面形成的受主能级捕获电子时,电子主要来源于禁带中的这些能级而不

是来自价带。因此 N 型半导瓷的表面电子减少,电阻率升高,从而具有正的感湿特性。

氧化物湿敏元件大体有涂覆型、烧结型、薄膜型等。涂覆型湿敏元件是把金属氧化物微粒黏结在一起的胶体,不经烧结。这种湿敏元件结构、工艺简单,测湿量程宽,重复性和一致性较好,寿命长,成本低。Fe_3O_4 和 Al_2O_3 就是这种涂覆型陶瓷湿度敏感元件材料。烧结型湿敏元件的工艺与一般制陶工艺一样,经研磨、成型和烧结几个步骤。$ZnO—Li_2O—V_2O_5$ 系湿敏材料,烧结温度在 $800 \sim 900℃$。另一些高温烧结湿敏材料如 $ZnCr_2O_4$、$MgCr_2O_4$、$BaNiO_3$、$MnTiO_3$、$CoTiO_3$、$FeSb_2O_6$、$NiWO_4$、$MnWO_4$ 等,其烧结温度在 $900 \sim 1400℃$。常见的 $MgCr_2O_4—TiO_2$ 系列湿敏元件,是在主要原料 $MgCr_2O_4$ 中加入 TiO_2 来改善陶瓷的烧结特性并使湿敏元件的温度系数降低。在空气中烧结温度为 $1300℃$ 左右。这种材料是典型的多孔瓷,有利于迅速吸湿和脱湿。$MgCr_2O_4$ 系列湿敏元件除了对湿度敏感外,对气体也有一定的敏感性,这就是所谓"多功能"敏感元件。$BaTiO_3—SrTiO_3$ 系材料也可以做成湿度-温度多功能敏感元件。

11.3.4 铁电和压电材料

铁电陶瓷是指具有自发极化,且为外电场所转向的一类陶瓷。适合于制作体积小、容量大的低频电容器。应用于滤波、旁路、隔直等电子线路中。大多数铁电陶瓷都具有一定的压电特性,即当晶体受到应力作用时表面上出现电荷。目前已得到广泛使用的铁电材料,主要是以 $BaTiO_3$ 为基本成分,具有钙钛矿型结构的多种氧化物固溶体陶瓷。

$BaTiO_3$ 在 $1460℃$ 以下具有 ABO_3 型钙钛矿结构。在 $120℃$,$0℃$,$-80℃$ 附近出现位移型多晶转变,其中 $120℃$ 前后是顺电相与铁电相的转变,这个转变点称为居里点。其余两次转变前后均具铁电性,故不叫居里点而称转变点。在居里点处不论 $BaTiO_3$ 单晶还是 $BaTiO_3$ 陶瓷,其介电常数 ε 随温度的变化出现突然增加的现象。居里点处 ε 的峰值两侧一定高度所覆盖的温度区间称为居里区,如图 11.4 所示。电子器件对材料的要求是希望在工作温区的 ε 大一些,ε 随温度的变化小一些,即 $\dfrac{d\varepsilon}{dT}$ 曲线斜率小些,而且居里点 T_c 按需要适当变化。因此,人们试图从材料的成分,工艺等方面进行调整,使居里点移动,居里峰提高,居里区变宽。这种铁电体的改性主要利用它的三种效应。

(1) 移动效应。移动效应是指居里峰随组分的变化而作有规律的移动现象。起移动作用的物质很多,如 Pb、Sr 的钛酸盐,Ba、Sr、Ca 的锆酸盐,Ba、Pb、Sr、Ca、Cd、Zn、Cu、Ni 的锡酸盐以

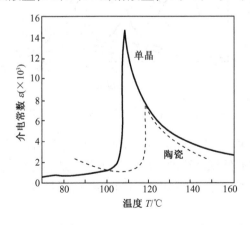

图 11.4　$BaTiO_3$ 的 ε-T 关系

及 $BaHfO_3$ 等。如果作为添加剂的氧化物和基质氧化物为无限互溶固溶体,且其中任意两组分都是铁电体,则固溶体的居里点是从一个物质的居里点按两组分的摩尔数线性移动到另一个物质的居里点。图 11.5 为 $(Ba_{1-x}Pb_x)TiO_3$ 陶瓷不同 x 值时 ε 随 T 变化的关系,可见当 x 从 0 变到 1 时,其居里峰从 $BaTiO_3$ 的 ε 值逐渐过渡到 $PbTiO_3$ 的 ε 值。

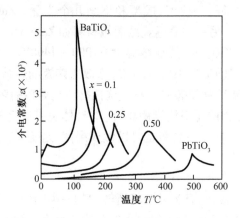

图 11.5 $(Ba_{1-x}Pb_x)TiO_3$ 陶瓷 $\varepsilon\text{-}T$ 关系

(2)重叠效应。观察各种固溶体系不同组分时的 $\varepsilon\text{-}T$ 特性曲线,会发现在某一特定组分时,居里峰出现极大值。如图 11.6 所示的 $Ba(Ti_{1-y}Zr_y)O_3$ 陶瓷在不同 y 值时的 ε 与 T 的关系中,当 $y=0.13$ 时居里峰出现极大值。这个极大值的出现是与三个转变点的移动特性密切相关。当两个转变点相互靠近时,不仅两峰值的高度本身有所提高,而且两峰之间的区段也有所提高,其提高情况犹如两峰曲线的相互叠加,故称之为重叠效应。

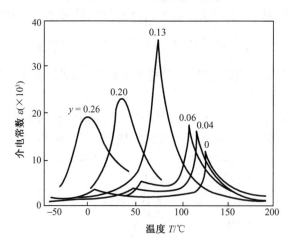

图 11.6 $Ba(Ti_{1-y}Zr_y)O_3$ 陶瓷 $\varepsilon\text{-}T$ 关系

在图 11.5 所示的 $BaTiO_3$—$PbTiO_3$ 体系中,随着 Pb 对 Ba 取代量的增加,居里点向高温区移动,第二、第三转变点均向低温区移动。两个转变点不是接近而是远离了,即随第二组分浓度的增加,重叠越来越少,相应地,不仅两峰值高度下降,而且峰值之间的 ε 值亦下降,这也是符合上述叠加原则的。

(3)展宽效应。展宽效应是指铁电陶瓷的 ε 与温度关系中的峰值扩展得尽可能地宽旷、平坦,不仅使居里峰压低,更有益的是使峰值两侧的肩部上举,使材料具有较小的温度系数和

较大的 ε 值。使居里峰展宽的一种有效的方法是在 $BaTiO_3$ 或其固溶体中加入添加物,这种能使居里峰展宽的添加物称为展宽剂。常用的展宽剂有 $CaTiO_3$、$MgTiO_3$、$CaZrO_3$、$MgZrO_3$、$CaSnO_3$、$MgSnO_3$、$Bi_{\frac{2}{3}}SnO_3$ 等。在这些展宽剂中,钛酸盐具有单纯的展宽效应(其他展宽剂还兼有移动效应等)。它们固溶于 $BaTiO_3$ 时,只有一种位置被取代,此处为 A 位取代。所有 A 位的具有展宽作用的离子,其半径都比 Ba^{2+}(1.6Å)要小,它们的钛酸盐都不是铁电体。当它们固溶于 $BaTiO_3$ 中时,会使原有的晶格产生畸变,这些离子和它的第一近邻的 8 个八面体间隙将显著缩小,使 Ti^{4+} 的移动困难,而使基质局部失去铁电性。随着展宽剂引入量的增加,非铁电区增大,基质铁电性越来越不明显,表现为 ε 峰值降低,ε 温度特性平坦,峰值两侧肩部上举。如图 11.7 所示的 $(Ba_{1-x}Mg_x)TiO_3$ 陶瓷不同 x 值的 ε-T 关系的变化。

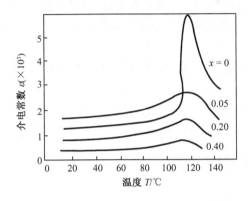

图 11.7 $(Ba_{1-x}Mg_x)TiO_3$ 陶瓷的 ε-T 关系

目前广泛应用的压电陶瓷是 $PbZrO_3$—$PbTiO_3$ 系,即 PZT 材料。这类材料的各项压电性能和温度稳定性等均大大优于 $BaTiO_3$ 压电陶瓷。$PbZrO_3$ 和 $PbTiO_3$ 结构相似,且 Zr^{4+} 与 Ti^{4+} 半径相似,故二者可以无限固溶。这些固溶体具有非常强和非常高的压电效应。把电能转换成机械能的效率高(反应为机电偶合系数值大),压电系数大(即单位应力所产生的电场强度大)。PZT 固溶体的居里点高,温度稳定性和时间稳定性都很好。特别是通过掺杂改性,可以在很宽的温度范围内调整性能,满足多种不同的要求,广泛应用于水声,电声和通信滤波器中。

如果在陶瓷的制备中采用特别纯净的原料和特殊的烧结工艺,再经过表面研磨和抛光,就可以获得透明性的铁电陶瓷。通过电场作用改变其光学性能,称为透明光电陶瓷。经过 La 或 Bi 改性的 $Pb(ZrTi)O_3$ 材料是典型的透明光电陶瓷。由于含 La 更为普遍,一般称为 PLZT 瓷,其成分可为 $Pb_{1-x}La_x(Zr_{1-y}Ti_y)_{1-\frac{x}{4}}O_3$,其中,$x = 0.02 \sim 0.12$,$y = 0.35 \sim 0.70$。调整 x 和 y 可以得到多种不同性能及应用的透明 PLZT 陶瓷。

第12章 宽禁带半导体材料

宽禁带半导体材料是指禁带宽度在 2.3eV 及以上的半导体材料,以 GaN 和 SiC 为典型代表。与 Si、Ge、GaAs 等半导体材料相比,GaN 和 SiC 等宽禁带半导体材料具有禁带宽度大、载流子饱和速率高等特性,此外还具有良好的热稳定性和化学稳定性,适合于制作短波长光电器件和高频大功率电子器件,已逐渐成为半导体材料领域的研究热点。

除了 GaN 和 SiC 以外,Ga_2O_3、ZnO、金刚石等也是被广泛研究的宽禁带半导体材料。本章将重点介绍以 GaN 为代表的Ⅲ族氮化物半导体材料和 SiC 材料的性质、制备及应用。

12.1 Ⅲ族氮化物半导体材料

Ⅲ族氮化物半导体材料是指第三主族的金属原子与氮原子结合形成的半导体,包括二元化合物 GaN、AlN、InN,三元化合物 AlGaN、InGaN、InAlN 及四元化合物 AlInGaN。

12.1.1 Ⅲ族氮化物半导体材料的性质

1. 晶体结构

Ⅲ族氮化物半导体材料存在三种晶体结构,分别为六方纤锌矿、立方闪锌矿和立方岩盐矿结构。以 GaN 为例,三种不同的晶体结构如图 12.1 所示。

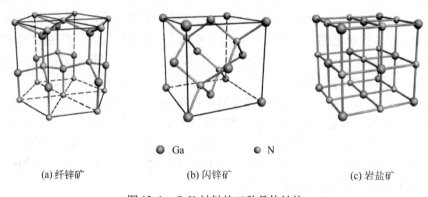

● Ga   ● N

(a) 纤锌矿   (b) 闪锌矿   (c) 岩盐矿

图 12.1 GaN 材料的三种晶体结构

在这三种结构中,纤锌矿结构是Ⅲ族氮化物半导体材料最常见的结构,也是热力学稳态结构,而闪锌矿结构对于氮化物是亚稳态结构,岩盐矿结构的氮化物需要在高温高压的情况下才能反应生成。纤锌矿结构的 GaN 属于六角密堆积结构,闪锌矿结构的 GaN 则属于立方密堆积结构,岩盐矿结构的 GaN 也属于立方密堆积结构。一般情况下,纤锌矿结构的Ⅲ族氮化物更加稳定,因此对于纤锌矿结构的Ⅲ族氮化物的研究较多,而对于闪锌矿和岩盐矿结构的Ⅲ族氮化物研究较少。

在晶体材料中,晶格中的晶面一般采用晶面指数表示,晶向使用晶向指数表示。在六方晶系中一般采用与立方晶系不同的四轴坐标系来描述晶体的晶面和晶向。除了与底面垂直的 Z 轴与三轴坐标系的 Z 轴一样外,在底面的三个轴 a_1、a_2、a_3 分别与另外两个轴互成 120°角,如图 12.2 所示。这些底面轴上的度量单位为晶格常数 a,Z 轴上的度量单位为晶格常数 c(因此 Z 轴也称为 c 轴)。在四轴坐标系中,晶向指数和晶面指数由 4 位数字组成,分别记为 $[uvtw]$ 和 $(hkil)$,他们满足 $u+v+t=0$,$h+k+i=0$ 的关系,因此晶向指数和晶面指数也可表示为 $[uvw]$ 和 (hkl)。u、v、t 分别是晶向在底面三个轴 a_1、a_2、a_3 上的投影,w 则是在 c 轴上的投影;h、k、i 则是该晶面在底面三个轴 a_1、a_2、a_3 上截距的倒数,l 是在 c 轴截距的倒数。由于对称关系,相同的晶向可以用一个晶向族 $\langle uvtw\rangle$ 表示,相

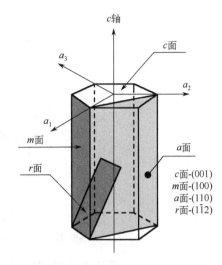

图 12.2　四坐标轴坐标系

同的晶面可以用一个晶面族 $\{hkil\}$ 表示。如在六方晶系中,$(10\bar{1}0)$、$(01\bar{1}0)$、$(\bar{1}100)$、$(\bar{1}010)$、$(0\bar{1}10)$、$(1\bar{1}00)$ 这几个晶面具有对称关系,因此可以使用 $\{1\bar{1}00\}$ 来表示该晶面族,晶向族也可以利用类似的对称关系表示,在此不再赘述。

2. 能带结构

晶体结构决定了晶体的晶格、能带等各种性质,图 12.3 为纤锌矿结构 GaN 的布里渊区。纤锌矿结构具有对称性,因此在一个布里渊区内不同方向的能带简化结构如图 12.4 所示。纤锌矿结构的 GaN 在 Γ 点为导带的最低点和价带的最高点,因此纤锌矿结构的 GaN 是直接带隙半导体,导带的第二低能谷为 M-L 谷,第三低能谷在 A 点,称之为 A 谷。价带由于晶体对称性和自旋-轨道作用分裂为重空穴带、轻空穴带和劈裂带。同样,AlN 和 InN 的能带结构与 GaN相似,也是直接带隙半导体,不同点在于 AlN 的第三低能谷在 K 点位置,为 K 谷。GaN、AlN 和 InN 的常用晶体结构和能带参数在表 12.1 中给出。

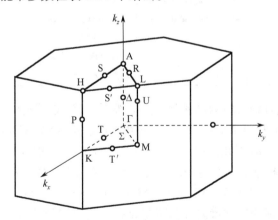

图 12.3　纤锌矿结构的布里渊区

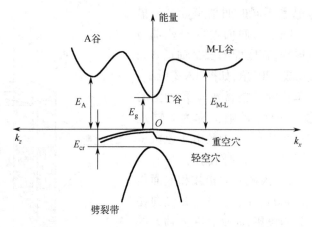

图 12.4　纤锌矿结构 GaN 材料的能带结构

表 12.1　GaN、AlN 和 InN 材料的晶体结构和能带结构参数

参数＼材料	GaN	AlN	InN
晶格常数 a/Å	3.189	3.112	3.533
晶格常数 c/Å	5.186	4.982	5.693
禁带宽度 E_g/eV（300K）	3.39	6.12	0.641
电子亲和能/eV	4.1	0.6	5.8
导带有效态密度 N_c/cm^{-3}	$4.3 \times 10^{14} \times T^{3/2}$	$1.2 \times 10^{15} \times T^{3/2}$	$1.76 \times 10^{14} \times T^{3/2}$
价带有效态密度 N_v/cm^{-3}	$8.9 \times 10^{15} \times T^{3/2}$	$9.4 \times 10^{16} \times T^{3/2}$	$10^{16} \times T^{3/2}$
电子有效质量	$0.20m_0$	$0.40m_0$	$0.11m_0$
空穴有效质量	重空穴 $m_{hh} = 1.3m_0$ 轻空穴 $m_{lh} = 0.19m_0$ 劈裂带 $m_{sh} = 0.33m_0$	重空穴 k_z 方向 $m_{hz} = 3.53m_0$ k_x 方向 $m_{hx} = 10.42m_0$ 轻空穴 k_z 方向 $m_{lz} = 3.53m_0$ k_x 方向 $m_{lx} = 0.24m_0$ 劈裂带 k_z 方向 $m_{soz} = 0.25m_0$ k_x 方向 $m_{sox} = 3.81m_0$	重空穴 $m_{hh} = 1.63m_0$ 轻空穴 $m_{lh} = 0.27m_0$ 劈裂带 $m_{sh} = 0.65m_0$

Ⅲ族氮化物三元化合物材料的晶格常数遵守维戈定律，即三元材料 $A_x B_{1-x} N$ 的 a 轴晶格常数 $a(A_x B_{1-x} N)$ 与二元材料 AN 和 BN 的 a 轴晶格常数 $a(AN)$、$a(BN)$ 的关系为：

$$a(A_x B_{1-x} N) = xa(AN) + (1-x)a(BN) \tag{12.1}$$

三元材料的 c 轴晶格常数与其对应的二元材料 c 轴晶格常数也符合上述关系，即：

$$c(A_x B_{1-x} N) = xc(AN) + (1-x)c(BN) \tag{12.2}$$

Ⅲ族氮化物三元材料禁带宽度的计算不能直接使用上述形式，需要考虑三元材料与二元材料禁带宽度之间的非线性关系，这种关系称之为弯曲效应，在此基础上三元材料的禁带宽度表示为：

$$E_g(A_x B_{1-x} N) = xE_g(AN) + (1-x)E_g(BN) - bx(1-x) \tag{12.3}$$

式中,b 为该三元材料的弯曲系数。

四元材料 AlInGaN 的晶格常数的计算方法依然可以使用维戈定律,而禁带宽度的计算依然可以使用线性插值的基本形式加上弯曲系数项,只是形式稍微复杂:

$$E_g(Al_x In_y Ga_zN) = xE_g(AlN) + yE_g(InN) + zE_g(GaN) - xyb(InAlN)$$
$$- xzb(AlGaN) - yzb(InGaN) \qquad (12.4)$$

其中,组分 $z = 1 - x - y$,$b(InAlN)$、$b(AlGaN)$ 和 $b(InGaN)$ 分别为三种三元材料的弯曲系数。

3. 极性

Ⅲ族氮化物半导体的纤锌矿和闪锌矿这两种晶体结构是非中心对称的结构,其中纤锌矿结构的晶体以 c 轴为极轴。在 c 轴方向上,Ⅲ族原子和Ⅴ族原子按层状交替堆叠,以双原子层逐层堆叠成晶体。Ⅲ族原子层和Ⅴ族原子层按不同的顺序排列,会产生如图 12.5 所示的两种情况。以 GaN 为例,沿着 [0001] 方向从下往上的排列情况为 N 原子面在下,Ga 原子面在上,材料为 Ga 面极性;而沿 $[000\bar{1}]$ 方向从下往上的排列情况为 Ga 原子面在下,N 原子层在上,材料为 N 面极性。不同极性面的悬挂键键能不同,物理、化学性质也有差异。例如,N 极性面的 GaN 易于被 KOH 溶液腐蚀,而 Ga 极性面 GaN 不易被 KOH 溶液腐蚀,因此 KOH 溶液腐蚀试验可以作为判断 GaN 极性的一种方法。

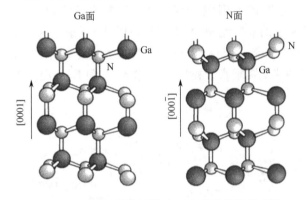

图 12.5　不同极性的纤锌矿 GaN 晶体结构示意图

纤锌矿结构的Ⅲ族氮化物由于本身没有中心对称性,在没有外加应力的情况下,自身沿极轴方向的正负电荷中心不重合将产生偶极矩。偶极矩相互累加会导致晶体表面出现极化电荷,称为自发极化效应。在有外加应力的情况下,晶体的晶格会被拉伸或者压缩,这也会使得晶体的偶极矩发生变化,由此晶体表面的极化电荷增加或减少,表现出压电极化效应。

纤锌矿结构的Ⅲ族氮化物沿 c 轴方向生长时,材料在该方向会存在极化效应。因此,c 面的Ⅲ族氮化物是极性材料。但如果沿着与 c 轴垂直的方向生长时,材料在该方向上没有极化效应,因此,这种材料是非极性材料。如果Ⅲ族氮化物的生长方向既不与 c 轴垂直也不与 c 轴平行,而是与 c 轴成 $0° \sim 90°$ 的夹角,则该材料为半极性材料。

极化效应产生的极化电荷会产生极化电场,极化电场会引起能带的倾斜。对于电子器件,能带的倾斜是十分有利的,因为其可以在异质结界面处形成高密度的二维电子气或空穴气,这是该类器件的基本工作机理。而对于发光二极管(LED)等光电器件,能带倾斜会导致电子和空穴在空间上分离,使两者的波函数重叠度降低,降低器件的发光效率并使发光波长红移,这种现象称之为量子限制斯塔克效应(QCSE)。半极性和非极性的Ⅲ族氮化物材料由于极化效应的减弱或消除,理论上可以减弱或消除 QCSE 的影响。

12.1.2　Ⅲ族氮化物半导体材料的外延生长

Ⅲ族氮化物半导体材料的外延生长主要采用 MOVPE、MBE、HVPE 等方法。下面以 MOVPE 生长为例进行介绍。

MOVPE 生长 GaN 时,可以采用(0001)面(c 面)蓝宝石作为衬底,NH_3 和 TMG 作为 N 源和 Ga 源的前驱体,H_2 作为载体。由于 GaN 和衬底之间的晶格失配较大,约为 16.1%,直接在衬底上高温生长 GaN,难以在衬底表面形成完整的原子层。并且由于 Ga-N 键结合能较大,GaN 层表面沉积的原子很难扩散到稳定的成核位点,因此会产生大量的岛状结构,导致生长的 GaN 表面粗糙且容易产生裂纹。为解决上述问题,可采用"两步生长法"外延生长 GaN:先在 550 ℃ 左右的低温条件下生长一层 20 ～ 25nm 厚的 GaN 成核层,然后升温对成核层进行热退火,随后在约 1030 ℃ 的高温条件下生长 GaN 外延层,从而获得表面平整的 GaN 薄膜。在 c 面蓝宝石上生长 GaN 时,可以通过预处理来调节所生长的 GaN 材料的极性。一般情况下,在高温下对蓝宝石进行氮化处理,最后生长的 GaN 为 N 极性,不进行高温氮化处理生长的 GaN 为 Ga 极性。

由于 GaN 所需生长温度高,GaN 易分解而产生较多的 N 空位。为了解决这个问题,科研人员采用了如图 12.6 所示的双气流 MOVPE(TF-MOVPE)系统。这个系统使用了两组输入反应室的气路。一路称为主气路,沿与衬底平行方向输入反应气体(NH_3、TMG 和 H_2 混合物)。另一路称为副气路,以高速度在垂直于衬底方向输入 H_2 和 N_2 的混合气体。副气路输入的气

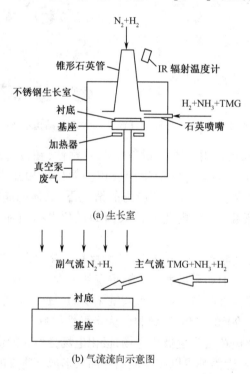

(a) 生长室

(b) 气流流向示意图

图 12.6　双气流 MOVPE 生长 GaN 示意图

体作用是改变主气流的流向并抑制生长 GaN 时的热对流,从而生长具有高迁移率的 GaN 单晶层。在此基础上,氮化物 MOCVD 技术经过发展,又出现了紧耦合喷淋式 MOCVD、高速旋转式 MOCVD 等系统,用于提高氮化物半导体的晶体质量和量产。

一般生长的非故意掺杂 GaN 都是 n 型的,为了制备 pn 结等器件结构,要进行可控的 n 型和 p 型掺杂。GaN 材料常用的 n 型掺杂源是 SiH_4,其掺杂浓度可达 $10^{19}/cm^3$。对于 GaN 的 p 型掺杂,首先要尽量降低未掺杂 GaN 的 n 型背景电子浓度,再用二茂基镁为源进行掺杂,经低能电子束辐射或在 N_2 气氛中 700 ℃ 高温退火可得到低阻 p 型 GaN。

采用 MOCVD 方法生长 AlN,同样使用两步生长法,首先在 1200 ℃ 下生长 20nm 左右的 AlN 成核层,然后在 1270 ~ 1450 ℃ 下生长 AlN 外延层。由于 Al-N 键的结合能高,Al 原子在表面迁移所需的能量很高,因此 AlN 的生长需要更高的温度。由于 TMAl 和 NH_3 会产生较强的预反应,这会使得表面出现颗粒状突起,影响表面形貌,这也导致生长 AlN 不宜采用高 V/Ⅲ 比。

InN 的生长相较于 AlN 和 GaN 更加困难。InN 至今缺乏合适的外延衬底,InN 与常用的蓝宝石衬底之间的晶格失配高达 25%。可以使用 GaN 作为衬底,虽然 InN 和 GaN 之间仍然存在 10% 的晶格失配,但 InN 可以在 GaN 衬底上实现二维生长。生长 InN 时,采用 N_2 作为载气,因为在 H_2 氛围下易生产副产物,H_2 的浓度过高会使反应逆向进行,抑制 InN 的生成;同时为了使反应正向进行,需要足够高的氮分压抑制 InN 的分解,因此 InN 的生长需要高的 V/Ⅲ 比。由于 In-N 键的结合能低,InN 的分解温度也低,一般认为 550 ~ 650 ℃ 为 InN 的生长温区。

在三元材料中 AlGaN 和 InGaN 相较于 InAlN 应用更为广泛。AlGaN 可作为紫外 LED 器件的量子阱有源层、可见光 LED 的电子阻挡层和电子器件的势垒层等;InGaN 可以调整其组分作为不同波长 LED 和激光器的有源层。组成 InAlN 的二元化合物 InN 和 AlN 的晶格常数差距大,其外延生长比 AlGaN 和 InGaN 更为困难,故其应用受到限制。

AlGaN 中的 AlN 和 GaN 的晶格失配相对较小,因此 AlGaN 可以在全组分范围内生成固溶体材料。生长 AlGaN 常用的衬底为蓝宝石或 SiC。采用 TMAl 和 TMG 作为Ⅲ族源,因 TMAl 与 NH_3 有严重的预反应,可以通过 MOVPE 脉冲生长模式来减少预反应,提高 AlGaN 的晶体质量。AlGaN 的生长温度建议在 1100 ℃ 附近,可以采用两步生长法,首先在 800 ℃ 左右生长 AlN 成核层,经过高温热退火后再生长 AlGaN 外延层。Al 组分可以通过调节反应室的温度、压力和反应源的流量等参数来调控。

采用 MOVPE 方法生长 InGaN 时,通常使用 TMG 和 TMIn 分别为 Ga 源和 In 源,NH_3 为氮源。一般先生长一层 GaN 厚膜即模板层,然后生长 InGaN 外延层。在生长温度的选择上,因为在 GaN 生长温度下,InN 是不稳定的,所以 InGaN 的生长温度一般在 800 ℃ 以下,并采用大流量的 NH_3 和 TMIn 来进行生长,这样可获得质量较高的 InGaN 材料。

12.1.3 Ⅲ族氮化物半导体材料的应用

1. 发光器件

由Ⅲ族氮化物半导体材料制备的发光器件主要包括 LED 和激光器。LED 是一种冷光源,具有结构简单、体积小、重量轻、坚固耐用、抗震性能强、响应速度快等特点。同样照度下,LED 灯的电能消耗和寿命与白炽灯和日光灯相比都有明显的优势。目前,GaN 基 LED 是Ⅲ族氮化物半导体材料应用最成熟的领域,我们将对其进行详细介绍。

LED 结构中最主要的部分是由 pn 结形成的半导体二极管。pn 结就是 n 型半导体和 p 型半导体实现冶金学接触时,接触处形成的 n 型 – p 型过渡的区域。LED 的基本原理为 pn 结的电致发光。其工作过程为:无外加偏压时,pn 结处载流子由浓度梯度引起的扩散运动与由内建电场引起的漂移运动达到动态平衡,费米能级持平。而内建电场使 n 型半导体的能带上弯,p 型半导体的能带下弯,由此分别形成了电子向 p 区扩散的势垒和空穴向 n 区扩散的势垒,如图 12.7(a)所示。当在 pn 结两端外加正向电压时,会打破原来的平衡状态,降低由内建电场形成的势垒,使得载流子的扩散运动相对于漂移运动占据优势,因此 n(p)区的多数载流子——电子(空穴)会向另一侧移动,与另一侧的多数载流子——空穴(电子)发生辐射复合,将多余能量以光子的形式释放,如图 12.7(b)所示。外加正向偏压越大,扩散运动的优势就越大,相应的发光强度也越强。

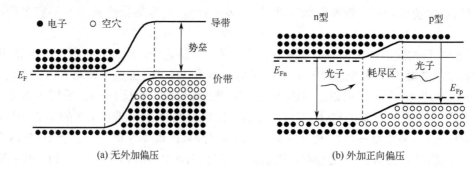

图 12.7 pn 结的电致发光原理

GaN 材料的直接带隙结构是其被应用于制备发光器件的优势之一。此外,通过在 GaN 中并入 Al、In 组成三元或者四元化合物并调控其组分,可以使器件发光波长覆盖近红外到深紫外的范围,如图 12.8 所示。其中在蓝光波段,一般使用 InGaN 作为 LED 的有源区,且主要利用多量子阱(MQWs)结构来提高发光效率。

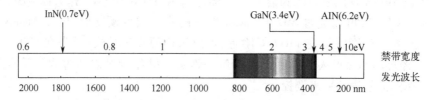

图 12.8 各材料发光波长与其禁带宽度的对应关系

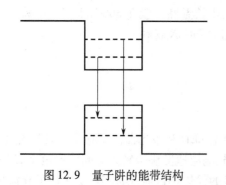

图 12.9 量子阱的能带结构

量子阱中的载流子在垂直于阱层表面方向上的运动受限,被限制在窄带隙材料对应的阱层中,其运动能量不再连续,而是被量子化,形成一系列分立的子能级,如图 12.9 所示。也正是因为这种限制作用,电子-空穴对的辐射复合主要集中在阱内发生,与可以在三维空间内自由运动的电子和空穴很难在其寿命内发生复合的情况相比,量子阱的发光效率显著提升。InGaN/GaN 多量子阱的能带结构如图 12.10 所示,禁带宽度小的 InGaN 作为阱层,禁带宽度大的 GaN 作为垒层。

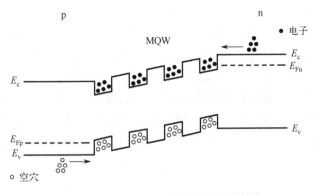

图 12.10 InGaN/GaN 多量子阱能带结构

除量子阱本身的限制作用以外,InGaN/GaN 量子阱结构所具有的载流子局域化效应也是其发光效率较高的原因之一。异质外延生长 InGaN/GaN 多量子阱结构时,衬底与外延层之间、InGaN 阱层与 GaN 垒层之间的晶格失配与热失配都会在量子阱中引入大量的缺陷。理论上,大量缺陷会引起较强的非辐射复合,从而降低量子阱的发光效率。但实际研究表明,InGaN/GaN 量子阱 LED 在这些缺陷存在的情况下依然表现出较高的发光效率。关于这一现象的解释,目前人们普遍接受的观点是载流子的局域化效应:由于 InN 与 GaN 之间的互溶性比较低,相分离使得材料中形成 In 团簇,In 组分的非均匀分布引发量子阱内部局域势起伏,产生了类量子点的富 In 区域;如同量子点的作用,它可以在三维方向上限制载流子的运动,限制载流子向非辐射复合中心输运,降低量子阱的非辐射复合效率,进而提升器件的发光效率。

InGaN/GaN 多量子阱 LED 常用的正装结构如图 12.11 所示,以多层膜结构作为核心,包括 p 型 GaN 层、n 型 GaN 层和它们中间的多量子阱有源层。

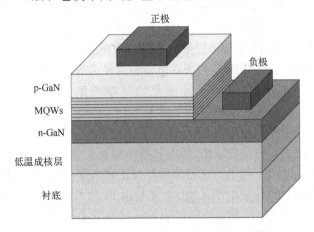

图 12.11 InGaN/GaN 多量子阱 LED 的正装结构

1994 年,当时就职于日本日亚化学工业株式会社的中村修二开发出高亮度 GaN 基蓝光 LED,由此人们看到了 GaN 基 LED 带来的商机以及白光 LED 的曙光,从而引发了对 GaN 基 LED 研制和生产的热潮,GaN 基 LED 得到迅速发展并带动了整个 LED 产业和半导体照明产业的发展。也因此,他与另外两位科学家赤崎勇、天野浩分享了 2014 年诺贝尔物理学奖。此外,蓝光 LED 的发明也使得显示应用设计者可通过红、绿、蓝三基(原)色调配,设计出动态全彩显示屏,大大加速了大屏幕显示和其他景观的装饰等应用。

目前,LED 产业链大致可以分为上游、中游和下游三个部分。上游主要包括原材料制备和设备供应,例如衬底材料的制备、LED 外延结构的生长、MOVPE 设备的制造与供应等。上游产业对 LED 产品质量的影响至关重要,具有资金投入大、技术含量高、利润空间足等特点,是目前国际上相关企业和机构竞争十分激烈的领域。中游主要包括 LED 芯片的制造、封装和检测等,同样是技术和资本较为密集的环节,芯片专利方面的竞争也较为激烈。下游主要是指 LED 的应用,包括照明、显示以及光通信等领域,与市场需求联系紧密,技术和成本的门槛相对较低,因此产业规模较大。目前 LED 在通用照明方面的应用最为广泛,而在显示和光通信等领域仍然具有可观的发展前景。

2. 电子器件

近年来,Ⅲ族氮化物电子器件得到了快速发展,在功率密度、效率、频率和带宽等方面不断刷新半导体电子器件的纪录。2005 年开始,Ⅲ族氮化物微波器件和单片微波集成电路开始进入市场。2010 年左右,Ⅲ族氮化物功率开关器件的相关产品开始逐渐兴起。目前,Ⅲ族氮化物电子器件在卫星基站、军事雷达、消费电子、新能源汽车、国家电网等诸多领域起着不可或缺的作用。随着技术的不断进步和应用优势的不断体现,氮化物半导体电子器件将越来越多地受到关注。下面我们介绍最具代表性的Ⅲ族氮化物电子器件——高电子迁移率晶体管(HEMT)。

Ⅲ族氮化物材料具有强极化效应,在不进行故意掺杂的情况下,极化效应会使 AlGaN/GaN 异质结的能带弯曲形成电子势阱,从而产生电荷面密度在 10^{13} cm^{-2} 量级、迁移率约 2000cm^2/(V·s)的二维电子气(2DEG)。HEMT 就是利用这种高密度、高迁移率的 2DEG 作为导电沟道制备而成的场效应晶体管。HEMT 器件的栅极金属与沟道材料表面形成肖特基接触,源极和漏极与 2DEG 形成欧姆接触。器件工作时,可以通过调控栅极电压控制沟道的 2DEG 密度,从而控制源漏之间的通断,由此实现晶体管的放大功能和开关功能。

AlGaN/GaN 异质结 HEMT 是最早被研发也是最常用的Ⅲ族氮化物 HEMT 器件结构,如图 12.12 所示。早期的器件是使用 MBE 方法在蓝宝石衬底或者 SiC 衬底上外延晶体薄膜制备而成的。在 MOVPE 技术不断成熟后,Ⅲ族氮化物薄膜外延主要采用 MOVPE 方法。通常 AlGaN/GaN 异质结结构在衬底和成核层的上方有 GaN 沟道层和 AlGaN 势垒层。GaN 沟道层要求具有较高的晶体质量和高电阻率,然而Ⅲ族氮化物器件主要通过异质外延制备,在生长过程中不可避免地会产生失配位错等缺陷,影响异质结界面质量和势垒层的晶体质量,还可能形成漏电通道。高阻的缓冲层有利于提高器件的开关比和击穿电压,通常非故意掺杂的 GaN 材料也具有 $10^{15} \sim 10^{17}$ cm^{-3} 的背景电子浓度,主要是由 Si 和 O 的替位式浅施主杂质导致。因此,对于 GaN 沟道层需要减少浅施主杂质或引入补偿型受主杂质来形成高阻特性。AlGaN 势垒层的厚度和 Al 组分均会影响 2DEG 的密度和迁移率,但过高的厚度和 Al 组分会导致 AlGaN 中受到更大的张应力,容易产生应变弛豫甚至开裂。因此,HEMT 异质结中 AlGaN 势垒层的 Al 组分一般为 0.15 ~ 0.3,厚度为 10 ~ 30nm。

随着 GaN 基 HEMT 器件研究的不断深入,构成 HEMT 的Ⅲ族氮化物材料更加丰富和多样,器件性能也在不断提升。传统 AlGaN 势垒层的晶格常数小于 GaN 沟道层的晶格常数,因此其厚度和 Al 组分受限,将其替换为与 GaN 晶格匹配的 $In_{0.17}Al_{0.83}N$ 材料(图 12.13),不仅能防止薄膜内应力的积累,还能利用 $In_{0.17}Al_{0.83}N$ 的强极化诱导出密度高于传统器件 2 ~ 3 倍的 2DEG,从而显著提高 HEMT 的输出功率。在 HEMT 器件的 MOVPE 外延制备中,可以通过在器件表面原位生长 SiN$_x$ 绝缘材料作为钝化层构成 MIS-HEMT 结构,降低栅极泄漏电流,提高器件的输出电流和工作稳定性。图 12.13 中 InN 接触层是使用 MBE 方法在表面再生长形成的,利用 InN 材料中极高的电子浓度能够制备得到阻值很低的源漏欧姆接触,从而有效降低 HEMT 的寄生参数,提高 HEMT 的高频工作性能。

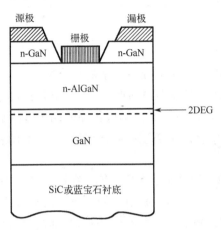 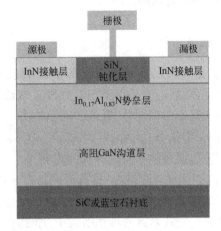

图 12.12　传统 AlGaN/GaN 异质结　　　图 12.13　具有 In$_{0.17}$Al$_{0.83}$N 势垒层的
HEMT 结构示意图　　　　　　　　　MIS-HEMT 结构示意图

Ⅲ族氮化物 HEMT 器件突破了传统半导体器件的性能极限,已成为微波、毫米波射频应用领域和 100 ~ 1000 瓦功率开关器件领域的领导者。对于射频应用领域,美国加州大学、日本能源技术研究所、我国西安电子科技大学、中国电子科技集团公司第五十五研究所等多家机构都实现了 100GHz 内的高功率氮化物射频芯片技术,氮化物 HEMT 单片微波集成芯片可在 94GHz 下提供高达 8W/mm 的高输出功率密度,是其他材料器件的 20 ~ 30 倍。氮化物射频市场部分,美国 Cree 公司、日本住友电工及富士通公司掌握大部分市场,我国苏州能讯高能半导体有限公司、成都海威华芯科技有限公司等也相继加入竞争。苏州能讯高能半导体有限公司已推出频率达 6GHz、工作电压为 48/28V、输出功率在 10 ~ 390W 的射频器件并可提供适应 5G 的高效率和高增益的射频芯片。成都海威华芯科技有限公司已开发应用于 5G 宏基站的 GaN 功放芯片,功率 140W 以下,峰值功率密度达到 8W/mm,功率附加效率达到 70% 以上。而对于氮化物功率开关器件,美国的 MicroGaN、Transphorm、EPC,德国的 Infineon,日本的住友电工和松下,加拿大的 GaN Systems 等国际大型半导体公司都推出了 GaN HEMT 功率器件,最高电压达到 1200V。其中 Transphorm、EPC、GaN Systems 公司走在行业前列,其最新产品包括耐压 600V 的常关系列产品和集成功率模块。2014 年,美国 Transphorm 公司报道了利用 600V 额定电压的 GaN HEMT 器件构建的 1kW 单相逆变器,可广泛应用于太阳能光伏逆变器和电机驱动,峰值效率超过 98.6%。2015 年,加拿大 GaN Systems 公司开发出全球最小的 650V/15A GaN HEMT,尺寸仅为 5.0mm×6.5mm,与同类产品相比尺寸减小了 50%。

12.2　SiC 材料

作为第三代半导体的代表性材料之一,SiC 材料具有宽禁带、高击穿电场、高电导率、高热导率等特点,适合用于制备高功率、高压、高频器件。与传统的 Si 基功率器件相比,SiC 基功率器件具有耐高温、耐高压、高频、大功率、抗辐射等优势,可大幅降低产品功耗、提高能量转换效率并减小产品体积,是未来功率半导体行业主要的发展方向。本节将对 SiC 材料的性质、外延生长以及应用进行介绍。

12. 2. 1 SiC 材料的性质

1. 晶体结构

SiC 是一种Ⅳ-Ⅳ族化合物半导体材料,是 Si 和 C 体系中唯一稳定的化合物。SiC 晶体具有多种晶体结构,这是由于 SiC 中 Si-C 双原子层具有多种堆叠周期和顺序。SiC 晶体的基本结构单元是 SiC_4 四面体,属于密堆积结构。每个 Si(或 C)原子与周边包围的四个 C(或 Si)原子通过 sp^3 键结合,如图 12.14 所示。在 SiC 晶体中有两种类型的四面体结构单元,两种四面体互相可以通过绕 c 轴旋转 180° 得到。

SiC_4 四面体互相堆叠,进而形成具有 Si-C 双原子层结构的 SiC 晶体。在这一结构中,虽然 Si-C 键的键能很强,但 Si-C 双原子层的层错形成能很低,这一特点导致了 SiC 的多型体现象。多型体指的是在六方密堆积结构中,原子沿 c 轴占据格点位置的不同导致的不同的晶体结构。六方密堆积结构中存在三种原子占据格点位置,如图 12.15 所示,分别表示为 A、B 和 C。尽管在堆叠多层时,两层不能连续占据同一个位点,这种堆叠方式理论上存在几乎无限的堆叠顺序变化,但对于大多数材料,通常只有一种堆叠结构(闪锌矿或纤锌矿结构)是稳定的。然而,SiC 晶体呈现出惊人数目(超过 200 种)的多型体。

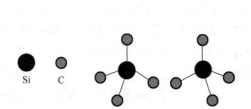

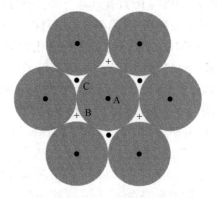

图 12.14 SiC 的两种四面体结构单元

图 12.15 六方密堆积系统中的原子占据格点位置(A、B、C)

不同种类的多型体可以通过拉姆斯德尔(Ramsdell)符号进行标识。在 Ramsdell 符号体系中,多型体由原胞中 Si-C 双原子层的层数和晶系表示(C 表示立方晶系,H 表示六方晶系,R 表示斜方六面体晶系)。图 12.16 为常见的 SiC 多型体结构:3C-SiC、4H-SiC 和 6H-SiC 的示意图,其中大圆和小圆分别表示 Si 和 C 原子。3C-SiC 是立方结构,每个基本单元有 3 层 Si-C 双原子层,堆叠顺序为 ABCABC…;4H-SiC 是六方结构,每个基本单元有 4 层 Si-C 双原子层,堆叠顺序为 ABCBABCB…;6H-SiC 是六方结构,每个基本单元有 6 层 Si-C 双原子层,堆叠顺序为 ABCACBABCACB…。3C-SiC 通常被称为 β-SiC,其他的多型体被称为 α-SiC。目前,3C-SiC 主要应用于高频器件,4H-SiC 主要应用于电力电子功率器件,6H-SiC 主要应用于光电子器件。

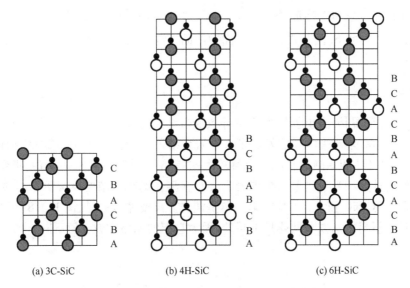

(a) 3C-SiC (b) 4H-SiC (c) 6H-SiC

图 12.16 常见 SiC 多型体的结构示意图

大圆和小圆分别代表 Si 和 C 原子

除 3C-SiC 外,SiC 多型体的晶面和晶向通常用四个密勒-布拉维指数来表示。当满足以下关系时,一个晶体平面$(h_1h_2h_3l_h)$等价于单斜晶系中的一个平面(hkl),由其中的三个密勒指数定义:

$$h_1 = h, h_2 = k, h_3 = - (h + k), \text{且} l_h = l \tag{12.5}$$

同样,当满足以下关系时,晶向$[u_1u_2u_3w_h]$等价于单斜系统中由三个密勒指数定义的晶向$[uvw]$:

$$u_1 = (2u - v)/3, u_2 = (2v - u)/3, u_3 = - (u + v)/3, \text{且} w_h = w \tag{12.6}$$

基于六方 SiC 与前文的Ⅲ族氮化物均用四坐标系描述,关于晶面和晶向指数的其余内容此处不再赘述,仅介绍六方 SiC 中的几个面,如图 12.17 所示。$\{11\bar{2}0\}$面被称为"A面(或a面)",而$\{1\bar{1}00\}$面被称为"M面(或m面)",表面能、化学反应活性和电子性质显著地依赖于这些晶体面。除此之外,(0001)面被称为"Si 面",$(000\bar{1})$面被称为"C 面"。这两个面类似于Ⅲ-Ⅴ族半导体中的"A面"和"B面",这个定义依赖于晶体学的取向,而不是基于表面上的

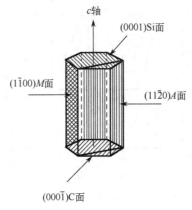

图 12.17 六方 SiC 多型体中几个主要平面的定义

终止原子。即在六方或斜方六面体结构中,(0001)面中四面体键合的 Si 原子一个键沿 c 轴 $\langle 0001 \rangle$ 指向,此面称为"Si 面",而 $(000\bar{1})$ 面中四面体键合的 C 原子一个键沿 c 轴 $\langle 000\bar{1} \rangle$ 指向,此面称为"C 面"。

2. 能带结构

SiC 多型体之间晶体结构的差别,必然导致能带结构的变化。关于 SiC 能带结构的理论研究开展较早,至今 60 余年来学界已发表了大量研究结果,但大多集中在 3C-SiC、4H-SiC 和 6H-SiC。由于其他多型体的原胞所含原子数目较大,能带结构计算极其复杂,相关研究结果较少。但是大量的理论计算和光学测量的结果表明,SiC 多型体的能带结构也有明显的共同点。

图 12.18 为 3C-SiC 和六方 SiC 的第一布里渊区。需要注意的是,图 12.18(b) 中所示的布里渊区高度对于不同的六方多型体是不同的,因为它们的晶格常数 c 值不同。

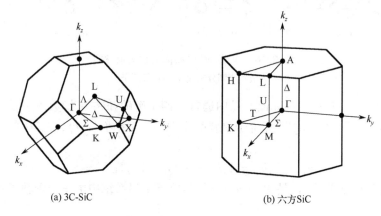

(a) 3C-SiC   (b) 六方 SiC

图 12.18　3C-SiC 和六方 SiC 的布里渊区

图 12.19 给出了 3C-SiC、4H-SiC 和 6H-SiC 的电子能带结构。3 种 SiC 多型体能带结构都是间接带隙结构,价带顶部位于布里渊区的中心 Γ 点,导带最小值出现在布里渊区的边界。它们之间能带结构的差异主要在于禁带宽度、导带极小值在 k 空间的位置以及能量曲线在这些极值点处的曲率(即电子和空穴的有效质量)。各种 SiC 多型体的禁带宽度虽然不同,但其变化趋势与晶体结构中六方度(原胞中周围为六方结构的晶格格点数与总格点数之比)的变

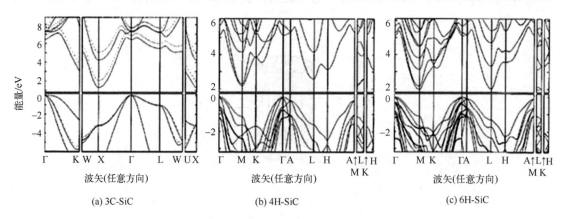

(a) 3C-SiC   (b) 4H-SiC   (c) 6H-SiC

图 12.19　3C-SiC、4H-SiC 和 6H-SiC 的电子能带结构

化趋势基本一致,即随着六方度的增加,禁带宽度从 3C-SiC 的 2.36eV 展宽到 4H-SiC 的 3.26eV。3C-SiC、4H-SiC、6H-SiC 导带极小值分别位于 X 点、M 点和 M-L 线上*,因此 3C-SiC、4H-SiC、6H-SiC 第一布里渊区(Mc)中导带极小值的数量分别为 3、3、6。表 12.2 总结了 3C-SiC、4H-SiC 和 6H-SiC 中电子和空穴的有效质量。电子有效质量及其各向异性与多型体有很强的依赖关系,而空穴有效质量则表现出微弱的多型体依赖性。前者导致了不同多型体中电子迁移率的很大变化,也导致了电子输运的各向异性。

表 12.2　3C-SiC、4H-SiC 和 6H-SiC 中电子和空穴的有效质量

多型体	有效质量	实验值(m_0)	理论值(m_0)
电子有效质量			
3C-SiC	$m_{//}$	0.667	0.68
	$m_\perp$	0.247	0.23
4H-SiC	$m_{ML}(=m_{//})$	0.33	0.31
	$m_{M\Gamma}$	0.58	0.57
	m_{MK}	0.31	0.28
	$m_\perp(=(m_{M\Gamma}m_{MK})^{1/2})$	0.42	0.40
6H-SiC	$m_{ML}(=m_{//})$	2.0	1.83
	$m_{M\Gamma}$	—	0.75
	m_{MK}	—	0.24
	$m_\perp(=(m_{M\Gamma}m_{MK})^{1/2})$	0.48	0.42
空穴有效质量			
3C-SiC	$m_{\Gamma X}(=m_{[100]})$	—	0.59
	$m_{\Gamma X}(=m_{[110]})$	—	1.32
	$m_{\Gamma L}(=m_{[111]})$	—	1.64
4H-SiC	$m_{//}$	1.75	1.62
	$m_\perp$	0.66	0.61
6H-SiC	$m_{//}$	1.85	1.65
	$m_\perp$	0.66	0.60

　　所有 SiC 多型体中的 Si-C 键都是共价键,所以除非能带分裂,否则不同多型体之间的价带结构是相似的。自旋轨道耦合在价带顶两个带之间引入了一个小的分裂,最低能量的能带与价带顶之间由晶体场分裂开。由于立方结构的对称性,3C-SiC 中的晶体场分裂幅度为 0meV,其价带顶二重简并,它的第二个价带通过自旋轨道相互作用从顶部迁移 10meV;而六方结构 4H-SiC 和 6H-SiC 中的晶体场分裂了价带简并性。3C-SiC 的自旋轨道分裂幅度为 14.5meV;4H-SiC 的自旋轨道分裂和晶体场分裂的幅度分别为 8.5meV 和 60meV;6H-SiC 的自旋轨道分裂和晶体场分裂的幅度分别为 8.2meV 和 44meV。

12.2.2　SiC 材料的外延生长

　　目前 SiC 材料的制备方法主要有物理气相输运(PVT)、化学气相沉积(CVD)、液相外延、分子束外延等。其中,PVT 法主要用于 SiC 体单晶的制备,CVD 法是目前产业化生产 SiC 基器

---

* 对于 6H-SiC 的能带结构,因为波矢在布里渊区的路径没有经过极小值点所在的 M-L 线,因此能带图中价带在 M、L 两点处表现出相同的极小值。

件最常采用的方法。这种方法能够对外延层的掺杂浓度、厚度、均匀性等进行精确控制,实现不同掺杂类型、掺杂浓度以及厚度的 SiC 薄膜外延生长。下面我们将对 SiC 薄膜的 CVD 外延生长进行介绍。

SiC 薄膜一般采用 SiC 衬底同质外延生长获得。在 SiC 的 CVD 外延生长中,一般采用 SiH_4 作为 Si 源,C_2H_4 或 C_3H_8 作为 C 源,N_2 作为 n 型掺杂源,TMAl 作为 p 型掺杂源,H_2 作为载气。利用载气将反应源气体输送到生长室内的热区,源气体受热分解、反应后形成中间产物。中间产物通过扩散到达衬底表面并被吸附,继续发生化学反应并入晶格,生成所需的 SiC 薄膜。

早期的 CVD 法生长 SiC 是在无偏角衬底上进行的,生长模式为二维成核生长模式,如图 12.20(a)所示。在这种生长模式下,外延生长 SiC 的原子堆垛次序具有很大的不确定性,导致二维成核生长模式中容易出现大量其他多型体的混杂,使最终生长的晶体形成一种混合相结构。这会导致 SiC 薄膜的晶体质量显著降低,对器件性能造成极为不利的影响。

为了解决这一问题,研究人员基于 CVD 法发明了台阶控制生长模式。如图 12.20(b)所示,台阶控制生长技术通过采用具有一定斜切角的 SiC 衬底,使生长过程中衬底上吸附的原子优先在势能较低的台阶处成核,通过自台阶处的横向生长继承衬底的堆垛次序,从而大幅降低其他多型体产生的概率,最终得到择优取向的单晶 SiC 薄膜。在生长过程中,也有一部分吸附的原子还未迁移到台阶处就在台面上成核,因此台阶成核与台面成核存在竞争关系,而具体哪种生长模式占据优势受多种生长条件的影响,即存在一个实现台阶流生长的临界条件。对于 4H-SiC 的外延生长,更高的生长温度、更大的衬底斜切角以及更低的生长速率有利于台阶流生长。图 12.21 展示了斜切角分别为 $0.2°$、$1°$、$4°$ 和 $8°$ 的 SiC 衬底上 4H-SiC 的临界生长条件。然而,衬底斜切角过大可能会在晶体中引入基平面位错(BPD),对器件性能带来不利影响。因此在实际 SiC 外延生长中,需要充分考虑各种因素来确定最优的生长条件。目前业界主要推广的 SiC 衬底斜切角为 $4°$。

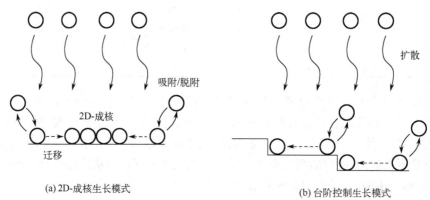

(a) 2D-成核生长模式　　　　　　　　　(b) 台阶控制生长模式

图 12.20　SiC 衬底上同质外延示意图

对于 SiC 薄膜的同质外延,生长速率是十分关键的工艺参数。传统的 CVD 法外延 SiC 薄膜的生长速率仅有 $5\sim15\,\mu m/h$,这将增加 SiC 厚膜生长的时间成本,同时也不利于设备的稳定运行。为了提高 SiC 薄膜的生长速率,增加反应源的流量是最直接的方法,但同时也会带来一系列问题。其中最主要的问题是当 SiH_4 分压过高时,将在气相中发生 Si 原子的同质成核,不仅导致生长速率无法继续提高,还会导致形成的 Si 团簇或 Si 滴附着在外延层表面使晶体质量严重恶化。为了解决气相中的同质成核问题,主要方法如下。

(1)降低生长压力。降低生长压力后,Si 源的分压也降低,气相成核得到有效抑制,生长速率和外延层表面形貌得到有效提升。已有报道称采用该方法可以得到 $250\mu m/h$ 的外延生长速率。该方法的缺点是生长效率较低,在气体流量大、生长压力低的情况下,气体流速很快,载气消耗量增加,大部分反应源气体以及气相中形成的 Si 团簇都被带到了排气口,这增加了泵和尾气系统的负担。

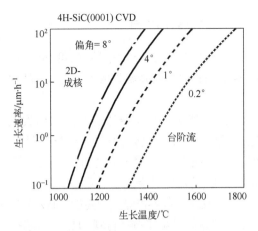

图 12.21　斜切角分别为 0.2°、1°、4°和 8°的 SiC 衬底上 4H-SiC 的临界生长条件

（2）提高生长温度。通过将生长温度由 $1550\sim1650℃$ 提高至 $1750\sim1900℃$ 可以抑制同质成核。在更高的生长温度下,已形成的 Si 团簇将在加热区分解,增加外延生长中 Si 源的供应量。该方法可实现 $30\sim 70\mu m/h$ 的生长速率并获得良好的表面形貌,缺点是 $Z_{1/2}$ 等点缺陷的密度将随生长温度的提高而增加。

（3）使用 Cl 基化学剂。使用含有 Cl 元素的化学剂,如 $SiCl_4$、$SiHCl_3$（TCS）、SiH_2Cl_2、SiH_3Cl、CH_3Cl 和 $SiCH_3Cl_3$（MTS）等,或是向 SiH_4 气氛中通入 HCl 气体以反应生成含 Cl 的 Si 源。由于 Si-Cl 键的键能比 Si-H 键和 Si-Si 键更大,导致 SiH_4 在 400℃ 时即分解,而上述含 Cl 前驱体在 800℃ 时才开始分解,有效抑制了气相中 Si 团簇的形成。该方法不但能够提升生长速率和外延层表面形貌质量,而且不会产生材料纯度和安全性方面的问题,已有报道通过采用该方法获得 $170\mu m/h$ 的生长速率。图 12.22 给出了文献中报道的不同气体化学剂下 4H-SiC 生长速率与气源中 Si 前驱体浓度的关系,但在实际研究中,依然要结合设备和反应室的具体情况确定最佳的化学剂。

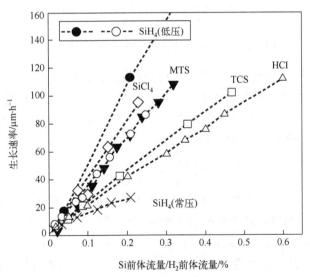

图 12.22　文献中报道的不同气体化学剂下 4H-SiC 生长速率与气源中 Si 前驱体浓度的关系

12.2.3 SiC 材料的应用

SiC 材料主要应用于功率器件,可归纳为三大类:功率开关器件、微波器件以及有特殊用途的器件(如传感器、高温集成电路等)。其中,到目前为止最重要、发展最完善的是功率开关器件。

由于 Si 基功率开关器件的性能已逼近甚至达到了其材料的本征极限,研究人员早在 20世纪 80 年代就把目光转向宽禁带半导体材料,其中 GaN 和 SiC 材料具有宽禁带、高饱和电子速度、高热导率和高击穿电场等优良特性(图 12.23),尤其是基于 SiC 材料的功率开关器件,其相较于 Si 基器件具有如下明显的优势。

(1)耐压高。临界击穿电场高达 2MV/cm(4H-SiC),因此具有更高的耐压能力(10 倍于 Si)。

(2)散热好。由于 SiC 材料的热导率较高(3 倍于 Si),散热更容易,器件可工作在更高的环境温度下。

(3)导通损耗和开关损耗低。SiC 材料具有两倍于 Si 的饱和电子速度,使得 SiC 器件具有极低的导通电阻(1/100 于 Si 器件),导通损耗低;SiC 材料具有 3 倍于 Si 的禁带宽度,泄漏电流比 Si 器件降低了几个数量级,从而可以减少功率器件的功率损耗;关断过程中不存在电流拖尾现象,开关损耗低,可大大提高实际应用的开关频率(10 倍于 Si 器件)。

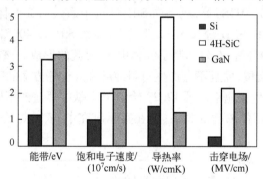

图 12.23　宽禁带半导体与传统 Si 材料的特性对比

考虑到最优性能涉及参数之间的折中,使用优值系数(FOM)来定义最优化性能的理论范围以及量化实际器件接近理论极限的程度。器件性能取决于基底材料特性和器件结构参数,如掺杂、物理尺寸等。优值系数由于受迁移率、介电常数和材料击穿电场强度的影响有一个理论最大值,对于一个穿通型器件设计,该值由式(12.7)给出:

$$\frac{V_B{}^2}{R_{ON,SP}} = \frac{\mu_N \varepsilon_S E_C^3}{(3/2)^3} \tag{12.7}$$

在 $R_{ON,SP}$-V_B 的对数坐标图上,单极型器件的优值系数理论最大值是一个斜率接近 2 的对角线(由于迁移率和临界电场强度对于掺杂浓度的依赖性,斜率精确值会略偏离 2)。Si、SiC、GaN单极型器件的界限线如图 12.24 所示(需要注意,对于垂直 RESURF 结构的超结器件,曲线需要进行修正,优值系数的斜率将变为 1)。界限线越靠近右下角,器件性能越好,并且所有器件的比导通电阻大小在其各自的界限线之上。右边纵轴表示功率损耗为 300W/cm² 下的最大导通电流密度。由于具有更高的临界击穿电场强度,SiC 和 GaN 的理论性能极限均明显高于 Si,这也是宽禁带半导体如此引人瞩目的原因。

SiC 卓越的材料性能,使得 SiC 功率开关器件可以满足电力电子技术对高温、高功率、高

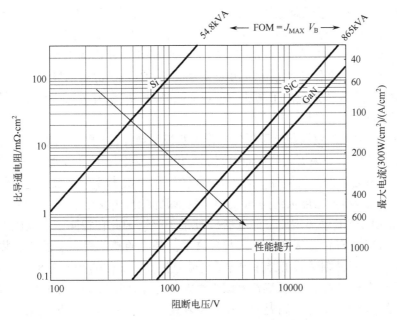

图 12.24 一个关于比导通电阻与阻断电压关系的标准器件性能图,
展示基于 Si、SiC 和 GaN 的理论最大单极优值系数

压、高频及强辐射等恶劣工作条件的新要求。迄今为止,SiC 功率开关器件主要类型有 SiC SBDs(肖特基二极管)、SiC BJTs(双极型晶体管)、SiC JFETs(结型场效应管)、SiC MOSFETs (绝缘栅型场效应管)、SiC IGBTs(绝缘栅双极晶体管)、SiC GTO(晶闸管)以及 SiC SIT(静电感应晶体管),其主要性能的对比总结于表 12.3。其中,SiC SBDs、SiC MOSFETs 和 SiC JFETs 最具市场竞争力,SiC SBDs 由于具有较小的反向恢复电流且成本适中,已经在部分电动汽车逆变器中得到了应用。

表 12.3　4H-SiC 功率开关器件性能对比

器件	击穿电压 V_b/kV	比导通电阻 R_{on}/($m\Omega \cdot cm^2$)	品质因子 V_b^2/R_{on}/(MW/cm^2)
UMOSFET	5	228	109
DMOSFET	10	123	813
LDMOSFET	1.55	54	44
VJFET	11	130	931
SIT	0.7	1.1	445
GTO	12.7	35.2	4582
PIGBT	20	—	—
N-IGBT	10	175	571

　　单极型 SiC 二极管的反向恢复电荷量基本为零,可显著降低由二极管反向恢复作用导致的自身损耗以及反并联可控功率器件的开通损耗,在开关频率较高的应用中具有明显优势。目前主要有 3 种 SiC 功率二极管:SBD、PIN 二极管和结势垒控制肖特基二极管(junction barrier schottky,JBS)。SBD 采用 4H-SiC 的衬底及高阻保护环终端技术,并用势垒更高的 Ni 和 Pt 金属改善电流密度,适用于阻断电压在 0.6~1.5kV 范围内的应用。由于电导调制作用,PIN 二

极管导通电阻较低,适用于阻断电压在 3kV 以上的场合,此外还兼具开关速度快和高温稳定性好等特点,在高压直流输电等领域具备潜在应用价值。JBS 二极管兼备 SBD 二极管导通压降低和 PIN 二极管阻断电压高、反向电流小的优点,阻断电压范围为 $1.5 \sim 3\text{kV}$。目前,中高电压等级 SiC MOSFET 功率器件商业化应用未完全成熟,4H-SiC 功率二极管和 Si IGBT 所组成的电力电子功率混合模块是应用市场的一种重要选择,其功耗、开关频率和可靠性等性能相比全 Si 功率模块均有大幅提升。

BJT 是一种常关型的双极载流子器件。作为双极型器件,由于电导调制作用的影响,它能够在较小的正向压降下处理更大的正向电流。与相同击穿电压下的 Si 功率 BJT 相比,SiC BJT 只有二十至五十分之一的开关损耗。对于 Si 功率 BJT,二次击穿现象很严重。然而 SiC 功率 BJT 二次击穿的临界电流密度大约是 Si 的 100 倍,因此二次击穿已经不再是影响其应用的关键问题。同时,由于 SiC 临界雪崩击穿电场是 Si 的 10 倍,因此在相同击穿电压下,SiC BJT 的基区和集电区可以比 Si 的基区和集电区都薄许多。基区的减薄提高了器件的共发射极电流增益 (β),集电区的减薄则降低了器件的导通电阻且提高了器件的开关速度。

SiC JFET 具有高输入阻抗、低噪声和线性度好等特点,利用 pn 结耗尽区控制沟道电流,可全面开发 SiC 的高温性能,适合高温大功率开关装置,是当前商业化发展较成熟的 SiC 功率器件之一。与 MOSFET、IGBT 等器件相比,单极型 JFET 具备良好的高频特性、高温稳定性及栅极可靠性。Infineon 和 SiCED 等公司推出的 SiC JFET 产品已经覆盖 1200V 和 l700V 电压等级,单管电流可达 35A,模块电流等级可达 100A 以上。

SiC 基 MOSFET 相比 Si 基 MOS 管具有导通电阻低、耐高温能力强、阻断电压明显提高的优点。SiC 双扩散 MOSFET(DMOSFET)在 10kV 以下电压等级范围内有望成为 Si IGBT 的最佳替换品。图 12.25 展示了相同功率等级下全 Si 器件、混合 SiC 器件与全 SiC 器件的损耗对比。由图可知,SiC 二极管反向恢复效应的减弱将明显减小开通电流应力、缩短开通时间,显著降低功率器件的开关损耗;混合 SiC 器件相比全 Si 器件,将带来 27% 的总损耗降低。而在此基础上,当用 SiC MOSFET 替代 Si IGBT,开关管关断拖尾电流的明显减小将大幅缩短关断时间,进一步压缩开关损耗;另一方面,SiC MOSFET 低导通压降也将带来导通损耗的降低。全 SiC 器件总损耗仅为全 Si 器件的 30%,这有助于变换器装置效率的进一步提高。

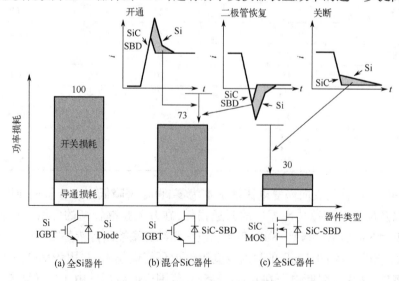

图 12.25　全 Si、混合 SiC 和全 SiC 器件损耗对比

IGBT 由于其简单的栅驱动方式和较强的电流开关能力等优点,是中压应用领域的主流选择。基于 SiC 材料制备的 IGBT 器件耐压能力得到明显提高。近年来,实验室中 SiC IGBT 耐压已超过 10kV,有望成为未来电网高速发展的重要推动力。2014 年,Cree 公司与美国陆军研究所联合试制了耐压 27kV、额定电流为 20A 的 n 沟道 SiC IGBT,并通过实验验证了该器件的静态特性以及在 14kV/3kHz 工作状态下的开关性能。日本产业技术综合研究所试制了耐压 16kV 的 n 沟道 SiC IGBT,并验证了该器件可在 250 ℃环境温度下驱动 6.5kV/60A 的变流装置。

当前,Si 晶闸管在大功率工频开关应用场合,如高压直流输电、动态无功功率补偿等,仍具有较大优势。因此,SiC 晶闸管(尤其是 SiC GTO)也是研究热点之一。与采用 4 ~ 6kV Si GTO 的变流器相比,应用 SiC GTO 时大功率变换器的串联连接部件可减少 66% ~ 75%,开关频率可提高 9 倍,体积和重量可减小约 60% ~ 70%。2011 年已有 12kV 电压等级的 SiC GTO 和光触发 GTO 在实验室中研制成功。但器件性能的进一步提升仍需满足以下几个关键需求。

(1)提高漂移层载流子寿命。

(2)实现双向关断能力。

(3)提高 di/dt 能力。

(4)改善器件稳定性。

(5)实现可靠的无噪声导通。

SIT 器件是根据静电感应效应提出的通过电压控制电流的器件,通过栅极的静电感应机制控制沟道中电流的通过。因为控制机理简单,且只依靠从源区进行多数载流子的注入,SIT 具有良好的开关性能。同时,与 MOS 管相似,SIT 作为电压控制器件,导通功率小于电流控制器件。而且 SIT 作为垂直器件,其器件结构决定了器件的源区电阻可以很小,使得放大倍数可以做到很大。此外它还具有垂直器件的其他优点,如承受高的击穿电压等。由于 SIT 的工作机理是通过电势控制电流,因此 SIT 很容易受到辐射的影响,此时再结合 4H-SiC 材料的耐高温、耐高压、抗高辐射等性能,就极大地提高了 SIT 的工作性能与稳定性,扩宽了 SIT 的工作范围。

第13章 其他半导体材料

前几章分别介绍了元素半导体、Ⅲ-Ⅴ族、Ⅱ-Ⅵ族化合物半导体,以及氧化物半导体材料。除了这几种材料外,半导体材料涉及的范围还有很多。本章主要介绍窄带半导体(包括Ⅳ-Ⅵ族化合物和稀磁半导体)、黄铜矿型半导体、非晶半导体、有机半导体和钙钛矿半导体。

13.1 窄带隙半导体

一般把禁带宽度小于 0.5eV 的半导体材料称作窄带隙半导体。窄带隙半导体主要是Ⅳ-Ⅵ族化合物,如 PbS、PbSe、PbTe、SnTe 等,还包括一些Ⅱ-Ⅵ族化合物,如 HgTe、HgSe,Ⅲ-Ⅴ族化合物 InAs、InSb,一些过渡元素和稀土元素化合物及其多元化合物,如 $Pb_{1-x}Ge_xTe$、$Hg_{1-x}Mn_xTe$、$EuAs_3$、Cd_3P_2、$Cd_{1-x}Zn_xAs_2$ 等。

窄带隙材料由于其禁带宽度小,对外界条件的影响比较灵敏,适用于制作敏感器件和探测器件。目前窄带隙半导体已经广泛用于红外光电探测、红外二维成像显示器、窄带可调激光器、霍尔器件、磁阻器件、热电和热磁器件等。本节主要讨论Ⅳ-Ⅵ族窄带化合物和窄带稀磁半导体。

13.1.1 Ⅳ-Ⅵ族窄带半导体

表 13.1 列出几种Ⅳ-Ⅵ族化合物的一般物理参数。图 13.1 为几种含 Pb 的三元Ⅳ-Ⅵ族固溶体禁带宽度 E_g 和激射波长 λ 以及晶格常数 a 随组分 x 的变化关系。三元化合物 $Pb_{1-x}Sn_xSe$,在 $x \leq 0.43$ 时为立方岩盐结构,在 $0.43 \leq x \leq 0.75$ 范围内为两相区,在 $x \geq 0.75$ 时为正交晶系结构。

表 13.1 Ⅳ-Ⅵ族化合物的物理参数

化合物	晶体结构	熔点/℃	密度/(kg/m³)	晶格常数/Å	禁带宽度/eV	热膨胀系数(×10⁻⁵)
PbS	立方	1127	7500	5.929	0.286	2.027
PbSe	立方	1081	8100	6.117	0.156	1.940
PbTe	立方	924	8160	6.443	0.190	1.980
SnSe	正交-三角	874	6179	$\begin{cases} a=4.46 \\ b=4.14 \\ c=11.47 \end{cases}$		
SnTe	立方	780	6445	6.327	0.20	
GeTe		724	5300		0.23	

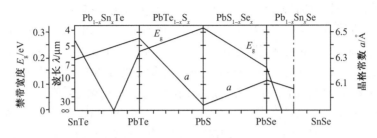

图 13.1 三元化合物禁带宽度 E_g、激射波长 λ、
晶格常数 a 随组分 x 的变化关系

同样晶体结构的二元化合物组成的三元化合物一般为连续固溶体。图 13.2 为 PbTe—SnTe 准二元体系的 $T\text{-}x$ 图。对许多 IV-VI 族固溶体体系，其 $T\text{-}x$ 相图中固相线和液相线之间的两相区都是很窄的。

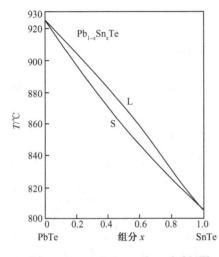

图 13.2 PbTe—SnTe 准二元系相图

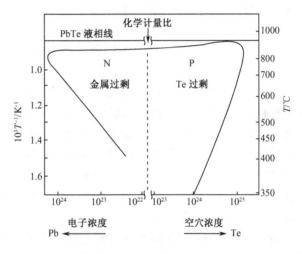

图 13.3 PbTe 局部 $T\text{-}x$ 图

生长 IV-VI 族化合物单晶多用布里奇曼法，使熔体从一端开始冷却，如 PbS、PbSe、PbTe 等体单晶的生长就是用这种方法。薄膜材料制备以气相外延和分子束外延方法最常用，如 PbSe、PbTe、PbSnTe、PbSnSe、PbSeTe 等外延层的生长。与制备 II-VI 族化合物相似，IV-VI 族化合物的制备过程中化学计量比偏离的问题较为严重。如 9.2 小节中所叙述，当 IV 族元素原子过量或 VI 族元素原子空位过多，材料呈现 N 型，反之为 P 型。图 13.3 为 PbTe 的温度与组成($T\text{-}x$)精细相图的一部分。中间虚线为等化学计量比线，横坐标为电子或空穴浓度，即 Pb 过量或 Te 过量造成化学比偏离引起的导电类型的变化。解决这种化学比偏离的方法之一是对材料进行热处理即退火或淬火。显然，热处理 IV-VI 族化合物时的条件很关键。系统中 VI 族元素的分压越大，越可以减小 VI 族元素原子空位，越容易得到 P 型材料。反之，若在真空中处理材料，就容易获得 N 型材料。另外，热处理温度选在化合物熔点之下，温度越高转变速度越快。

13.1.2 稀磁半导体

稀磁半导体(diluted magnetic semiconductors，DMS)也称半磁半导体 SMSC，是近年来迅速发展的半导体材料之一。它是由 II-VI 族或 IV-VI 族化合物中加入二价磁性离子 Mn^{2+}、Co^{2+} 或

Fe^{2+} 组成。目前研究较多的稀磁半导体材料为窄带半导体化合物含 Mn^{2+} 的三元化合物,通常写成 $A_{1-x}Mn_xB^{VI}$ 的形式,其中 A 为 II 族或 IV 族元素原子。如 $Hg_{1-x}Mn_xTe$、$Cd_{1-x}Mn_xTe$、$Zn_{1-x}Mn_xTe$、$Cd_{1-x}Mn_xSe$、$Zn_{1-x}Mn_xSe$、$Ge_{1-x}Mn_xTe$、$Sn_{1-x}Mn_xTe$、$Pb_{1-x}Mn_xTe$ 等。另外还有 $Cd_{1-x}Co_xSe$、$Cd_{1-x}Fe_xSe$ 等稀磁半导体材料。与其他多元化合物相同,它们的禁带宽度和晶格常数也都是组分 x 的函数。当 x 值在某一范围内时,这些多元化合物保持闪锌矿或纤锌矿结构,而在 $x=1$ 时,材料不是这两种结构。稀磁半导体中由于 Mn^{2+} 离子的 3d 电子与导带类 s 电子和价带类 p 电子之间很强的 sp-d 自旋交换相互作用,使能带结构调整,造成这些材料与普通半导体的性质有很大区别,出现一系列新特性。如巨法拉第效应,大的激子分裂等等,使其在光电子器件领域中获得新的应用。如制作高效光荧光的光学平面显示器件、光调制器、光隔离器、探测器、纤维光学磁敏元件、太阳能电池、场效应晶体管等。

稀磁半导体材料主要用布里奇曼法制备,薄膜材料的制备用 HWE、MBE、MOVPE 法等。用 MBE 或 MOVPE 等方法还制成多量子阱结构,应变超晶格结构等,它们的各种光学效应及其他物理特性的研究都在不断深入。

13.2　黄铜矿型半导体

以 II 族和 IV 族元素的原子替代 III-V 族化合物中两个 III 族原子时形成 II-IV-V_2 族化合物。同样,用 I 族和 III 族元素原子替代 II-VI 族化合物中的两个 II 族原子形成 I-III-VI_2 族化合物。这两种三元化合物半导体的晶体结构都属于黄铜矿型($CuFeS_2$)结构,因此称其为黄铜矿型半导体。图 13.4 为黄铜矿型材料的晶体结构。表 13.2 列出部分黄铜矿型半导体的熔点和禁带宽度。

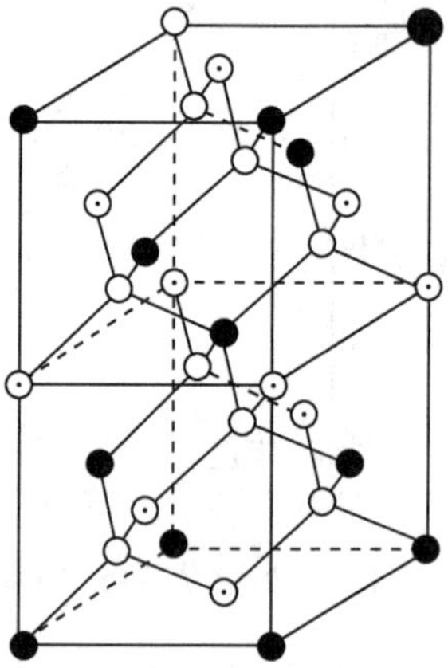

黄铜矿型半导体的能带结构多数是直接跃迁型,其禁带宽度的范围也较大,对应的发射光波长可以从红外 $5\mu m$ 到紫外 $0.35\mu m$。此类材料可用于制作半导体激光器、发光元件、非线性光学器件和高频振荡器件等。

图 13.4　黄铜矿晶体结构
●Cu;⊙Fe;○S

黄铜矿半导体材料可以直接由元素合成,如

$$Cd + Ge + 2As \longrightarrow CdGeAs_2$$

也可以先制备二元化合物,然后再合成,如

$$Ge + CdAs_2 \longrightarrow CdGeAs_2$$
$$Ag_2S + Ga_2S_3 \longrightarrow 2AgGaS_2$$

合成时应考虑的主要参数有:反应温度,化合物的熔点,各元素的蒸气压,化合物的离解压,反应热,组元间的反应,原材料纯度及化学计量比等。单晶生长方法应用垂直或水平布里奇曼法和梯度冷却法。也可以使用溶液法,化学气相输运法,液相密封直拉法(LEC)等。选择单晶生长技术时要考虑的因素包括:化合物或组元的化学反应,生长温度下组分的蒸气压和化合物的离解压,溶解度范围,晶体的尺寸和晶向,应力及纯度等。几乎所有制备半导体薄膜的方法都可以用来制备黄铜矿半导体薄膜材料,如蒸发、溅射、VPE、LPE、MBE、CBE 等。近年来广泛采用的方法是 MOVPE 法,用这种方法在 GaP 衬底上生长的 $Cu_xAl_{1-x}(S_ySe_{1-y})_2$ 双异质结构材料,在 77K 脉冲光激发下可得到从黄色到紫色的激射光谱。

表 13.2　黄铜矿型半导体的性质

化合物 II-IV-V$_2$	熔点 /℃	禁带宽度 /eV	化合物 I-III-VI$_2$	熔点 /℃	禁带宽度 /eV
ZnSiP$_2$	1370	2.17	CuAlS$_2$		3.35
ZnSiAs$_2$	1096	2.12	CuAlSe$_2$		2.50
ZnGeP$_2$	1025	1.81	CuGaS$_2$	1200	2.44
ZnGeAs$_2$	875	1.30	CuGaSe$_2$	1040	1.62
ZnSnP$_2$	968	1.45	CuInS$_2$		1.53
ZnSnAs$_2$	773	0.66	CuInSe$_2$	990	1.07
ZnSnSb$_2$		0.30	AgGaS$_2$	998	2.75
CdSiP$_2$	1120	2.21	AgGaSe$_2$	850	1.82
CdSiAs$_2$	850	1.55	AgGaTe$_2$		1.35
CdGeP$_2$	880	1.7			
CdGeAs$_2$	665	0.53	AgInS$_2$	874	1.9
CdSnP$_2$	750	1.17			
CdSnAs$_2$	588	0.26	AgInSe$_2$	173	1.23

13.3　非晶态半导体材料

　　非晶态材料是相对晶态材料而言。非晶态固体中虽然不存在较大范围内的周期性原子排列,但是它仍与同质晶体有非常相似的结构特征。比如,非晶体通常与同质晶体原子的配位数相同。不同的是键长和键角略有改变,非晶体是由这样一些稍被扭曲的单元随机连接而成的,单元与单元之间不存在严格的位形关系。图 13.5 给出非晶体与晶体原子及键之间区别的形象描述。可以看出,非晶体已不存在原子排列的周期性和对称性,而这正是键角畸变和单元之间随机连接的结果。

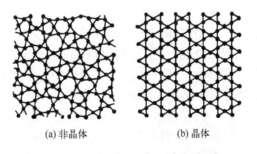

(a) 非晶体　　　　　　　　(b) 晶体

图 13.5　非晶体和晶体的结构模型

　　由于非晶态物质不存在有规则的周期性特点,是一个长程无序系统,所以也可以称为非周期性物质。对晶态物质,根据晶体结构周期性的特征,只要知道晶体中任何一个原子及其周围的情况,就可以推知远处对应点的情况,非晶态物质失去这种特征,无法指出远处到底是什么原子。物理量的严格周期性特性不存在了,因此非晶态物质中物理量是各向同性的。非晶态材料虽然不存在长程有序,但存在短程有序,即原子之间按一定的化学键结合,并具有一定的几何结构限制。在"长程无序、短程有序"的定义下,无定形、玻璃态和非晶态等概念的含义相同。但是只有那些具有特定转变温度的非晶固体才可以称为玻璃态。非晶态半导体一般都是玻璃态材料,它们不具有像晶体那样的固定的熔点,只是存在在一定温度范围内软化的软化温度,同样也不具有晶体那样由于原子排列所引起的表面效应和解理性。

非晶态半导体材料主要是硅、锗等元素材料及有关合金(如 α-Si∶H,α-SiGe$_x$∶H 等)以及硫系玻璃半导体(如 As—(S,Se,Te),Ge—(S,Se,Te),As—Se—Te,P—Se—Te 等)两大类。几乎所有的非晶态半导体都具有本征半导体的性质,不能用掺杂的方法来大幅度改变其电导率或用掺入不同杂质来控制其导电类型。但是可以用控制非晶态半导体的组成元素及其组成比的方法在很大范围内改变其主要半导体参数,如禁带宽度、电导率、光吸收系数、折射率等电学和光学性质,也可以改变反映原子性质的密度、玻璃转变温度和机械强度等性质。

从热力学观点看,晶态是一个原子系统的稳定状态,任何一个热力学系统都有向低能量的稳定状态自然逼近的趋势。当一个原子系统从气态或液态冷却时,只要冷却速率足够低,释放的潜热可以使系统维持在该温度下的平衡状态,该体系就会凝结成晶体。因此,若想制备非晶态材料,就必须使冷却速率加大,使潜热来不及释放出来。淬火即利用低温气氛急剧冷却某种处于熔融状态的材料的方法,可以制备非晶半导体材料。根据冷却速率的要求,低温气氛可由空气、水或油等介质形成。各种玻璃半导体大多数可用淬火法制备。制备非晶半导体薄膜材料,可采用在低温衬底上直接接收气相分子的方法,如蒸发法、溅射法、化学气相沉积法(CVD)、辉光放电法(GD)以及离子束沉积法(ICB)等。

非晶半导体材料在制作器件方面应用较广泛。硅系非晶半导体材料主要用于太阳能电池、发光器件、场效应器件、敏感元器件、电子开关与光盘、静电复印、光电子印刷中的光敏器件、摄像管等。硫系玻璃半导体材料主要应用于阈值开关、大容量图像存储器、可逆光存储器、光敏电阻、激光印刷、静电复印、摄像管光敏器件等。

13.4　有机半导体材料

有机半导体包括分子晶体、有机络合物和高分子聚合物。如蒽、紫蒽酮、聚乙炔、聚苯乙炔、苯胺与醌的聚合物等等。

分子晶体半导体的结构中,分子单元内有强共价键,但是由于其相当弱的范德华力引起分子之间的相互作用,使分子之间距离很大,分子轨道重叠很弱,分子间电子交换很少。有机分子晶体半导体禁带宽度 E_g 等于晶体中电子电离能 I_c 和晶体中电子亲和势 A_c 之差,即 $E_g = I_c - A_c$。有机络合物也称为施主受主络合物(DA 络合物)或称为电子转移络合物(CT 络合物),是由一个具有低电离能(电子施主)的化合物和一个具有高电子亲和势(电子受主)的化合物结合而成。电子可以在分子之间转移,材料的电导率可以大大增加。图 13.6 为含有施主基团(D 基)和受主基团(A 基)的一些有机体。高分子聚合物中,共轭聚合物更具有半导体性质。共轭聚合物是指用来构成聚合物链的重复单元是由具有 sp$_2$ 和 π 键的原子组成的聚合物。在共轭聚合物中,从 sp$_2$ 杂化形成的 σ 键提供一个强键,这个键保持分子完整性。在分子内部临近格点上未杂化的 p 轨道交叠形成完全解域的 π 键和 π^* 反键分子轨道,或者说形成 π 价带 π^* 导带,临近分子间 π 轨道交叠可允许三维电荷转移。这种共轭聚合物具有半导体乃至金属特性。

有机半导体材料的电阻率随温度变化的规律为

$$\rho = \rho_0 \exp(\Delta E/kT) \tag{13.1}$$

式中,ρ_0 为常数;ΔE 为激活能。可以看出,电阻率变化形式与无机半导体材料的电阻率变化

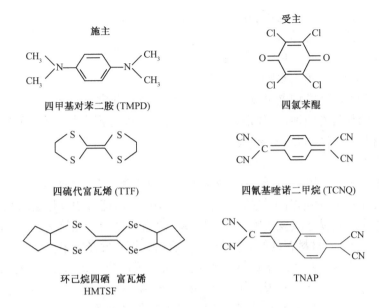

施主

四甲基对苯二胺 (TMPD)

四硫代富瓦烯 (TTF)

环己烷四硒 富瓦烯
HMTSF

受主

四氯苯醌

四氰基喹诺二甲烷 (TCNQ)

TNAP

图 13.6　有机半导体中的施主和受主

形式相同。也就是说,随温度上升,电阻率下降。对链状分子来说,其导电激活能随分子中 π 电子数目的增加而减少。

有机聚合物半导体的电阻率取决于带电载流子在分子之间的输运。显然单晶体是实现这种输运的最理想条件。但是,合成高分子聚合物单晶很难。从熔体和溶液中得到的聚合物总是会有部分晶体区和部分非晶体区。其中晶体所占的比例即结晶比 K_c 定义为

$$K_c = \frac{d_c(d_p - d_a)}{d_p(d_c - d_a)} \tag{13.2}$$

式中,d_p 为聚合物密度;d_c 为晶态密度;d_a 为非晶态密度。K_c 与结晶条件有关,也与分子结构有关。如聚乙烯 K_c 为 30% ~ 95% ,聚丙烯 K_c 小于 80% ,聚苯乙烯 K_c 小于 50% 。

有机半导体材料可做成光敏电阻、光电池、光探测器、光电成像装置、热电元件、气敏元件、压敏元件、压电器件等。近年来,有机半导体发光二极管(organic light emitting diode,OLED)有很大的进展。有机 LED 和无机 GaN 蓝色 LED 的研制成功,形成全色高分辨率超薄显示器和大屏幕显示器,以及白光照明产业。

OLED 也称为有机电致发光器件(organic electro iuminescence,OEL),或有机 EL 器件。

1987 年华人科学家邓青云获得了第一个 OLED 专利,它是由非常薄的有机材料涂层和玻璃基板组成的,当有电流流过时,有机发光材料就发出光,从此 OLED(OEL)获得划时代的进展。作为新一代的显示器件与其他显示器件相比,它具有如下的特点:

①在低压直流下工作(5 ~ 10V),功耗小;

②可用标准印刷或通卷制作技术制成大面积显示器,制造成本低;

③发光亮度高(>100.000cd/m^2);

④发光效率高可达 31lm/W;

⑤发光颜色可覆盖近紫外,整个可见光和一部分红外波段;

⑥可在大面积上均匀照明;

⑦响应时间快(1μs),比液晶快 1000 倍;

⑧可以作得很薄、重量轻,还可制件在柔性衬底上;

⑨易产生复杂的字符和图形;

⑩工作寿命可达 10000~50000 小时;

⑪视角宽可达 180°,而液晶视角只有 45°。

从以上所列的 OLED 的特点可以看出,OLED 可用比较便宜工艺制造出来。

制作 OLED 的材料有两种,一种是有机小分子,另一种是聚合物(高分子)化合物。作为制作 OLED 的材料,对于它们的要求是:

①高的化学纯度;

②对于有机小分子,能够用真空蒸发技术沉积均匀致密、稳定的薄膜;

③对于高分子材料,能够溶于易挥发的溶剂中,用旋涂法能够制成稳定的发光器件;

④小分子掺杂材料易于蒸发成膜并在基质膜中具有较高的发光效率。对于高分子掺杂剂材料,应能和高分子基质材料有共溶的溶剂,溶解后也有较高发光效率。

有机小分子发光材料的优点是材料的纯度高,可生成高质量的薄膜,发光效率高,缺点是热稳定性差及载流子传输能力有限。如八羟基硅喹啉铝(Alg)。共轭聚合物是另一种发光材料,它的优点是薄膜易于制备,具有较好的机械性能,良好的热稳定性。缺点是材料的合成和提纯困难,对氧气和水汽敏感,典型材料有聚乙炔、聚苯胺等。由此种材料制备的发光器件除称 OLED 外也可称为 PLED。

此外,还有一类材料是镧系金属有机化合物,制成的器件可称为稀土 OLED。

小分子 OLED 的制作技术,一般称其为干法,它使用高真空系统,对制作装量要求很严,因而增加制作成本,尽管如此,它仍是目前有机 EL(OLED)应用开发的主流,与之相对应的高分子有机 EL 器件制作用的是湿法工艺技术,所说的湿法是指高分子膜是采用溶剂旋涂的方法,与真蒸发的干法相比,它具有以下优势。

(1)可以在大面积曲面等复杂基极上成膜。

(2)制膜设备便宜,工艺简单,所需流程短。

除此之外,高分子薄膜比小分子膜还有一些优点,如:

①机械强度高,因而可制成卷曲的薄膜。

②不易凝聚或晶化,可在较高温度下工作。

目前,尽管高分子 OLED 的发光效率、亮度及工作寿命等指标还比不上小分子的 OLED 的综合性能,但是在发光效率及寿命方面已经有很大的突破,它的应用范围可能会更加广阔。

目前 OLED 的应用主要是从中、小屏幕显示器,逐步向全彩大屏幕扩展,现在手机全彩屏已相当普及,笔记本电脑也使用了全彩 OLED 屏,并推出了 OLED 全彩电视机。

现在的小分子的 OLED 发光效率大于 30lm/W,高分子的 OLED 也大于 20lm/W,都超过了白炽灯水平,随着技术进步,发光效率还将不断提高,此外从现阶段来看,它将是已经在大量使用的液晶显示器(liquid crystattine displays,LCD)物美价廉的理想替代产品。LED 是从效率很低开始的,现在已经登上照明舞台。OLED 近期从发光效率和寿命方面的快速进展来看,也一定会进入照明领域,但它的意义更大。因为从此照明光源将是面光源,而且可以折叠、弯曲,照明设计将变得随心所欲。此外光源的原材料可用廉价的原材料合成,可以说是取之不尽,用之不竭。不像 LED 的原材料如 Ga、In 是地球上稀有金属,数量有限,而且要求纯度很高,制造设备昂贵、工艺流程长,且复杂。今天 LED 已经登上照明舞台,那么可以说 OLED 用于照明领域的时间不会等待太久。

13.5　钙钛矿半导体材料

钙钛矿半导体材料通常是指具有天然矿物钛酸钙（$CaTiO_3$）三维结构的一大类晶体。因这种结构最早是在矿石 $CaTiO_3$ 中发现,故称之为钙钛矿结构。其结构通式为 AMX_3,其中,A、M 为离子半径不同的阳离子,X 是氧化物或卤化物阴离子。M 离子占据八面体的中心,由位于拐角处的 X 离子包围,形成一个 MX_6 八面体结构。A 代表另一种阳离子,填充在三维结构中八个相邻八面体形成的间隙,并保持整体结构的电中性。图 13.7 为钙钛矿的晶体结构示意图。

钙钛矿半导体材料的能带结构与其组分密切相关,可以通过调节卤素比例调节带隙范围,例如调节 $CsPbX_3$ 卤素比例可以实现 410～700 nm 的可见光全光谱发光。此外,晶体结构的倾斜畸变、合成条件以及温度都会对其带隙产生影响。例如,$Cs_2AgSbCl_6$ 的带隙可以通过调节合成过程中的 HCl 体积进行调控;当温度从 15 K 升

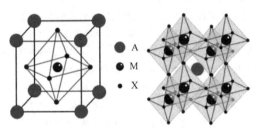

图 13.7　钙钛矿晶体结构示意图

高到 300 K 时,$MAPbI_3$、$MAPbBr_3$ 和 $FAPbBr_3$ 的带隙会表现出由价带顶稳定性引起的展宽。

目前,钙钛矿半导体材料最常用的液相合成方法为高温热注入法和配体辅助再沉淀法（LARP）。高温热注入法是一种最原始合成钙钛矿半导体材料的方法。在合成时,需要较高的温度来将 A 位置阳离子对应的前驱体快速与卤化物盐和配体发生反应,从而得到所需钙钛矿纳米晶。这种方法具有合成粒子尺寸均匀、温度调控尺寸容易、纯度高等优点。LARP 法主要是利用反应混合物在良性（极性）溶剂和不良（非极性）溶剂中的溶解度不同来实现的。对于钙钛矿材料,将反应混合物（卤化物盐、脂肪胺配体以及脂肪酸）放入到良性溶剂中,利用超声机超声至完全溶解,取一定量的混合液滴入不良溶剂中,开始聚集形成钙钛矿纳米晶。因此,反应物在极性和非极性溶剂中的混溶差导致了钙钛矿纳米晶的重结晶。它的主要优点是反应温度较低（0～100 ℃）且不需要惰性气体条件。

钙钛矿半导体材料因其优异的光电特性,广泛应用在新型光电器件制备研究中。在太阳能电池领域,钙钛矿材料具有出色的载流子迁移能力、可调节直接带隙和低激子结合能,目前文献报道的钙钛矿太阳能电池功率转换效率已超过 20%,接近硅基太阳能电池水平。在 LED 领域,钙钛矿材料具有发光光谱窄、色域广、效率高和制备成本低等优势,被视为下一代显示和照明技术的关键材料之一。目前钙钛矿 LED 在近红外、红光和绿光波段的外量子效率（EQE）已达到 20%。在光电探测领域,钙钛矿材料优异的光吸收系数、高载流子迁移率和长载流子扩散长度为高性能光电探测器开辟了新的机遇。钙钛矿二维纳米薄片的应用,显著增强了光物质相互作用,进一步提高了光电探测性能。此外,钙钛矿材料在激光器件、非线性光学、生物成像等方面均展现出较大的应用潜力。

综上所述,钙钛矿半导体材料凭借其优异的光电特性以及低成本、多功能等优势,已经展现出较强的应用前景并获得迅速发展。但目前常用的钙钛矿材料为具有毒性的含铅钙钛矿,无毒的无铅钙钛矿发展相对滞后,其器件性能相较于含铅钙钛矿器件还存在较大的差距。另外,钙钛矿材料的稳定性和器件的可靠性还亟待提高。

参 考 文 献

陈博,2006.最新半导体照明产业新技术与常见疑难问题解析及投资战略[M].北京:科学技术文献出版社.

陈治明,1986.非晶半导体材料与器件[M].北京:机械工业出版社.

赤崎勇,2001.青色発光デバイスの魅力[M].東京:工業調査会.

冯淦,孙永强,钱卫宁,等,2020.4H-SiC 半导体同质外延生长技术进展[J].人工晶体学报,49(11):2128-2138.

国家半导体照明工程研发及产业联盟,上海市光电子行业协会,2006.半导体照明[M].沈阳:辽宁科学技术出版社.

郝跃,张金风,张进成,2013.氮化物宽禁带半导体材料与电子器件[M].北京:科学出版社.

郝跃,彭军,杨振堂,2000.碳化硅宽带隙半导体技术[M].北京:科学出版社.

康昌鹤,唐万新,1991.半导体传感技术[M].长春:吉林大学出版社.

康昌鹤,杨树人,1995.半导体超晶格材料及其应用[M].北京:国防工业出版社.

李文连,2002.有机发光材料、器件及其平板显示[M].北京:科学出版社.

刘兴昉,陈宇,2015.碳化硅半导体技术及产业发展现状[J].新材料产业,10:12-19.

闵乃本,1982.晶体生长的物理基础[M].上海:上海科学技术出版社.

莫党,1963.半导体材料[M].北京:人民教育出版社.

漆宇,李彦涌,胡家喜,等,2016.SiC 功率器件应用现状及发展趋势[J].大功率变流技术,5:1-6.

日本物理学会,1984.半导体超格子の物理と応用[M].東京:培风馆.

上海九〇一厂,1971.半导体材料硅[M].上海:上海科学技术情报研究所.

盛况,郭清,张军明,等,2012.碳化硅电力电子器件在电力系统的应用展望[J].中国电机工程学报,7:1-7.

王季陶,刘明登,1990.半导体材料[M].北京:高等教育出版社.

王学梅,2014.宽禁带碳化硅功率器件在电动汽车中的研究与应用[J].中国电机工程学报,34(3):371-379.

徐宝琨,闫卫平,刘明登,1991.结晶学[M].长春:吉林大学出版社.

杨霏,钮应喜,钱卫宁,等,2016.4H-SiC 同质外延生长概述[J].智能电网,4(4):351-354.

杨树人,丁墨元,1992.外延生长技术[M].北京:国防工业出版社.

冶金部北京有色冶金设计总院,1970.半导体材料硅的生产[M].北京:中国工业出版社.

叶式中,杨树人,康昌鹤,1986.半导体材料及其应用[M].北京:机械工业出版社.

张立纲,普洛格と,1988.分子束外延和异质结[M].复旦大学表面物理研究室译.上海:复旦大学出版社.

CHEN W, SON N, JANZEN E, et al., 1997. Effective masses in SiC determined by cyclotron resonance experiments[J]. Physica Status Solidi (a), 162(1):79.

ERICH K,2002. Properties of slcained and relaxed silicon germanium[M].余金中译.北京:国防工业出版社.

FAN J Y, PAUL K, 2014. Silicon carbide nanostructures fabrication, structure, and properties[M]. Berlin:Springer.

FENG Z C, 2004. SiC Power materials devices and applications[M]. Berlin:Springer.

GUEDON F, SINGH S, MCMAHON R, et al., 2013. Boost converter with SiC JFETs:comparison with CoolMOS and tests at elevated case temperature[J]. IEEE Transactions on Power Electronics, 28(4):1938-1945.

HAMADA K, 2008. Present status and future prospects for electronics in electric vehicles/hybrid electric vehicles and expectations for wide-bandgap semiconductor devices[J]. Physica Status Solidi (b), 245(7):1223-1231.

HANNARY N B,1963.半导体[M].郑广垣,钱佑华等译.上海:上海科技出版社.

HERMAN M A,SITTER H,1989. Molecular beam epitaxy[M]. Berlin:Springer-Verlag.

ITO M, STORASTA L, TSUCHIDA H, 2009. Development of a high rate 4H-SiC epitaxial growth technique achieving large-area uniformity[J]. Materials Science Forum, 600-603(1):111-114.

JARZEBSKI Z M,1973. Oxide semiconductors[M]. Qxford:Pergamon Press.

KANECHIKA M, UESUGI T, KACHI T, 2011. GaN, SiC power electronics for automotive systems[J]. IEICE Technical Report, 110(406):17-20.

KIMOTO T, COOPER J A, 2014. Fundamentals of silicon carbide technology: growth, characterization, devices and applications [M]. Singapore: John Wiley & Sons.

LEVINSHTEIN M, RUMYANTSEV S, SHUR M, 2001. Properties of advanced semiconductor materials: GaN, AIN, InN, BN, SiC, SiGe[M]. New York: John Wiley & Sons, Inc..

MICHAEL E L,2003. 先进半导体材料性能与数据手册[M]. 杨树人,殷景志,译. 北京:化学工业出版社.

PARR N L,1963. 区域提纯及有关技术[M]. 朱华昌,黄正荣,译. 上海:上海科技出版社.

PEDERSEN H, LEONE S, KORDINA O, et al., 2012. Chloride-based CVD growth of silicon carbide for electronic applications[J]. Chemical Reviews, 112(4):2434.

PERSSON C, LINDEFELT U, 1997. Relativistic band structure calculation of cubic and hexagonal SiC poly-types[J]. Journal of Applied Physics, 82(11):5496-5508.

PFANN W G,1962. 区域熔化[M]. 刘民治,等译. 北京:科学出版社.

SON N, PERSSON C, LINDEFELT U, et al., 2004. Cyclotron resonance studies of effective masses and band structure in SiC[M]. Berlin: Springer.

VIA F L, GALVAGNO G, FOTI G, et al., 2006. 4H SiC epitaxial growth with chlorine addition[J]. Chemical Vapor Deposition, 12:509.

VOLM D, MEYER B, HOFMANN D, et al., 1996. Determination of the electron effective-mass tensor in 4H SiC[J]. Physical Review B Condensed Matter, 53(23): 15409-15412.

XU F, HAN T J, JIANG D, et al., 2013. Development of a SiC JFET-based six-pack power module for a fully integrated inverter [J]. IEEE Transactions on Power Electronics, 28(3): 1464-1478.